新工科建设·电子信息类系列教材

# 通信原理学习指导

于秀兰　雷维嘉　主　编

景小荣　甘臣权　副主编

U0209398

电子工业出版社·

**Publishing House of Electronics Industry**

北京·BEIJING

## 内 容 简 介

本书是学习通信原理与信息理论的教学辅导用书，以张祖凡老师等编著的《通信原理》和于秀兰老师等编著的《信息论基础》教材为主要参考书，同时参考了其他相关教材。

全书涵盖了"通信原理"和"信息论与编码"两门课程的教学重点，分 2 部分：第 1 部分为习题解答，共 9 章，包括绪论、信号与噪声分析、模拟调制系统、模拟信号的数字化、数字信号的基带传输、数字信号的频带传输、扩频调制与多载波调制、信息论基础和信道编码；第 2 部分给出了 6 套模拟试题及其参考答案。

本书旨在为本科生和硕士研究生的课程学习和考研复习提供指导和帮助，还可以作为相关专业老师的教学参考书。

未经许可，不得以任何方式复制或抄袭本书之部分或全部内容。
版权所有，侵权必究。

**图书在版编目（CIP）数据**

通信原理学习指导 / 于秀兰，雷维嘉主编. —北京：电子工业出版社，2022.8
ISBN 978-7-121-44075-5

Ⅰ．①通…　Ⅱ．①于…②雷…　Ⅲ．①通信理论－高等学校－教学参考资料　Ⅳ．①TN911

中国版本图书馆 CIP 数据核字（2022）第 135839 号

责任编辑：赵玉山
印　　刷：三河市君旺印务有限公司
装　　订：三河市君旺印务有限公司
出版发行：电子工业出版社
　　　　　北京市海淀区万寿路 173 信箱　邮编　100036
开　　本：787×1 092　1/16　印张：14.5　字数：378 千字
版　　次：2022 年 8 月第 1 版
印　　次：2023 年 3 月第 2 次印刷
定　　价：45.00 元

凡所购买电子工业出版社图书有缺损问题，请向购买书店调换。若书店售缺，请与本社发行部联系，联系及邮购电话：（010）88254888，88258888。

质量投诉请发邮件至 zlts@phei.com.cn，盗版侵权举报请发邮件至 dbqq@phei.com.cn。

本书咨询联系方式：（010）88254556，zhaoys@phei.com.cn。

# 前　　言

"通信原理"课程重点讲授通信系统如何有效且可靠地传输信息的基本原理和基本分析方法，是当前通信系统设计和其他信息技术的重要基础理论课程。它作为高等学校通信工程及相关专业的主干课程，在培养计划中占有极其重要的地位。

为了很好地理解通信原理，一般需要从两个角度来入手。一是从信号传输的角度来理解在噪声背景下如何在通信系统中进行模拟信号和数字信号的传输和性能分析，特别是在数字通信系统中如何针对性能指标要求进行波形设计和最佳接收；二是从信息传输的角度理解在通信系统中如何度量、传输和处理信息，如何采用适当的编码来提高信息系统的可靠性和有效性，以构造最佳通信系统。重庆邮电大学在课程内容设置时，"通信原理"课程侧重于信号传输，"信息论与编码"课程侧重于信息传输。为配合重庆邮电大学"通信原理"和"信息论与编码" 2 门"金课建设"的需要，针对通信工程、电子信息工程和信息工程等专业的学生要求，我们编写了这本教学参考书。

本书是学习通信原理与信息理论的教学辅导用书，以张祖凡老师等编著的《通信原理》和于秀兰老师等编著的《信息论基础》教材为主要参考书，并参考了其他相关教材，涵盖了"通信原理"和"信息论与编码"两门课程的主要内容。本书的主要知识体系如图 1 所示。

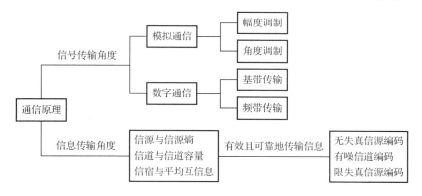

图 1　本书的主要知识体系

本书共分 2 部分：第 1 部分为习题解答，共 9 章，包括绪论、信号与噪声分析、模拟调制系统、模拟信号的数字化、数字信号的基带传输、数字信号的频带传输、扩频调制与多载波调制、信息论基础和信道编码；第 2 部分为"通信原理""信息论与编码"这 2 门课程的 6 套模拟试题及参考答案。

本书由于秀兰、雷维嘉任主编，景小荣、甘臣权任副主编。第 1 部分的第 4 章、第 5 章、第 6 章和第 8 章由于秀兰编写，第 1 章、第 3 章和第 7 章由雷维嘉编写，第 2 章由景小荣编写，第 9 章由甘臣权编写；第 2 部分的"通信原理"模拟试题 1、2 和"信息论与编码"模拟试题 1、2 由于秀兰编写，"通信原理"模拟试题 3、4 由雷维嘉编写，最后由于秀兰负责统稿。

本书在编写过程中得到了重庆邮电大学通信原理、信息论与编码教学团队同仁的鼓励、帮助和支持，在出版过程中得到了电子工业出版社的鼎力支持，在此一并表示诚挚的谢意。

由于编者水平有限，书中谬误和疏漏在所难免，敬请读者批评指正。

编　者

2022 年 2 月

# 目　　录

# 第1部分 习题解答

## 第1章 绪论

1-1 英文字母中 c、e、o、x 出现的概率分别为 0.023、0.105、0.001、0.002，试求它们的信息量。

**解**：英文字母中 c、e、o、x 的信息量分别为

$$I_c = \log_2 \frac{1}{0.023} = 5.442 \text{bit} \qquad I_e = \log_2 \frac{1}{0.105} = 3.252 \text{bit}$$

$$I_o = \log_2 \frac{1}{0.001} = 9.966 \text{bit} \qquad I_x = \log_2 \frac{1}{0.002} = 8.966 \text{bit}$$

1-2 某信源发出 A、B、C、D 四种符号，各符号的出现是相互独立的，出现的概率分别为 1/2、1/4、1/8、1/8，试求该信源的熵。若信源每秒发出 1000 个符号，信源发出信息的速率为多少？

**解**：信源的熵为

$$H(X) = \frac{1}{2} \log_2 2 + \frac{1}{4} \log_2 4 + 2 \times \frac{1}{8} \log_2 8 = 1.75 \text{ 比特/符号}$$

信源发出的信息速率为

$$R_b = H(X) \times R_s = 1.75 \times 1000 = 1750 \text{bit/s}$$

1-3 电话机的数字键盘包括数字 0～9，以及 "*" 和 "#" 共 12 个按键。应用中，每个数字键被按的概率均为 0.099，而 "*" 和 "#" 键被按的概率都为 0.005。

（1）求每按一键后电话机产生的平均信息量；

（2）若采用等长的二进制码组来表示按键，则需要用多长的码组来表示按键？

**解**：（1）平均信息量为

$$H(X) = 10 \times 0.099 \times \log_2 \frac{1}{0.099} + 2 \times 0.005 \times \log_2 \frac{1}{0.005} = 3.3795 \text{ 比特/键}$$

（2）采用等长编码时，码组的码长为 $l = \lceil \log_2 12 \rceil = 4$ 二进制码元。

1-4 电话信道的传输频带为 300～3400Hz。

（1）若信噪比为 30dB，信道容量为多少？

（2）假设信源发出信息的速率为 9600bit/s，为实现信息的可靠传输，信道的信噪比至少应为多少？

**解**：（1）信道容量为

$$C = B \log_2 \left( 1 + \frac{S}{N} \right) = (3400 - 300) \times \log_2 (1 + 10^3) = 3.090 \times 10^4 \text{bit/s} = 30.90 \text{kbit/s}$$

（2）因为 $R_b \leqslant C = B \log_2 \left( 1 + \frac{S}{N} \right)$，所以

$$\frac{S}{N} \geq 2^{\frac{R_b}{B}} - 1 = 2^{\frac{9600}{3100}} - 1 = 7.555 \quad (\text{或 } 8.782\text{dB})$$

1-5  传输一幅 A4 幅面的黑白灰度图像，幅面尺寸为 210mm×297mm，扫描分辨率为 100dpi×100dpi（dpi 即每英寸长度上的像素点数，1 英寸=25.4mm）。共 256 个灰度等级，假设扫描图像点间的灰度取值相互独立。若通过传输频带为 300～3400Hz 的电话信道传输，信噪比为 20dB，传输所需要的最短时间为多少？

**解：** 每个图像的像素数为

$$M = \frac{210}{25.4} \times 100 \times \frac{297}{25.4} \times 100 = 9.667 \times 10^5$$

每个像素的信息量为

$$I_p = \log_2 256 = 8 \text{ 比特/像素}$$

每幅图像的信息量为

$$I = I_p \times M = 8 \times 9.667 \times 10^5 = 7.736 \times 10^6 \text{ bit}$$

信道容量为

$$C = B\log_2\left(1 + \frac{S}{N}\right) = (3400 - 300) \times \log_2(1 + 10^2) = 2.064 \times 10^4 \text{ bit/s}$$

传输的最短时间为

$$T_{\min} = \frac{I}{C} = \frac{7.736 \times 10^6}{2.064 \times 10^4} = 374.8\text{s}$$

1-6  假设电视图像的分辨率为 640×480，每个像素点的色彩用 24bit 的码组表示，每个像素点的色彩是相互独立的，每秒 25 帧图像，帧与帧之间也是相互独立的。假设信道信噪比为 30dB。试求实时传输该电视图像所需的最小带宽。

**解：** 每帧图像的信息量为

$$I = 640 \times 480 \times 24 = 7.373 \times 10^6 \text{ bit}$$

信息速率为

$$R_b = I \times R_f = 7.373 \times 10^6 \times 25 = 1.843 \times 10^8 \text{ bit/s}$$

因为 $R_b \leq C = B\log_2\left(1 + \dfrac{S}{N}\right)$，所以所需的最小带宽为

$$B \geq \frac{R_b}{\log_2\left(1 + \dfrac{S}{N}\right)} = \frac{1.843 \times 10^8}{\log_2(1 + 1000)} = 1.849 \times 10^7 \text{ Hz} = 18.49\text{MHz}$$

# 第2章 信号与噪声分析

2-1 判断以下确定信号是功率信号还是能量信号？并计算功率信号的平均功率以及能量信号的能量。

（1）$f_1(t) = \sin 2\pi f_c t$

（2）$f_2(t) = \begin{cases} \sin 2\pi f_c t & 0 \leqslant t \leqslant T = 1/f_c \\ 0 & \text{其他时刻} \end{cases}$

**解：**

（1）$f_1(t)$ 为周期信号，在整个时域内的能量无穷大，平均功率有限，因此 $f_1(t)$ 为功率信号。

$$P_1 = \frac{1}{T}\int_{-T/2}^{T/2} f_1^2(t)\mathrm{d}t = \frac{1}{T}\int_{-T/2}^{T/2} (\sin^2 2\pi f_c t)\mathrm{d}t = \frac{1}{T}\int_{-T/2}^{T/2} \frac{1-\cos 4\pi f_c t}{2}\mathrm{d}t = \frac{1}{2}$$

（2）$f_2(t)$ 为时限信号，其能量 $E_2 < \infty$，因此 $f_2(t)$ 为能量信号。

$$E_2 = \int_{-\infty}^{\infty} f_2^2(t)\mathrm{d}t = \int_0^T f_2^2(t)\mathrm{d}t = \int_0^T (\sin^2 2\pi f_c t)\mathrm{d}t = \int_0^T \frac{1-\cos 4\pi f_c t}{2}\mathrm{d}t = \frac{T}{2}$$

2-2 已知功率信号 $f(t) = A\cos(200\pi t)\cos(2000\pi t)$，试求：

（1）该信号的功率谱密度；

（2）该信号的自相关函数；

（3）该信号的平均功率。

**解：**（1）$f(t) = A\cos(200\pi t)\cos(2000\pi t) = \dfrac{A}{2}\big[\cos(1800\pi t) + \cos(2200\pi t)\big]$

对应的傅里叶变换为

$$F(f) = \frac{A}{4}\big[\delta(f-900) + \delta(f+900) + \delta(f-1100) + \delta(f+1100)\big]$$

当信号 $f(t)$ 的傅里叶变换为 $F(f) = \sum_{n=-\infty}^{\infty} F_n\delta(f-nf_0)$ 时，对应的功率谱密度为

$P(f) = \sum_{n=-\infty}^{\infty} |F_n|^2 \delta(f-nf_0)$。所以 $f(t)$ 的功率谱密度为

$$P(f) = \frac{A^2}{16}\big[\delta(f-900) + \delta(f+900) + \delta(f-1100) + \delta(f+1100)\big]$$

（2）因为功率信号的相关函数 $R(\tau) \Leftrightarrow P(f)$，所以该信号的自相关函数为

$$R(\tau) = \frac{A^2}{8}\big[\cos(1800\pi\tau) + \cos(2200\pi\tau)\big]$$

（3）该信号的平均功率为

$$P = R(0) = \frac{A^2}{4}$$

2-3 试证明希尔伯特变换具有以下性质：

（1）$H[\cos(2\pi f_0 t + \varphi)] = \sin(2\pi f_0 t + \varphi)$

（2）$H[\sin(2\pi f_0 t + \varphi)] = -\cos(2\pi f_0 t + \varphi)$

（3）若 $m(t)$ 的频带限于 $|f| \leqslant f_0$，则有

$$H[m(t)\cos 2\pi f_0 t] = m(t)\sin 2\pi f_0 t$$
$$H[m(t)\sin 2\pi f_0 t] = -m(t)\cos 2\pi f_0 t$$

分析：为了证明 $H[\cos(2\pi f_0 t + \varphi)] = \sin(2\pi f_0 t + \varphi)$，可以采用以下方法：先对 $\cos(2\pi f_0 t + \varphi)$ 进行傅里叶变换，然后乘以 $H(f) = -\mathrm{j}\,\mathrm{sgn}(f)$，再进行傅里叶反变换即得 $\cos(2\pi f_0 t + \varphi)$ 的希尔伯特变换。

证明：（1）$\cos(2\pi f_0 t + \varphi) = \cos 2\pi f_0 t \cos\varphi - \sin 2\pi f_0 t \sin\varphi$ 的傅里叶变换为

$$\frac{1}{2}\cos\varphi[\delta(f+f_0)+\delta(f-f_0)] - \frac{\mathrm{j}}{2}\sin\varphi[\delta(f+f_0)-\delta(f-f_0)]$$

乘以 $H(f) = -\mathrm{j}\,\mathrm{sgn}(f) = \begin{cases} -\mathrm{j}, & f > 0 \\ \mathrm{j}, & f < 0 \end{cases}$ 得到 $H[\cos(2\pi f_0 t + \varphi)]$ 的傅里叶变换为

$$\frac{1}{2}\cos\varphi[\mathrm{j}\delta(f+f_0)-\mathrm{j}\delta(f-f_0)] - \frac{\mathrm{j}}{2}\sin\varphi[\mathrm{j}\delta(f+f_0)+\mathrm{j}\delta(f-f_0)]$$
$$= \frac{\mathrm{j}}{2}\cos\varphi[\delta(f+f_0)-\delta(f-f_0)] + \frac{1}{2}\sin\varphi[\delta(f+f_0)+\delta(f-f_0)]$$

进行傅里叶反变换得到

$$H[\cos(2\pi f_0 t + \varphi)] = \cos\varphi\sin 2\pi f_0 t + \sin\varphi\cos 2\pi f_0 t = \sin(2\pi f_0 t + \varphi)$$

可见，
$$H[\cos(2\pi f_0 t + \varphi)] = \sin(2\pi f_0 t + \varphi)$$

（2）$\sin(2\pi f_0 t + \varphi) = \sin 2\pi f_0 t \cos\varphi + \cos 2\pi f_0 t \sin\varphi$ 的傅里叶变换为

$$\frac{\mathrm{j}}{2}\cos\varphi[\delta(f+f_0)-\delta(f-f_0)] + \frac{1}{2}\cos\varphi[\delta(f+f_0)+\delta(f-f_0)]$$

乘以 $H(f) = -\mathrm{j}\,\mathrm{sgn}(f) = \begin{cases} -\mathrm{j}, & f > 0 \\ \mathrm{j}, & f < 0 \end{cases}$ 得到 $H[\sin(2\pi f_0 t + \varphi)]$ 的傅里叶变换为

$$-\frac{1}{2}\cos\varphi[\delta(f+f_0)+\delta(f-f_0)] + \frac{\mathrm{j}}{2}\cos\varphi[\delta(f+f_0)-\delta(f-f_0)]$$

进行傅里叶反变换得到

$$H[\sin(2\pi f_0 t + \varphi)] = -\cos\varphi\cos 2\pi f_0 t + \sin\varphi\sin 2\pi f_0 t = -\cos(2\pi f_0 t + \varphi)$$

可见，
$$H[\sin(2\pi f_0 t + \varphi)] = -\cos(2\pi f_0 t + \varphi)$$

（3）因为 $m(t)$ 的频带限于 $|f| \leqslant f_0$，所以 $m(t)\mathrm{e}^{\mathrm{j}2\pi f_0 t}$ 的频谱密度只在正频率域有值，因此 $m(t)\mathrm{e}^{\mathrm{j}2\pi f_0 t}$ 是解析信号，则 $m(t)\mathrm{e}^{\mathrm{j}2\pi f_0 t}$ 的虚部是其实部的希尔伯特变换。

因为 $m(t)\mathrm{e}^{\mathrm{j}2\pi f_0 t} = m(t)\cos 2\pi f_0 t + \mathrm{j}\,m(t)\sin 2\pi f_0 t$，所以

$$H[m(t)\cos 2\pi f_0 t] = m(t)\sin 2\pi f_0 t$$

又因为 $H[\hat{f}(t)] = -f(t)$，所以

$$H\{H[m(t)\cos 2\pi f_0 t]\} = H[m(t)\sin 2\pi f_0 t] = -m(t)\cos 2\pi f_0 t$$

说明：（1）因为希尔伯特变换可以看作一个理想的 $-90°$ 相移器，容易理解

$$H[\cos(2\pi f_0 t + \varphi)] = \cos(2\pi f_0 t + \varphi - 90°) = \sin(2\pi f_0 t + \varphi)$$
$$H[\sin(2\pi f_0 t + \varphi)] = \sin(2\pi f_0 t + \varphi - 90°) = -\cos(2\pi f_0 t + \varphi)$$

（2）为了证明 $H[\cos(2\pi f_0 t + \varphi)] = \sin(2\pi f_0 t + \varphi)$，可以类似（3）小题的思路，先证明 $\mathrm{e}^{\mathrm{j}(2\pi f_0 t + \varphi)}$ 是解析信号，$\mathrm{e}^{\mathrm{j}(2\pi f_0 t + \varphi)}$ 实部为 $\cos(2\pi f_0 t + \varphi)$，虚部为 $\sin(2\pi f_0 t + \varphi)$，由于解析信号的虚部是实部的希尔伯特变换，即证 $H[\cos(2\pi f_0 t + \varphi)] = \sin(2\pi f_0 t + \varphi)$。

2-4　设实信号 $m(t)$ 的频带限于 $|f| \leqslant f_c$，试写出 $f(t) = m(t)\cos 2\pi f_c t$ 的解析信号和复包络。

解：$f(t) = m(t)\cos 2\pi f_c t$ 的希尔伯特变换是 $m(t)\sin 2\pi f_c t$，所以它的解析信号为

$$z(t) = f(t) + \mathrm{j}\hat{f}(t) = m(t)\cos 2\pi f_c t + \mathrm{j}m(t)\sin 2\pi f_c t = m(t)\mathrm{e}^{\mathrm{j}2\pi f_c t}$$

由 $f_L(t) = z(t)e^{-j2\pi f_c t}$，可得 $m(t)\cos 2\pi f_c t$ 的复包络为 $m(t)$。

**2-5** 设有一个频带信号

$$x(t) = \begin{cases} -\sin 2\pi f_c t, & 0 \leqslant t \leqslant T \\ 0, & 其他 \end{cases}$$

一个带通系统的单位冲激响应为

$$h(t) = \begin{cases} \sin 2\pi f_c t, & 0 \leqslant t \leqslant T \\ 0, & 其他 \end{cases}$$

如果信号 $x(t)$ 输入至系统 $h(t)$，试用频带信号和带通系统的等效基带分析方法求出输出信号 $y(t)$。

**解：** 频带信号 $x(t)$ 的等效基带信号（复包络）为

$$x_L(t) = \begin{cases} j, & 0 \leqslant t \leqslant T \\ 0, & 其他 \end{cases}$$

带通系统 $h(t)$ 的等效低通特性为

$$h_L(t) = \begin{cases} -\dfrac{j}{2}, & 0 \leqslant t \leqslant T \\ 0, & 其他 \end{cases}$$

则输出信号 $y(t)$ 的等效基带信号

$$y_L(t) = x_L(t) * h_L(t) = \frac{T}{2}\Delta_{2T}(t-T) = \begin{cases} t/2, & 0 \leqslant t \leqslant T \\ \dfrac{T}{2}\left(2 - \dfrac{t}{T}\right), & T < t \leqslant 2T \\ 0, & 其他 \end{cases}$$

其中 $\Delta_{2T}(t-T)$ 波形如图 2-1 所示。

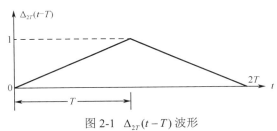

图 2-1 $\Delta_{2T}(t-T)$ 波形

所以输出信号 $y(t)$ 表达式为

$$y(t) = \text{Re}[y_L(t)e^{j2\pi f_c t}] = \frac{T}{2}\Delta_{2T}(t-T)\cos 2\pi f_c t = \begin{cases} \dfrac{t}{2}\cos 2\pi f_c t, & 0 \leqslant t \leqslant T \\ \dfrac{T}{2}\left(2 - \dfrac{t}{T}\right)\cos 2\pi f_c t, & T < t \leqslant 2T \\ 0, & 其他 \end{cases}$$

**2-6** 设随机过程 $X(t) = At + b$，$t > 0$，其中 $b$ 为常数，$A$ 为高斯随机变量，且 $A$ 的一维概率密度函数 $p_A(x) = \dfrac{1}{\sqrt{2\pi}}e^{-(x-1)^2/2}$，求 $X(t)$ 的均值和方差。

**解：** 因为 $A$ 为高斯随机变量，由一维概率密度函数，可以得出

$$E(A) = 1, \quad D(A) = 1$$

因为 $X(t) = At + b$，所以

$$E[X(t)] = E[At + b] = t + b$$
$$D[X(t)] = D[At + b] = t^2$$

2-7 设随机变量 $n_1 = \int_0^T n_w(t) f_1(t) \mathrm{d}t$，$n_2 = \int_0^T n_w(t) f_2(t) \mathrm{d}t$，其中 $n_w(t)$ 是双边功率谱为 $\frac{N_0}{2}$ 的高斯白噪声，$f_1(t)$ 和 $f_2(t)$ 为确定函数且相互正交，即 $\int_0^T f_1(t) f_2(t) \mathrm{d}t = 0$。试证明随机变量 $n_1$ 和 $n_2$ 统计独立。

证明：$n_w(t)$ 是双边功率谱为 $\frac{N_0}{2}$ 的高斯白噪声，它的相关函数和均值分别为

$$E[n_w(t_1) n_w(t_2)] = \frac{N_0}{2} \delta(t_2 - t_1)$$
$$E[n_w(t)] = 0$$

随机变量 $n_1$ 和 $n_2$ 的均值为

$$E(n_1) = E\left[\int_0^T n_w(t) f_1(t) \mathrm{d}t\right] = \int_0^T E[n_w(t)] f_1(t) \mathrm{d}t = 0$$
$$E(n_2) = E\left[\int_0^T n_w(t) f_2(t) \mathrm{d}t\right] = \int_0^T E[n_w(t)] f_2(t) \mathrm{d}t = 0$$

随机变量 $n_1$ 和 $n_2$ 的相关函数为

$$R(n_1, n_2) = E(n_1 n_2) = E\left[\int_0^T n_w(t_1) f_1(t_1) \mathrm{d}t_1 \int_0^T n_w(t_2) f_2(t_2) \mathrm{d}t_2\right]$$
$$= \int_0^T \int_0^T E[n_w(t_1) n_w(t_2)] f_1(t_1) f_2(t_2) \mathrm{d}t_1 \mathrm{d}t_2$$
$$= \int_0^T \int_0^T \frac{N_0}{2} \delta(t_2 - t_1) f_1(t_1) f_2(t_2) \mathrm{d}t_1 \mathrm{d}t_2$$
$$= \frac{N_0}{2} \int_0^T f_1(t_2) f_2(t_2) \mathrm{d}t_2$$

可见，当 $\int_0^T f_1(t) f_2(t) \mathrm{d}t = 0$ 时，$n_1$ 和 $n_2$ 的相关函数为 $E(n_1 n_2) = 0$。因此，协方差 $C(n_1, n_2) = E(n_1 n_2) - E(n_1) E(n_2) = 0$，即随机变量 $n_1$ 和 $n_2$ 互不相关。又因为 $n_1$ 和 $n_2$ 服从高斯分布，所以随机变量 $n_1$ 和 $n_2$ 统计独立。

2-8 已知 $X(t)$ 与 $Y(t)$ 是统计独立的平稳随机过程，且它们的自相关函数分别为 $R_X(\tau)$ 和 $R_Y(\tau)$。判断随机过程 $Z(t) = X(t)Y(t)$ 是否平稳。

解：随机过程 $Z(t)$ 的均值和相关函数分别为

$$E[Z(t)] = E[X(t)Y(t)]$$
$$R_Z(t_1, t_2) = E[X(t_1) Y(t_1) X(t_2) Y(t_2)]$$

因为 $X(t)$ 与 $Y(t)$ 是统计独立的平稳随机过程，所以

$$E[Z(t)] = E[X(t)] E[Y(t)] = 常数$$
$$R_Z(t_1, t_2) = E[X(t_1) X(t_2)] E[Y(t_1) Y(t_2)] = R_X(\tau) R_Y(\tau)，其中 \tau = t_2 - t_1$$

可见，随机过程 $Z(t)$ 是平稳随机过程。

2-9 某随机过程 $X(t) = (\eta + \varepsilon) \cos 2\pi f_0 t$，其中 $\eta$ 和 $\varepsilon$ 是均值为 0、方差为 $\sigma_\eta^2 = \sigma_\varepsilon^2 = 2$ 的互不相关的随机变量，试求：

（1）$X(t)$ 的均值 $E[X(t)]$；

（2）$X(t)$ 的自相关函数 $R_X(t_1, t_2)$；

（3）$X(t)$ 是否为宽平稳随机过程？

**解：**（1）$X(t)$ 的均值为
$$E[X(t)] = E[(\eta + \varepsilon)\cos 2\pi f_0 t] = \cos 2\pi f_0 t E[\eta + \varepsilon] = \cos 2\pi f_0 t\{E[\eta] + E[\varepsilon]\} = 0$$

（2）因为 $\eta$ 均值为 0，方差 $\sigma_\eta^2 = 2$，而 $D[\eta] = E[\eta^2] - E^2[\eta]$，所以 $E[\eta^2] = 2$。

同理 $E[\varepsilon^2] = 2$。

因为 $\eta$ 和 $\varepsilon$ 是均值为 0 的互不相关的随机变量，即协方差 $C(\eta, \varepsilon) = E(\eta\varepsilon) - E(\eta)E(\varepsilon) = 0$，所以 $E[\eta\varepsilon] = 0$。

所以 $X(t)$ 的自相关函数 $R_X(t_1, t_2)$ 为
$$\begin{aligned}
R_X(t_1, t_2) &= E[X(t_1)X(t_2)] = E[(\eta + \varepsilon)\cos 2\pi f_0 t_1 (\eta + \varepsilon)\cos 2\pi f_0 t_2] \\
&= \cos 2\pi f_0 t_1 \cos 2\pi f_0 t_2 E[(\eta + \varepsilon)^2] \\
&= \cos 2\pi f_0 t_1 \cos 2\pi f_0 t_2 E[\eta^2 + \varepsilon^2 + 2\eta\varepsilon] \\
&= \cos 2\pi f_0 t_1 \cos 2\pi f_0 t_2 \{E[\eta^2] + E[\varepsilon^2] + E[2\eta\varepsilon]\} \\
&= \cos 2\pi f_0 t_1 \cos 2\pi f_0 t_2 \{E[\eta^2] + E[\varepsilon^2]\} \\
&= 4\cos 2\pi f_0 t_1 \cos 2\pi f_0 t_2 \\
&= 2\cos 2\pi f_0(t_1 + t_2) + 2\cos 2\pi f_0(t_1 - t_2)
\end{aligned}$$

（3）$X(t)$ 的自相关函数不仅和 $t_1, t_2$ 的差值有关，也和 $t_1, t_2$ 有关，所以 $X(t)$ 不是宽平稳随机过程。

2-10    某随机过程 $z(t) = x_1 \cos 2\pi f_0 t - x_2 \sin 2\pi f_0 t$，若 $x_1$ 和 $x_2$ 是彼此独立且具有均值为 0、方差为 $\sigma^2$ 的正态随机变量，试求：

（1）$E[z(t)]$，$E[z^2(t)]$；

（2）$z(t)$ 的一维概率密度函数；

（3）自相关函数 $R_z(t_1, t_2)$ 与协方差函数 $C_z(t_1, t_2)$。

（4）$z(t)$ 是否为宽平稳随机过程？

**解：**（1）$E[z(t)] = E[x_1 \cos 2\pi f_0 t - x_2 \sin 2\pi f_0 t] = \cos 2\pi f_0 t E[x_1] - \sin 2\pi f_0 t E[x_2] = 0$

因为 $x_1$ 和 $x_2$ 是彼此独立且具有均值为 0、方差为 $\sigma^2$ 的正态随机变量，所以
$$E[x_1^2] = E[x_2^2] = \sigma^2$$
$$E[x_1 x_2] = E[x_1]E[x_2] = 0$$

因此
$$\begin{aligned}
E[z^2(t)] &= E[x_1^2 \cos^2 2\pi f_0 t + x_2^2 \sin^2 2\pi f_0 t - 2x_1 x_2 \cos 2\pi f_0 t \sin 2\pi f_0 t] \\
&= \cos^2 2\pi f_0 t \cdot E[x_1^2] + \sin^2 2\pi f_0 t \cdot E[x_2^2] - 2\cos 2\pi f_0 t \sin 2\pi f_0 t \cdot E[x_1 x_2] \\
&= (\cos^2 2\pi f_0 t + \sin^2 2\pi f_0 t) \cdot \sigma^2 - 2\cos 2\pi f_0 t \sin 2\pi f_0 t \cdot E[x_1]E[x_2] \\
&= \sigma^2
\end{aligned}$$

（2）因为 $z(t)$ 的均值为 0，方差 $D[z(t)] = E[z^2(t)] - E^2[z(t)] = \sigma^2$，所以 $z(t)$ 的一维概率密度函数为
$$p(z) = \frac{1}{\sqrt{2\pi}\sigma^-} e^{-z^2/2\sigma^2}$$

（3）$z(t)$ 的自相关函数为

$$R_z(t_1, t_2) = E[z(t_1)z(t_2)]$$
$$= E[(x_1 \cos 2\pi f_0 t_1 - x_2 \sin 2\pi f_0 t_1)(x_1 \cos 2\pi f_0 t_2 - x_2 \sin 2\pi f_0 t_2)]$$
$$= E[x_1^2 \cos 2\pi f_0 t_1 \cos 2\pi f_0 t_2] + E[x_2^2 \sin 2\pi f_0 t_1 \sin 2\pi f_0 t_2] - E[x_1 x_2 \cos 2\pi f_0 t_1 \sin 2\pi f_0 t_2] -$$
$$E[x_1 x_2 \sin 2\pi f_0 t_1 \cos 2\pi f_0 t_2]$$
$$= E[x_1^2] \cos 2\pi f_0 t_1 \cos 2\pi f_0 t_2 + E[x_2^2] \sin 2\pi f_0 t_1 \sin 2\pi f_0 t_2 - E[x_1 x_2] \cos 2\pi f_0 t_1 \sin 2\pi f_0 t_2 -$$
$$E[x_1 x_2] \sin 2\pi f_0 t_1 \cos 2\pi f_0 t_2$$
$$= E[x_1^2] \cos 2\pi f_0 t_1 \cos 2\pi f_0 t_2 + E[x_2^2] \sin 2\pi f_0 t_1 \sin 2\pi f_0 t_2$$
$$= \sigma^2 \cos 2\pi f_0(t_2 - t_1)$$

$z(t)$ 的协方差函数为

$$C_z(t_1, t_2) = E[z(t_1)z(t_2)] - E[z(t_1)]E[z(t_2)] = E[z(t_1)z(t_2)]$$
$$= \sigma^2 \cos 2\pi f_0(t_2 - t_1)$$

（4）因为 $z(t)$ 的均值为常数，而且自相关函数仅与时间间隔 $\tau$ 有关，因此 $z(t)$ 是宽平稳随机过程。

2-11　某随机过程 $S(t) = m(t)\cos(2\pi f_0 t + \theta)$，其中，$m(t)$ 是宽平稳随机过程，且自相关函数为 $R_m(\tau)$，功率谱密度为 $P_m(f)$。

（1）如果 $\theta$ 是在区间 $(0, 2\pi)$ 上均匀分布的随机变量，且 $\theta$ 与 $m(t)$ 彼此统计独立。此时 $S(t)$ 是否平稳？功率谱密度 $P_S(f)$ 及功率为多少？

（2）当 $\theta = 0$ 时，$S(t)$ 是否平稳？此时 $S(t)$ 的功率谱密度和功率为多少？

**解：**（1）设随机过程 $X(t) = \cos(2\pi f_0 t + \theta)$，其中 $\theta$ 是在区间 $(0, 2\pi)$ 上均匀分布的随机变量，则

$$E[X(t)] = E[\cos(2\pi f_0 t + \theta)] = \int_0^{2\pi} \cos(2\pi f_0 t + \theta) \frac{1}{2\pi} \, d\theta = 0$$
$$E[X(t)X(t+\tau)] = E[\cos(2\pi f_0 t + \theta)\cos(2\pi f_0 t + 2\pi f_0 \tau + \theta)]$$
$$= \frac{1}{2} E[\cos 2\pi f_0 \tau + \cos(4\pi f_0 t + 2\pi f_0 \tau + 2\theta)]$$
$$= \frac{1}{2} E[\cos 2\pi f_0 \tau] + \frac{1}{2} E[\cos(4\pi f_0 t + 2\pi f_0 \tau + 2\theta)]$$
$$= \frac{1}{2} \cos 2\pi f_0 \tau$$

因为随机过程 $S(t) = m(t)\cos(2\pi f_0 t + \theta)$，其中 $m(t)$ 是宽平稳随机过程，且 $\theta$ 与 $m(t)$ 彼此统计独立，所以

$$E[S(t)] = E[m(t)\cos(2\pi f_0 t + \theta)] = E[m(t)]E[\cos(2\pi f_0 t + \theta)] = 0$$
$$R_S(t, t+\tau) = E[S(t)S(t+\tau)]$$
$$= E[m(t)m(t+\tau)\cos(2\pi f_0 t + \theta)\cos(2\pi f_0 t + 2\pi f_0 \tau + \theta)]$$
$$= E[m(t)m(t+\tau)]E[\cos(2\pi f_0 t + \theta)\cos(2\pi f_0 t + 2\pi f_0 \tau + \theta)]$$
$$= \frac{1}{2} R_m(\tau)\cos 2\pi f_0 \tau$$

可见，$S(t)$ 是平稳随机过程。

因为平稳随机过程的自相关函数与功率谱密度之间互为傅里叶变换的关系，所以功率谱密度为

$$P(f) = \frac{1}{4}[P_m(f + f_c) + P_m(f - f_c)]$$

平均功率为

$$P = R_S(0) = \frac{1}{2}R_m(0)$$

（2）当 $\theta = 0$ 时，$S(t)$ 的均值为

$$E[S(t)] = E[m(t)\cos(2\pi f_0 t)] = \cos 2\pi f_0 t \cdot E[m(t)]$$

$S(t)$ 的自相关函数为

$$\begin{aligned}
R_S(t, t+\tau) &= E[S(t)S(t+\tau)] \\
&= E[m(t)m(t+\tau)\cos 2\pi f_0 t \cos 2\pi f_0(t+\tau)] \\
&= \frac{E[m(t)m(t+\tau)]}{2}[\cos(2\pi f_0\tau) + \cos(4\pi f_0 t + 2\pi f_0\tau)] \\
&= \frac{R_m(\tau)}{2}[\cos(2\pi f_0\tau) + \cos(4\pi f_0 t + 2\pi f_0\tau)] \\
&= \frac{R_m(\tau)}{2}\cos 2\pi f_0\tau + \frac{R_m(\tau)}{2}\cos(4\pi f_0 t + 2\pi f_0\tau)
\end{aligned}$$

可见 $S(t)$ 不是平稳随机过程，是循环平稳随机过程。

因为 $S(t)$ 自相关函数的时间平均为

$$\begin{aligned}
\overline{R_S(t, t+\tau)} &= \frac{R_m(\tau)}{2}\cos(2\pi f_0\tau) + \overline{\frac{R_m(\tau)}{2}\cos(4\pi f_0 t + 2\pi f_0\tau)} \\
&= \frac{R_m(\tau)}{2}\cos(2\pi f_0\tau)
\end{aligned}$$

所以输出过程 $S(t)$ 的功率谱密度可表示为

$$P_S(f) = \int_{-\infty}^{\infty}\overline{R_S(t, t+\tau)}e^{-j2\pi f\tau}\mathrm{d}\tau = \frac{1}{4}[P_m(f+f_0) + P_m(f-f_0)]$$

输出过程 $Y(t)$ 的平均功率为

$$P_Y = \int_{-\infty}^{\infty}P_S(f)\mathrm{d}f = \overline{R}_S(0) = \frac{1}{2}R_m(0)$$

2-12　某平稳随机过程 $X(t)$ 的均值为 1，方差为 2。现有另一个随机过程 $Y(t) = 2 + 3X(t)$，试求：

（1）$Y(t)$ 是否为宽平稳随机过程？

（2）$Y(t)$ 的平均功率；

（3）如果 $X(t)$ 服从高斯分布，分别写出 $X(t)$ 和 $Y(t)$ 的一维概率密度函数。

**解：**（1）因为随机过程 $Y(t)$ 的均值和自相关函数为

$$E[Y(t)] = 2 + 3E[X(t)] = 5$$

$$\begin{aligned}
R_Y(t, t+\tau) &= E[Y(t)Y(t+\tau)] = E\{[2+3X(t)][2+3X(t+\tau)]\} \\
&= E\{4 + 6X(t) + 6X(t+\tau) + 9[X(t)X(t+\tau)]\} \\
&= 4 + 6E[X(t)] + 6E[X(t+\tau)] + 9E[X(t)X(t+\tau)] \\
&= 16 + 9R_X(\tau) = R_Y(\tau)
\end{aligned}$$

所以，$Y(t)$ 为宽平稳过程。

（2）$X(t)$ 的均值为 1，方差为 2，所以 $X(t)$ 的平均功率

$$R_X(0) = E[X^2(t)] = E^2[X(t)] + D[X(t)] = 3$$

那么 $Y(t)$ 的平均功率

$$R_Y(0) = 16 + 9R_X(\tau) = 43$$

（3）因为 $X(t)$ 的均值为 1、方差为 2，所以 $X(t)$ 的一维概率密度函数

$$p(x) = \frac{1}{\sqrt{4\pi}} e^{-(x-1)^2/4}$$

因为 $Y(t)$ 的均值为 5，方差为 18，所以 $Y(t)$ 的一维概率密度函数

$$p(y) = \frac{1}{\sqrt{36\pi}} e^{-(y-5)^2/36}$$

2-13　已知随机过程 $X(t) = A_0 + A_1 \cos(2\pi f_0 t + \theta)$，式中，$A_0$、$A_1$ 是常数，$\theta$ 是在区间 $(0, 2\pi)$ 上均匀分布的随机变量。

（1）试求 $X(t)$ 的自相关函数 $R(\tau)$ 和功率谱密度；

（2）试求 $X(t)$ 的平均功率、直流功率、交流功率。

**解：**（1）当 $\theta$ 是在区间 $(0, 2\pi)$ 上均匀分布的随机变量时，可得

$$E[\cos(2\pi f_0 t + \theta)] = \int_0^{2\pi} \cos(2\pi f_0 t + \theta) \frac{1}{2\pi} \mathrm{d}\theta = 0$$

$$E[\cos(2\pi f_0 t + \theta) \cos(2\pi f_0 t + 2\pi f_0 \tau + \theta)] = \frac{1}{2} \cos 2\pi f_0 \tau$$

所以随机过程 $X(t)$ 的均值为

$$E[X(t)] = E[A_0 + A_1 \cos(2\pi f_0 t + \theta)] = A_0 + E[A_1 \cos(2\pi f_0 t + \theta)] = A_0$$

$X(t)$ 的自相关函数为

$$\begin{aligned}
R_X(t, t+\tau) &= E[X(t)X(t+\tau)] \\
&= E\{[A_0 + A_1 \cos(2\pi f_0 t + \theta)][A_0 + A_1 \cos(2\pi f_0 t + 2\pi f_0 \tau + \theta)]\} \\
&= E[A_0^2] + E[A_0 A_1 \cos(2\pi f_0 t + 2\pi f_0 \tau + \theta)] + E[A_0 A_1 \cos(2\pi f_0 t + \theta)] + \\
&\quad E[A_1^2 \cos(2\pi f_0 t + \theta) \cos(2\pi f_0 t + 2\pi f_0 \tau + \theta)] \\
&= A_0^2 + \frac{A_1^2}{2} \cos(2\pi f_0 \tau)
\end{aligned}$$

可见，$X(t)$ 是平稳随机过程。因为平稳随机过程自相关函数的傅里叶变换为功率谱密度，所以 $X(t)$ 的功率谱密度

$$P(f) = \int_{-\infty}^{\infty} R_X(\tau) e^{-j2\pi f\tau} \mathrm{d}\tau = A_0^2 \delta(f) + \frac{A_1^2}{4}[\delta(f+f_0) + \delta(f-f_0)]$$

（2）$X(t)$ 的平均功率为

$$E[X^2(t)] = R_X(0) = A_0^2 + \frac{A_1^2}{2} \cos(2\pi f_0 \tau) = A_0^2 + \frac{A_1^2}{2}$$

$X(t)$ 的直流功率为

$$E^2[X(t)] = A_0^2$$

$X(t)$ 的交流功率为

$$E[X^2(t)] - E^2[X(t)] = \frac{A_1^2}{2}$$

2-14　某随机过程 $X(t) = \xi \cos 2\pi f_c t$，其中 $\xi$ 是均值为 $a$、方差为 $\sigma_\xi^2$ 的高斯随机变量，试求：

（1）$X(t)|_{t=0}$ 及 $X(t)|_{t=1}$ 的两个一维概率密度函数；

（2）$X(t)$ 是否为宽平稳随机过程；

（3）$X(t)$ 的功率谱密度；

（4）$X(t)$ 的平均功率。

**解：**（1） $X(t)|_{t=0} = X(0) = \xi$

因为 $\xi$ 是均值为 $a$、方差为 $\sigma_{\xi}^2$ 的高斯随机变量，则 $X(t)|_{t=0}$ 的一维概率密度函数

$$p(x) = \frac{1}{\sqrt{2\pi}\sigma_{\xi}} \exp\left[-\frac{(x-a)^2}{2\sigma_{\xi}^2}\right]$$

因为 $X(t)|_{t=1} = X(1) = \xi\cos 2\pi f_{c}$，均值为 $a\cos 2\pi f_{c}$，方差为 $\sigma_{\xi}^2\cos^2 2\pi f_{c}$，所以 $X(t)|_{t=1}$ 的一维概率密度函数

$$p(x) = \frac{1}{\sqrt{2\pi\sigma_{\xi}^2\cos^2 2\pi f_{c}}} \exp\left[-\frac{(x-a\cos 2\pi f_{c})^2}{2\sigma_{\xi}^2\cos^2 2\pi f_{c}}\right]$$

（2） $E[X(t)] = E[\xi\cos 2\pi f_{c}t] = a\cos 2\pi f_{c}t$

可见，均值与 $t$ 有关，不是常数。所以 $X(t)$ 不是宽平稳随机过程。

（3） $X(t)$ 的自相关函数为

$$R_X(t, t+\tau) = E[X(t)X(t+\tau)] = E[\xi^2\cos 2\pi f_{c}t\cos 2\pi f_{c}(t+\tau)]$$

$$= \frac{1}{2}E[\xi^2]\cos 2\pi f_{c}\tau + \frac{1}{2}E[\xi^2]\cos 2\pi f_{c}(2t+\tau)$$

$$= \frac{1}{2}(a^2 + \sigma_{\xi}^2)\cos 2\pi f_{c}\tau + \frac{1}{2}(a^2 + \sigma_{\xi}^2)\cos 2\pi f_{c}(2t+\tau)$$

自相关函数的时间平均为

$$\overline{R_X(t, t+\tau)} = \frac{1}{2}(a^2 + \sigma_{\xi}^2)\cos 2\pi f_{c}\tau$$

然后进行傅里叶变换，得到 $X(t)$ 的功率谱为

$$P_X(f) = \frac{(a^2 + \sigma_{\xi}^2)}{4}[\delta(f+f_{c}) + \delta(f-f_{c})]$$

（4） $X(t)$ 的平均功率为

$$S_X = \overline{R_X(t, t+\tau)}|_{\tau=0} = \frac{1}{2}(a^2 + \sigma_{\xi}^2)$$

2-15　RC 低通滤波器如图 2-2 所示，设输入为双边功率谱为 $\frac{N_0}{2}$ 的高斯白噪声 $n_{w}(t)$，求输出过程的功率谱密度和自相关函数。

**解：** RC 低通滤波器的传输特性为

$$H(f) = \frac{\frac{1}{j2\pi fC}}{R + \frac{1}{j2\pi fC}} = \frac{1}{1+j2\pi fRC}$$

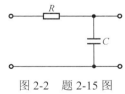

图 2-2　题 2-15 图

因此

$$|H(f)|^2 = \frac{1}{1+(2\pi fRC)^2}$$

所以，高斯白噪声 $n_{w}(t)$ 通过 RC 低通滤波器后，输出过程的功率谱密度为

$$P_{o}(f) = P_{i}(f)|H(f)|^2 = \frac{N_0}{2[1+(2\pi fRC)^2]}$$

则输出过程的自相关函数为

$$R_{o}(\tau) = \int_{-\infty}^{\infty} P_{o}(f)e^{j2\pi f\tau}df = \frac{N_0}{4RC}e^{-|\tau|/RC}$$

2-16 设 $n_w(t)$ 是双边功率谱为 $\dfrac{N_0}{2}$ 的高斯白噪声,通过一个截止频率为 $f_H$ 的理想低通滤波器输出随机过程 $Y(t)$。

（1）写出 $Y(t)$ 的功率谱密度和相关函数;

（2）写出 $Y(t)$ 的一维概率密度函数;

（3）如果以 $2f_H$ 的速率对 $Y(t)$ 抽样,得到抽样值 $Y(t_1)$, $Y(t_2)$, $\cdots$, $Y(t_n)$,写出 $n$ 个抽样值的联合概率密度。

**解**：（1）输出随机过程 $Y(t)$ 的功率谱密度

$$P_Y(f) = P_X(f)|H(f)|^2 = \begin{cases} \dfrac{N_0}{2}, & |f| \leq f_H \\ 0, & \text{其他} \end{cases}$$

利用公式 $R(\tau) \Leftrightarrow P(f)$,则滤波器输出随机过程 $Y(t)$ 的自相关函数

$$R_Y(\tau) = \int_{-\infty}^{\infty} P_Y(f) e^{j2\pi f t} df$$
$$= N_0 f_H \text{Sa}(2\pi f_H \tau)$$

（2）因为高斯过程通过线性系统的输出仍然是高斯过程,而且

$$E[Y(t)] = E[Y(t)]H(0) = 0$$
$$D[Y(t)] = R_Y(0) - E^2[Y(t)] = N_0 f_H$$

所以,滤波器输出噪声的一维概率密度函数

$$p(y) = \frac{1}{\sqrt{2\pi N_0 f_H}} \exp\left(-\frac{y^2}{2N_0 f_H}\right)$$

（3）容易得到

$$R_Y\left(\frac{k}{2f_H}\right) = 0, \qquad k = \pm 1, \pm 2, \pm 3, \cdots$$

可见,当抽样间隔 $\tau = k/(2f_H)$ 时,$Y(t)$ 抽样值之间不相关。因为是高斯分布,故抽样值统计独立。因此 $n$ 个抽样值的联合概率密度为

$$p(y_1 y_2 \cdots y_n) = \frac{1}{(2\pi N_0 f_H)^{n/2}} \exp\left(-\frac{y_1^2 + y_2^2 + \cdots + y_n^2}{2N_0 f_H}\right)$$

2-17 设 $n_w(t)$ 是均值为 0、双边功率谱密度为 $\dfrac{N_0}{2} = 10^{-10}$ W/Hz 的白噪声,$y(t) = \dfrac{dn(t)}{dt}$,将 $y(t)$ 通过一个截止频率为 B=1000Hz 的理想低通滤波器得到 $y_o(t)$,求:

（1）$y(t)$ 的双边功率谱密度;

（2）$y_o(t)$ 的平均功率。

**解**：

（1）微分器的传输特性为

$$H(f) = j2\pi f$$

所以微分器输出的双边功率谱密度为

$$P_y(f) = P_i(f)|H(f)|^2 = \frac{N_0}{2}(2\pi f)^2 = 3.95 \times 10^{-9} f^2 \text{W/Hz}$$

（2）通过理想低通滤波器后,输出的功率谱密度为

$$P_o(f) = \begin{cases} \dfrac{N_0}{2}(2\pi f)^2, & |f| \leqslant 1000\text{Hz} \\ 0, & \text{其他} \end{cases}$$

则平均功率为

$$P_o = \int_{-\infty}^{\infty} P_o(f)\mathrm{d}f = \int_{-B}^{B} \frac{N_0}{2}(2\pi f)^2\,\mathrm{d}f = \frac{4\pi^2 N_0 B^3}{3} = 2.63\text{W}$$

2-18 若 $\xi(t)$ 是平稳随机过程，自相关函数为 $R_\xi(\tau)$，通过如图 2-3 所示系统，求输出过程的自相关函数及功率谱密度。

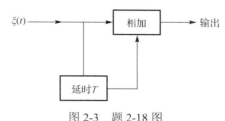

图 2-3 题 2-18 图

**解：** 输出与输入的关系为

$$Y(t) = \xi(t) + \xi(t-T)$$

则输出过程的自相关函数为

$$R_Y(\tau) = E\{[\xi(t)+\xi(t-T)][\xi(t+\tau)+\xi(t-T+\tau)]\} = 2R_\xi(\tau)+R_\xi(\tau+T)+R_\xi(\tau-T)$$

由维纳-辛钦定理可得输出过程的功率谱密度为

$$\begin{aligned} P_Y(f) &= 2P_\xi(f) + P_\xi(f)\mathrm{e}^{\mathrm{j}2\pi fT} + P_\xi(f)\mathrm{e}^{-\mathrm{j}2\pi fT} \\ &= P_\xi(f)(2 + \mathrm{e}^{\mathrm{j}2\pi fT} + \mathrm{e}^{-\mathrm{j}2\pi fT}) \\ &= 2(1 + \cos 2\pi fT)P_\xi(f) \end{aligned}$$

2-19 计算下列信号的相关函数、功率谱密度和平均功率。

（1）确定信号 $x(t) = A\sin(2\pi f_c t+\theta_0)$，其中 $A$、$f_c$、$\theta_0$ 为常数；

（2）随机信号 $X_1(t) = A\sin(2\pi f_c t+\theta)$，其中 $A$、$f_c$ 为常数，$\theta$ 是在 $[-\pi,\pi]$ 范围内均匀分布的随机变量；

（3）随机信号 $X_2(t) = M(t)\sin(2\pi f_c t+\theta)$，其中 $f_c$ 为常数，$\theta$ 是在 $[-\pi,\pi]$ 范围内均匀分布的随机变量，$M(t)$ 为平稳随机过程，且 $M(t)$ 与 $\theta$ 统计独立；

（4）随机信号 $X_3(t) = M(t)\sin(2\pi f_c t+\theta_0)$，其中 $f_c$、$\theta_0$ 为常数，$M(t)$ 为平稳随机过程。

**解：**

（1）$x(t) = A\sin(2\pi f_c t+\theta_0)$ 为功率信号。由自相关函数的定义得

$$\begin{aligned} R(\tau) &= \frac{1}{T}\int_{-\frac{T}{2}}^{\frac{T}{2}} x(t)x(t+\tau)\mathrm{d}t \\ &= \frac{1}{T}\int_{-\frac{T}{2}}^{\frac{T}{2}} A^2 \sin(2\pi f_c t+\theta_0)\sin[2\pi f_c(t+\tau)+\theta_0]\mathrm{d}t \\ &= \frac{1}{T}\int_{-\frac{T}{2}}^{\frac{T}{2}} \frac{A^2}{2}[-\cos(4\pi f_c t+2\pi f_c \tau+2\theta_0)+\cos 2\pi f_c\tau]\mathrm{d}t \\ &= \frac{A^2}{2}\cos 2\pi f_c\tau \end{aligned}$$

由于 $x(t)$ 的自相关函数和功率谱密度是一对傅里叶变换，即

$$P(f) = \int_{-\infty}^{\infty} R(\tau) e^{-j2\pi f \tau} d\tau = \frac{A^2}{4} [\delta(f + f_c) + \delta(f - f_c)]$$

平均功率为

$$P = \int_{-\infty}^{\infty} P(f) df = \frac{A^2}{2} \text{ 或者 } P = R(0) = \frac{A^2}{2}$$

（2） $X_1(t)$ 的均值和自相关函数分别为

$$E[X_1(t)] = E[A\sin(2\pi f_c t + \theta)] = \int_{-\pi}^{\pi} A\sin(2\pi f_0 t + \theta) \frac{1}{2\pi} d\theta = 0$$

$$R_{X_1}(t, t+\tau) = E[A^2 \sin(2\pi f_c t + \theta) \sin(2\pi f_c t + 2\pi f_c \tau + \theta)]$$

$$= \frac{A^2}{2} E[\cos 2\pi f_c \tau - \cos(4\pi f_c t + 2\pi f_c \tau + 2\theta)]$$

$$= \frac{A^2}{2} \cos 2\pi f_c \tau$$

所以随机过程 $X_1(t)$ 平稳。因为平稳随机过程的自相关函数与功率谱密度之间互为傅里叶变换的关系，所以功率谱密度为

$$P_{X_1}(f) = \int_{-\infty}^{\infty} R_{X_1}(\tau) e^{-j2\pi f \tau} d\tau = \frac{A^2}{4} [\delta(f + f_c) + \delta(f - f_c)]$$

平均功率为

$$P_1 = \int_{-\infty}^{\infty} P_{X_1}(f) df = \frac{A^2}{2} \text{ 或者 } P_1 = R_{X_1}(0) = \frac{A^2}{2}$$

（3） $X_2(t) = M(t)\sin(2\pi f_c t + \theta)$ 的均值和自相关函数分别为

$$E[X_2(t)] = E[M(t)\sin(2\pi f_c t + \theta)] = E[M(t)]E[\sin(2\pi f_c t + \theta)] = 0$$

$$R_{X_2}(t, t+\tau) = E[M(t)\sin(2\pi f_c t + \theta)M(t+\tau)\sin(2\pi f_c t + 2\pi f_c \tau + \theta)]$$

$$= E[M(t)M(t+\tau)]E[\sin(2\pi f_c t + \theta)\sin(2\pi f_c t + 2\pi f_c \tau + \theta)]$$

$$= \frac{1}{2} R_M(\tau) \cos 2\pi f_c \tau$$

所以 $X_2(t)$ 是平稳随机过程。自相关函数与功率谱密度之间互为傅里叶变换，所以功率谱密度为

$$P_{X_2}(f) = \frac{1}{4} [P_M(f + f_c) + P_M(f - f_c)]$$

平均功率为 $P_2 = \frac{1}{2} R_M(0)$。

（4） $X_3(t) = M(t)\sin(2\pi f_c t + \theta_0)$ 的均值和自相关函数分别为

$$E[X_3(t)] = E[M(t)\sin(2\pi f_c t + \theta_0)] = E[M(t)]\sin(2\pi f_c t + \theta_0)$$

$$R_X(t, t+\tau) = E[X_3(t)X_3(t+\tau)]$$

$$= E[M(t)\sin(2\pi f_c t + \theta_0)M(t+\tau)\sin(2\pi f_c t + 2\pi f_c \tau + \theta_0)]$$

$$= \frac{E[M(t)M(t+\tau)]}{2} [\cos(2\pi f_c \tau) - \cos(4\pi f_c t + 2\pi f_c \tau + 2\theta_0)]$$

$$= \frac{R_M(\tau)}{2} \cos(2\pi f_c \tau) - \frac{R_M(\tau)}{2} \cos(4\pi f_c t + 2\pi f_c \tau + 2\theta_0)$$

可知 $X_3(t)$ 是循环平稳随机过程。$X_3(t)$ 自相关函数的时间平均 $\overline{R_X(t, t+\tau)} = \frac{R_M(\tau)}{2} \cos 2\pi f_c \tau$ 与功率谱密度之间互为傅里叶变换，所以功率谱密度为

$$P_{X_3}(f) = \frac{1}{4}[P_M(f+f_c) + P_M(f-f_c)]$$

平均功率为 $P_3 = \frac{1}{2}R_M(0)$。

2-20　设 $r = -E_b + n$，其中 $E_b$ 为大于 0 的常数，$n$ 是均值为零、方差为 $\sigma^2$ 的高斯随机变量。求 $r > 0$ 的概率。

分析：$Q$ 函数定义式为 $Q(x) = \frac{1}{\sqrt{2\pi}}\int_x^{\infty} e^{-\frac{z^2}{2}}\mathrm{d}z$，如果随机变量 $Z \sim N(0,1)$，则 $Q(x)$ 表示 $Z$ 大于 $x$ 的概率。根据已知条件可知 $n \sim N(0,\sigma^2)$，令随机变量 $Z = \frac{n}{\sigma}$，这时 $Z \sim N(0,1)$。

**解**：$r > 0$ 的概率等于 $n > E_b$ 的概率，等于 $\frac{n}{\sigma} > \frac{E_b}{\sigma}$ 的概率。即

$$P(r>0) = P(n > E_b) = P\left(\frac{n}{\sigma} > \frac{E_b}{\sigma}\right) = Q\left(\frac{E_b}{\sigma}\right) = \frac{1}{2}\mathrm{erfc}\left(\frac{E_b}{\sqrt{2}\sigma}\right)$$

2-21　设信道噪声 $n_w(t)$ 是功率谱密度为 $N_0/2$ 的高斯白噪声。

（1）如果 $n_w(t)$ 通过一个单位冲激响应为 $h(t)$ 的滤波器，设 $h(t)$ 的能量为 $E_h$，试说明输出噪声 $n_o(t)$ 在任意时刻是均值为 0、方差为 $\frac{N_0 E_h}{2}$ 的高斯随机变量。

（2）设 $g(t)$ 是能量为 $E_g$ 的确定信号，试说明随机变量 $X = \int_{-\infty}^{\infty} n_w(t)g(t)\mathrm{d}t$ 是均值为 0、方差为 $\frac{N_0 E_g}{2}$ 的高斯随机变量。

**解**：

（1）$n_w(t)$ 是双边功率谱为 $\frac{N_0}{2}$ 的高斯白噪声，其均值 $E[n_w(t)] = 0$，相关函数 $E[n_w(t_1)n_w(t_2)] = \frac{N_0}{2}\delta(t_2 - t_1)$。所以输出噪声 $n_o(t)$ 表示为

$$n_o(t) = n_w(t) * h(t) = \int_{-\infty}^{\infty} n_w(t)h(t-\tau)\mathrm{d}\tau$$

输出噪声 $n_o(t)$ 的数学期望为

$$E[n_o(t)] = \int_{-\infty}^{\infty} E[n_w(t)]h(t-\tau)\mathrm{d}\tau = 0$$

输出噪声 $n_o(t)$ 的方差为

$$
\begin{aligned}
D[n_o(t)] &= E[n_0^2(t)] \\
&= E\left(\int_{-\infty}^{\infty} n_w(u)h(t-u)\mathrm{d}u \int_{-\infty}^{\infty} n_w(v)h(t-v)\mathrm{d}v\right) \\
&= \int_{-\infty}^{\infty}\int_{-\infty}^{\infty} E[n_w(u)n_w(v)]h(t-u)h(t-v)\mathrm{d}u\mathrm{d}v \\
&= \int_{-\infty}^{\infty}\int_{-\infty}^{\infty} \frac{N_0}{2}\delta(u-v)h(t-u)h(t-v)\mathrm{d}u\mathrm{d}v \\
&= \frac{N_0}{2}\int_{-\infty}^{\infty} h^2(t-u)\mathrm{d}u = \frac{N_0 E_h}{2}
\end{aligned}
$$

方差也可以这样计算：

$$D[n_o(t)] = E[n_0^2(t)] = \int_{-\infty}^{\infty} P_{n_0}(f)\,\mathrm{d}f = \int_{-\infty}^{\infty} \frac{N_0}{2}|H(f)|^2\mathrm{d}f = \frac{N_0 E_h}{2}$$

因为 $n_w(t)$ 是平稳高斯过程，通过线性系统的输出仍是平稳高斯过程，所以输出噪声 $n_o(t)$ 在任意时刻是均值为 0、方差为 $\dfrac{N_0 E_h}{2}$ 的高斯随机变量。

（2）随机变量 $X = \displaystyle\int_{-\infty}^{\infty} n_w(t)g(t)\mathrm{d}t$ 的数学期望

$$E(X) = E\left[\int_{-\infty}^{\infty} n_w(t)g(t)\mathrm{d}t\right] = \int_{-\infty}^{\infty} E[n_w(t)]g(t)\mathrm{d}t = 0$$

方差为
$$\begin{aligned}
D(X) = E(X^2) &= E\left(\int_{-\infty}^{\infty} n_w(t_1)g(t_1)\mathrm{d}t_1 \int_{-\infty}^{\infty} n_w(t_2)g(t_2)\mathrm{d}t_2\right)\\
&= \int_{-\infty}^{\infty}\int_{-\infty}^{\infty} E[n_w(t_1)n_w(t_2)]g(t_1)g(t_2)\mathrm{d}t_1\mathrm{d}t_2\\
&= \int_{-\infty}^{\infty}\int_{-\infty}^{\infty} \frac{N_0}{2}\delta(t_1-t_2)g(t_1)g(t_2)\mathrm{d}t_1\mathrm{d}t_2\\
&= \frac{N_0}{2}\int_{-\infty}^{\infty} g^2(t)\mathrm{d}t = \frac{N_0 E_g}{2}
\end{aligned}$$

随机变量 $X = \displaystyle\int_{-\infty}^{\infty} n_w(t)g(t)\mathrm{d}t$ 可以看作高斯随机过程通过线性系统输出的抽样值，所以 $X$ 是服从高斯分布的随机变量。可见 $X$ 是均值为 0、方差为 $\dfrac{N_0 E_g}{2}$ 的高斯随机变量。

**2-22** 在功率谱密度为 $N_0/2$ 的高斯白噪声下，设计一个对 $s(t)$ 的匹配滤波器，$s(t)$ 如图 2-4 所示。

（1）画出匹配滤波器的单位冲激响应 $h(t) = Ks(t_0 - t)$，其中 $K$ 为某常数。设 $t_0$ 分别等于 $T$ 或 $2T$；

（2）为保证匹配滤波器物理可实现，试确定最大输出信噪比的时刻 $t_0$；

（3）当 $K=1$ 时，计算抽样时刻信号的瞬时值和瞬时功率，写出最大输出信噪比；写出抽样时刻匹配滤波器输出端噪声的一维概率密度；

（4）设 $E$ 为 $s(t)$ 的能量，当 $K = \dfrac{1}{\sqrt{E}}$ 时，重做（3）。

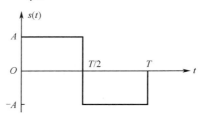

图 2-4　题 2-22 图

**解：**（1）当 $t_0 = T$ 时，匹配滤波器的单位冲激响应如图 2-5 所示。当 $t_0 = 2T$ 时，匹配滤波器的单位冲激响应如图 2-6 所示。

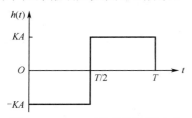

图 2-5　$t_0 = T$ 时的单位冲激响应

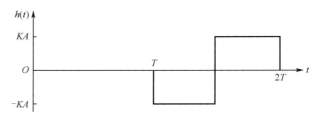

图 2-6　$t_0 = 2T$ 时的单位冲激响应

（2）为保证匹配滤波器物理可实现，要求满足当 $t < 0$ 时，$h(t) = 0$。可见最大输出信噪比的时刻 $t_0 \geqslant T$。

（3）输出信号在 $t_0$ 时刻的瞬时值都可以表示为

$$s_o(t) = \int_{-\infty}^{\infty} s(t-\tau)h(\tau)\mathrm{d}\tau = \int_{-\infty}^{\infty} s(t-\tau)Ks(t_0-\tau)\mathrm{d}\tau = KR(t-t_0)$$

可见，输出信号在 $t_0$ 时刻的瞬时值 $s_o(t_0) = KR(0) = KE$，其中 $E$ 表示匹配滤波器输入信号的能量，本题中 $E = A^2T$。

噪声的平均功率为 $P_{n_o} = \dfrac{N_0}{2}\int_{-\infty}^{\infty}|H(f)|^2\,\mathrm{d}f = \dfrac{K^2N_0}{2}\int_{-\infty}^{\infty}|S(f)|^2\,\mathrm{d}f = \dfrac{K^2N_0E}{2}$

当 $K=1$ 时，抽样时刻，匹配滤波器输出端 $y(t)$ 的均值 $R(0) = E$，方差（即噪声平均功率）$\sigma^2 = \dfrac{N_0E}{2}$。

抽样时刻匹配滤波器输出端噪声的一维概率密度为

$$p(y) = \frac{1}{\sqrt{2\pi}\sigma}\exp\left[-\frac{(y-E)^2}{2\sigma^2}\right]$$

其中 $E = A^2T$，$\sigma^2 = \dfrac{N_0E}{2}$。

（4）当 $K = \dfrac{1}{\sqrt{E}}$ 时，输出信号在 $t_0$ 时刻的瞬时值 $s_o(t_0) = KR(0) = \sqrt{E}$，方差 $\sigma^2 = \dfrac{K^2N_0E}{2} = \dfrac{N_0}{2}$。因此，一维概率密度为

$$p(y) = \frac{1}{\sqrt{\pi N_0}}\exp\left[-\frac{(y-\sqrt{E})^2}{N_0}\right]$$

为了更清晰地说明 $K$ 变化后对匹配滤波器输出的影响，用表格形式来表示各参数的变化，如表 2-1 所示。表中的符号 $E$ 表示匹配滤波器输入信号的能量。

表 2-1　单位冲激函数 $h(t)=Ks(t_0-t)$ 时的匹配滤波器的输出参数

| | $K=1$ | $K=1/\sqrt{E}$ |
|---|---|---|
| 抽样时刻匹配滤波器输出信号瞬时值 $R(0) = KE$ | $E$ | $\sqrt{E}$ |
| 抽样时刻匹配滤波器输出信号瞬时功率 $K^2E^2$ | $E^2$ | $E$ |
| 抽样时刻匹配滤波器输出噪声平均功率 $\sigma^2 = \dfrac{K^2N_0E}{2}$ | $\sigma^2 = \dfrac{N_0E}{2}$ | $\sigma^2 = \dfrac{N_0}{2}$ |
| 抽样时刻匹配滤波器输出信噪比 | $\dfrac{2E}{N_0}$ | $\dfrac{2E}{N_0}$ |
| 抽样时刻匹配滤波器输出值的一维概率密度 | $p(y) = \dfrac{1}{\sqrt{2\pi}\sigma}\exp\left[-\dfrac{(y-a)^2}{2\sigma^2}\right]$，其中均值为抽样时刻匹配滤波器输出信号瞬时值，方差为匹配滤波器输出噪声平均功率，即 $a = KE$，$\sigma^2 = \dfrac{K^2N_0E}{2}$ | |

2-23　设信道噪声 $n_w(t)$ 是功率谱密度为 $N_0/2$ 的高斯白噪声，匹配滤波器的输入为 $s(t) + n_w(t)$，匹配滤波器的单位冲激响应 $h(t) = s(T-t)$。

（1）如果信号 $s(t)$ 如图 2-7（a）所示，计算最大输出信噪比，并写出此时匹配滤波器输出值的一维概率密度。

（2）如果信号 $s(t)$ 如图 2-7（b）所示。重做（1）。

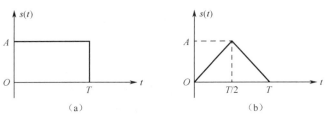

（a）                                （b）

图 2-7　题 2-23 图

**解：**（1）输出信号 $s_o(t)$ 表示为

$$s_o(t) = \int_{-\infty}^{\infty} s(t-\tau)h(\tau)\mathrm{d}\tau = \int_{-\infty}^{\infty} s(t-\tau)s(T-\tau)\mathrm{d}\tau = R(t-T)$$

单位冲激响应如图 2-8 所示。对应的输出信号 $s_o(t)$ 如图 2-9 所示，抽样时刻匹配滤波器的输出 $s_o(T) = R(0) = A^2T$。

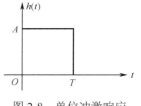

图 2-8　单位冲激响应

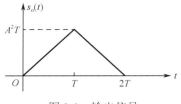

图 2-9　输出信号

可以看出，在抽样时刻，匹配滤波器输出信号瞬时值达到最大值，即信号 $s(t)$ 的能量 $E = A^2T$，此时输出信噪比最大。

在抽样时刻，匹配滤波器输出端信号瞬时值为 $R(0) = E$，即信号瞬时功率为 $E^2$，噪声平均功率为 $\sigma^2 = \dfrac{N_0E}{2}$。因此最大输出信噪比

$$r_{o\max} = \frac{2E}{N_0}$$

其中 $E = A^2T$。

在抽样时刻，匹配滤波器输出端 $y(t_0) = s_o(t_0) + n_o(t_0)$，其中噪声 $n_o(t_0)$ 为高斯噪声（均值为 0，方差 $\sigma^2 = \dfrac{N_0E}{2}$），信号 $s_o(t_0)$ 为确定值 $R(0) = E$，所以 $y(t)$ 的均值 $a = E$，方差 $\sigma^2 = \dfrac{N_0E}{2}$。

因此，最大输出信噪比时刻（即抽样时刻）匹配滤波器输出值的一维概率密度为

$$p(y) = \frac{1}{\sqrt{2\pi}\sigma} \exp\left[-\frac{(y-E)^2}{2\sigma^2}\right]$$

其中均值 $E = A^2T$，方差 $\sigma^2 = \dfrac{N_0A^2T}{2}$。

（2）与（1）的分析方法和步骤相同。当信号 $s(t)$ 采用如图 2-7（b）所示的信号时，$s(t)$ 的能量为 $E = \dfrac{A^2T}{3}$，那么在抽样时刻，匹配滤波器输出端信号瞬时值为 $R(0) = E = \dfrac{A^2T}{3}$。

为了更清晰地说明输入信号变化后对匹配滤波器输出的影响，用表格形式来表示各参数的变化，如表 2-2 所示。表中的符号 $E$ 表示匹配滤波器输入信号的能量。

表 2-2　单位冲激函数 $h(t)=s(T-t)$ 时的匹配滤波器的输出参数

|  | 输入信号能量 $E = A^2T$ 时 | 输入信号能量 $E = A^2T/3$ 时 |
| --- | --- | --- |
| 抽样时刻匹配滤波器输出信号瞬时值 $R(0) = E$ | $A^2T$ | $A^2T/3$ |

| | 输入信号能量 $E = A^2 T$ 时 | 输入信号能量 $E = A^2 T/3$ 时 |
|---|---|---|
| 抽样时刻匹配滤波器输出信号瞬时功率 $E^2$ | $A^4 T^2$ | $A^4 T^2/9$ |
| 抽样时刻匹配滤波器输出噪声平均功率 $\dfrac{N_0 E}{2}$ | $\sigma^2 = \dfrac{N_0}{2} A^2 T$ | $\sigma^2 = \dfrac{N_0}{2} \dfrac{A^2 T}{3}$ |
| 抽样时刻匹配滤波器输出信噪比 $\dfrac{2E}{N_0}$ | $\dfrac{2A^2 T}{N_0}$ | $\dfrac{2A^2 T}{3N_0}$ |
| 抽样时刻匹配滤波器输出值的一维概率密度 | $p(y) = \dfrac{1}{\sqrt{2\pi}\sigma} \exp\left[-\dfrac{(y-a)^2}{2\sigma^2}\right]$,<br>其中均值 $a = E$，方差 $\sigma^2 = \dfrac{N_0 E}{2}$ | |

2-24 设 $n_\mathrm{i}(t) = n_\mathrm{c}(t)\cos 2\pi f_\mathrm{c} t - n_\mathrm{s}(t)\sin 2\pi f_\mathrm{c} t$ 为窄带高斯平稳随机噪声，其均值为 0，方差为 $\sigma_\mathrm{n}^2$。正弦信号 $A\cos 2\pi f_\mathrm{c} t$ 叠加噪声 $n_\mathrm{i}(t)$ 通过乘法器，然后经过一个低通滤波器输出 $Y(t)$，如图 2-10 所示。$Y(t) = s_\mathrm{o}(t) + n_\mathrm{o}(t)$，其中 $s_\mathrm{o}(t)$ 是与 $A\cos 2\pi f_\mathrm{c} t$ 对应的输出，$n_\mathrm{o}(t)$ 是与 $n_\mathrm{i}(t)$ 对应的输出。假设 $n_\mathrm{c}(t)$ 和 $n_\mathrm{s}(t)$ 的带宽与低通滤波器带宽相同。

（1）若 $\theta$ 为常数，求 $s_\mathrm{o}(t)$ 和 $n_\mathrm{o}(t)$ 的平均功率之比；

（2）若 $\theta$ 是均值为零、方差为 $\sigma^2$ 的高斯随机变量，且与 $n_\mathrm{i}(t)$ 独立，求 $s_\mathrm{o}(t)$ 和 $n_\mathrm{o}(t)$ 的平均功率之比。

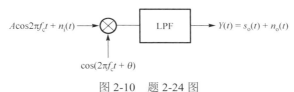

图 2-10 题 2-24 图

**解：** 乘法器输出为

$$[A\cos 2\pi f_\mathrm{c} t + n_\mathrm{i}(t)]\cos(2\pi f_\mathrm{c} t + \theta)$$
$$= A\cos 2\pi f_\mathrm{c} t \cos(2\pi f_\mathrm{c} t + \theta) + [n_\mathrm{c}(t)\cos 2\pi f_\mathrm{c} t - n_\mathrm{s}(t)\sin 2\pi f_\mathrm{c} t]\cos(2\pi f_\mathrm{c} t + \theta)$$

低通滤波器输出为

$$Y(t) = s_\mathrm{o}(t) + n_\mathrm{o}(t) = \frac{A}{2}\cos\theta + \frac{1}{2}[n_\mathrm{c}(t)\cos\theta + n_\mathrm{s}(t)\sin\theta]$$

其中输出信号 $s_\mathrm{o}(t) = \dfrac{A}{2}\cos\theta$，输出噪声 $n_\mathrm{o}(t) = \dfrac{1}{2}[n_\mathrm{c}(t)\cos\theta + n_\mathrm{s}(t)\sin\theta]$。

由窄带高斯平稳随机噪声的性质可知 $n_\mathrm{c}(t)$ 和 $n_\mathrm{s}(t)$ 相互独立，均值为 0，方差为 $\sigma_\mathrm{n}^2$。则输出噪声 $n_\mathrm{o}(t) = \dfrac{1}{2}[n_\mathrm{c}(t)\cos\theta + n_\mathrm{s}(t)\sin\theta]$ 的平均功率为

$$P_{n_\mathrm{o}} = \frac{1}{4}[\overline{n_\mathrm{c}^2(t)}\cos^2\theta + \overline{n_\mathrm{s}^2(t)}\sin^2\theta]$$

因为 $\overline{n_\mathrm{c}^2(t)} = \overline{n_\mathrm{s}^2(t)} = \sigma_\mathrm{n}^2$，所以 $P_{n_\mathrm{o}} = \dfrac{1}{4}\sigma_\mathrm{n}^2$。

（1）若 $\theta$ 为常数，$s_\mathrm{o}(t) = \dfrac{A}{2}\cos\theta$ 的平均功率为

$$S_\mathrm{o} = \frac{A^2}{4}\cos^2\theta$$

因此 $s_\mathrm{o}(t)$ 和 $n_\mathrm{o}(t)$ 的平均功率之比

$$\frac{S_\text{o}}{P_{n_\text{o}}} = \frac{A^2}{\sigma_\text{n}^2}\cos^2\theta$$

（2）若 $\theta$ 是均值为零、方差为 $\sigma^2$ 的高斯随机变量，$s_\text{o}(t)$ 的平均功率为

$$S_\text{o} = \frac{A^2}{4}E[\cos^2\theta] = \frac{A^2}{8}E[1+\cos 2\theta] = \frac{A^2}{8}[1+E(\cos 2\theta)]$$

$$= \frac{A^2}{8}\left[1+\int_{-\infty}^{\infty}\cos 2\theta \frac{1}{\sqrt{2\pi}\sigma}e^{-\frac{\theta^2}{2\sigma^2}}\mathrm{d}\theta\right] = \frac{A^2}{8}[1+e^{-2\sigma^2}]$$

因此 $s_\text{o}(t)$ 和 $n_\text{o}(t)$ 的平均功率之比

$$\frac{S_\text{o}}{P_{n_\text{o}}} = \frac{A^2}{2\sigma_\text{n}^2}[1+e^{-2\sigma^2}]$$

2-25　如图 2-11 所示，带通信号 $s(t)$ 与加性高斯白噪声 $n_\text{w}(t)$ 通过信道后，先经过中心频率为 $f_0 = 1\text{MHz}$、带宽 $B_1 = 10\text{kHz}$ 的理想带通滤波器，然后与载波 $2\cos 2\pi f_0 t$ 相乘，最后通过带宽 $B_2 = 5\text{kHz}$ 的理想低通滤波器输出。图中的白噪声双边功率谱密度 $\frac{N_0}{2} = 1\times10^{-10}\,\text{W/Hz}$。

（1）请画出图 2-11 中①、②、③、④各点的噪声功率谱密度。

（2）计算②、④两点的噪声功率。

（3）已知信号 $s(t) = m(t)\cos 2\pi f_0 t$，其中 $m(t)$ 是具有遍历性的宽平稳随机过程，平均功率为 $1\text{mW}$，最高频率为 $f_\text{H} = 5\text{kHz}$。计算②、④两点的信号功率。

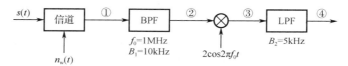

图 2-11　题 2-25 图

**解：**（1）①、②、③、④点的噪声功率谱密度分别表示为 $P_{n_1}(f)$、$P_{n_2}(f)$、$P_{n_3}(f)$、$P_{n_4}(f)$。由

$$P_{n_1}(f) = \frac{N_0}{2}, \quad P_{n_2}(f) = P_{n_1}(f)|H_\text{BPF}(f)|^2,$$

$$P_{n_3}(f) = P_{n_2}(f+f_0) + P_{n_2}(f-f_0), \quad P_{n_4}(f) = P_{n_3}(f)|H_\text{LPF}(f)|^2$$

可得①、②、③、④各点的噪声功率谱密度如图 2-12、图 2-13、图 2-14 和图 2-15 所示。

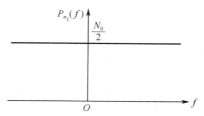

图 2-12　①点的噪声功率谱密度

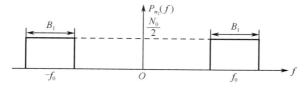

图 2-13　②点的噪声功率谱密度

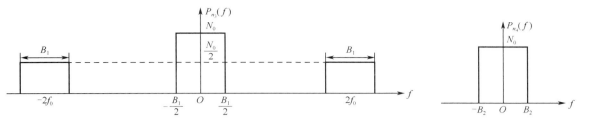

图 2-14　③点的噪声功率谱密度　　　　　图 2-15　④点的噪声功率谱密度

（2）由功率谱密度和平均功率的关系式 $P = \int_{-\infty}^{\infty} P(f)\mathrm{d}f$，容易得到②、④两点的噪声功率分别为

$$P_{n_2} = N_0 B_1 = 2 \times 10^{-6}\,\text{W}$$

$$P_{n_4} = 2 N_0 B_2 = 2 \times 10^{-6}\,\text{W}$$

（3）信号 $s(t) = m(t)\cos 2\pi f_0 t$ 通过信道传输到达接收端，可顺利通过 BPF，即②的信号为 $s(t) = m(t)\cos 2\pi f_0 t$，其功率为

$$S_2 = \overline{\frac{m^2(t)}{2}} = 0.5\text{mW}$$

②的信号 $s(t) = m(t)\cos 2\pi f_0 t$ 与载波 $2\cos 2\pi f_0 t$ 相乘，最后通过带宽 $B_2 = 5\text{kHz}$ 的理想低通滤波器输出④的信号，即 $m(t)$，其功率为

$$S_4 = \overline{m^2(t)} = 1\text{mW}$$

2-26　已知平稳高斯噪声 $n(t)$ 在某一时刻是均值为零、方差为 $\sigma^2$ 的高斯随机变量 $n$。试用 $Q$ 函数表示 $n > b$ 和 $n < -b$ 的概率，其中 $b$ 为大于 0 的常数。

**解：** $Q$ 函数定义式为 $Q(x) = \dfrac{1}{\sqrt{2\pi}} \int_x^{\infty} \mathrm{e}^{-\frac{z^2}{2}} \mathrm{d}z$，即 $Q$ 函数表示标准正态高斯随机变量 $Z$ 大于 $x$ 的概率，如图 2-16 所示的尾部概率。

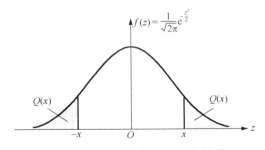

图 2-16　$Q$ 函数与尾部概率的关系

根据已知条件可知 $n \sim N(0, \sigma^2)$，令随机变量 $Z = \dfrac{n}{\sigma}$，这时 $Z \sim N(0,1)$，有

$$P(n > b) = P\left(\frac{n}{\sigma} > \frac{b}{\sigma}\right) = Q\left(\frac{b}{\sigma}\right)$$

由标准正态高斯随机变量概率密度的对称性可知

$$P(n < -b) = P(n > b) = Q\left(\frac{b}{\sigma}\right)$$

# 第3章 模拟调制系统

**3-1** 已知模拟基带信号 $m(t) = \cos 2000\pi t$，载波信号为 $c(t) = \cos 160000\pi t$。

（1）计算基带信号的平均功率；

（2）写出 AM 信号（$\beta_{AM} = 1$）、DSB 信号和 SSB（上边带）信号的时域表达式，并计算各信号的平均功率；

（3）画出 AM 信号的解调框图，并简单说明原理。

**解：**（1）基带信号的平均功率

$$\overline{m^2(t)} = \frac{1}{T} \int_{-T/2}^{T/2} m^2(t)\mathrm{d}t = \frac{1}{T} \int_{-T/2}^{T/2} \cos^2 2000\pi t\mathrm{d}t = \frac{1}{2}$$

（2）AM 信号、DSB 信号和 SSB（上边带）信号的时域表达式为

$$s_{AM}(t) = [A + m(t)]c(t) = [1 + \cos 2000\pi t]\cos 160000\pi t$$

$$s_{DSB}(t) = m(t)c(t) = \cos 2000\pi t \cos 160000\pi t$$

$$s_{USB}(t) = \frac{1}{2}[\cos 2000\pi t \cos 160000\pi t - \sin 2000\pi t \sin 160000\pi t]$$

对应的平均功率为

$$\overline{s_{AM}^2(t)} = \frac{1}{2} + \frac{\overline{m^2(t)}}{2} = \frac{3}{4}$$

$$\overline{s_{DSB}^2(t)} = \frac{\overline{m^2(t)}}{2} = \frac{1}{4}$$

$$\overline{s_{USB}^2(t)} = \frac{\overline{m^2(t)}}{4} = \frac{1}{8}$$

（3）AM 信号的两种解调框图如图 3-1 所示，其中图 3-1（a）为包络检波器，图 3-1（b）为相干解调器。

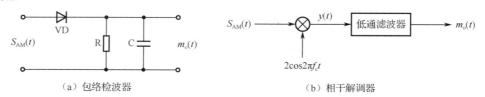

（a）包络检波器　　　　　　　　　　　（b）相干解调器

图 3-1　AM 信号的解调框图

包络检波器的输出信号与输入信号的包络变化呈线性关系，输出信号为 $1 + m(t)$，隔直流后输出信号 $m_o(t) = m(t)$。

相干解调器中的乘法器输出 $y(t) = 2[1 + m(t)]\cos^2 2\pi f_c t$，通过低通滤波器、隔直流后输出 $m_o(t) = m(t)$。

**3-2** 已知一个 AM 信号 $s_{AM}(t) = 4\cos 1800\pi t + 12\cos 1600\pi t + 4\cos 1400\pi t$。

（1）写出基带信号和载波信号的表达式；

（2）求调幅指数；

（3）画出 AM 信号的幅度频谱、功率谱密度；

（4）计算调制效率。

**解：**（1）$s_{AM}(t) = [A + m(t)]c(t) = [12 + 8\cos 200\pi t]\cos 1600\pi t$

可见基带直流信号 $A = 12$，基带交流信号 $m(t) = 8\cos 200\pi t$，载波信号 $c(t) = \cos 1600\pi t$。

（2）调幅指数 $\beta_{AM} = |m(t)|_{\max}/A = 8/12 = 2/3$

（3）AM 信号的幅度频谱如图 3-2 所示。当 $F(f) = \sum\limits_{n=-\infty}^{\infty} F_n \delta(f - nf_0)$ 时，对应的功率谱密度为

$P(f) = \sum\limits_{n=-\infty}^{\infty} |F_n|^2 \delta(f - nf_0)$，所以 AM 信号的功率谱密度如图 3-3 所示。

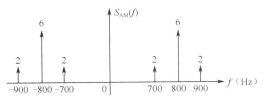

图 3-2　AM 信号的幅度频谱示意图　　　　图 3-3　AM 信号的功率谱密度示意图

（4）调制效率　　　　$\eta_{AM} = \dfrac{\overline{m^2(t)}}{A^2 + \overline{m^2(t)}} = \dfrac{32}{144 + 32} = \dfrac{2}{11}$

3-3　已知基带信号 $m(t) = \cos 10\pi t$，载波 $c(t) = \cos 1000\pi t$。试画出 DSB 信号及 AM 信号（$\beta_{AM} = 0.5$）的波形示意图，并画出 DSB 信号及 AM 信号分别通过包络检波器后的输出波形。

**解：**

DSB 信号表达式为

$$s_{DSB}(t) = m(t)c(t) = \cos 10\pi t \cos 1000\pi t$$

AM 信号表达式为

$$s_{AM}(t) = [A + m(t)]c(t) = [2 + \cos 10\pi t]\cos 1000\pi t$$

DSB 信号和 AM 信号的波形如图 3-4 所示。

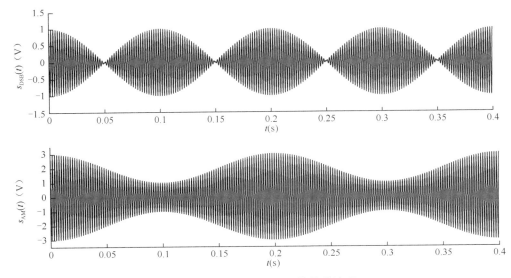

图 3-4　DSB 信号和 AM 信号的波形

DSB 信号及 AM 信号通过包络检波器后输出对应信号的包络，如图 3-5 所示。

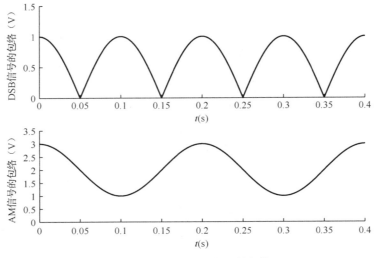

图 3-5　DSB 及 AM 信号的包络

3-4　用截止频率为 5kHz 的基带信号调制 100MHz 的载波，试求产生 AM、SSB 及 FM 波的带宽各为多少？假定 FM 的最大频偏为 50kHz。

**解**：因为截止频率为 $f_\text{H} = 5\text{kHz}$，所以 AM、SSB 及 FM 波的带宽分别为

$$B_\text{AM} = 2 f_\text{H} = 10\text{kHz}$$

$$B_\text{SSB} = f_\text{H} = 5\text{kHz}$$

$$B_\text{FM} = 2(\Delta f_\text{max} + f_\text{H}) = 110\text{kHz}$$

3-5　如图 3-6 所示的电路图，其输入为基带信号 $m(t)$，试分析说明输出信号 $s_1(t)$，$s_2(t)$，$s_3(t)$ 和 $s_4(t)$ 为何种已调信号。

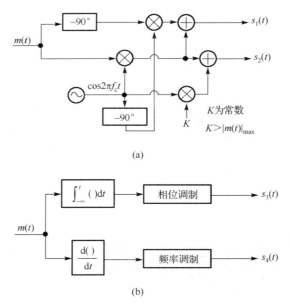

图 3-6　题 3-5 图

**解**：$s_1(t)$、$s_2(t)$、$s_3(t)$ 和 $s_4(t)$ 的表达式分别为

$$s_1(t) = \hat{m}(t) \sin 2\pi f_\text{c} t + m(t) \cos 2\pi f_\text{c} t$$

$$s_2(t) = K \cos 2\pi f_\text{c} t + m(t) \cos 2\pi f_\text{c} t = [K + m(t)] \cos 2\pi f_\text{c} t$$

$$s_3(t) = A\cos\left[2\pi f_c t + K_P \int_{-\infty}^{t} m(\tau)\mathrm{d}\tau\right]$$

$$s_4(t) = A\cos\left[2\pi f_c t + 2\pi K_F \int_{-\infty}^{t} \frac{\mathrm{d}m(\tau)}{\mathrm{d}\tau}\mathrm{d}\tau\right] = A\cos[2\pi f_c t + 2\pi K_F m(t)]$$

可见，$s_1(t)$ 为 SSB 信号（下边带），$s_2(t)$ 为 AM 信号，$s_3(t)$ 为 FM 信号，$s_4(t)$ 为 PM 信号。

3-6 某 DSB/SC 调制系统如图 3-7 所示，已知解调器输出信噪比为 20dB，输出噪声功率为 $10^{-9}\mathrm{W}$，由发射机输出端到解调器输入之间总的传输损耗为 100dB。

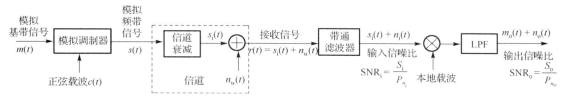

图 3-7 题 3-6 图

（1）设本地载波为 $2\cos 2\pi f_c t$，与接收信号同频同相，求发射机输出功率；

（2）设本地载波为 $\cos 2\pi f_c t$，与接收信号同频同相，求发射机输出功率；

（3）如果调制方式由 DSB/SC 改为 SSB/SC 时，当本地载波为 $2\cos 2\pi f_c t$ 时，SSB/SC 系统的发射机输出功率。

**解**：解调器输出信噪比为 20dB，即 $\mathrm{SNR_o} = \dfrac{S_o}{P_{n_o}} = 100$。

（1）在 DSB/SC 方式中，信噪比增益 $G = 2$，则调制器输入信噪比为 $\dfrac{S_i}{P_{n_i}} = \dfrac{S_o}{P_{n_o}} \div G = 50$。

采用相干解调，当本地载波为 $2\cos 2\pi f_c t$ 时，相干解调时的输入噪声功率为

$$P_{n_i} = P_{n_o} = 10^{-9}\mathrm{W}$$

因此解调器输入端的信号功率为

$$S_i = 50 P_{n_i} = 5 \times 10^{-8}\mathrm{W}$$

考虑发射机输出端到解调器输入端之间的 100dB 传输损耗，可得发射机输出功率为

$$P_t = 10^{\frac{100}{10}} \times S_i = 500\mathrm{W}$$

（2）在 DSB/SC 方式中，采用相干解调，当本地载波为 $\cos 2\pi f_c t$ 时，相干解调时的输入噪声功率为

$$P_{n_i} = 4 P_{n_o} = 4 \times 10^{-9}\mathrm{W}$$

因此解调器输入端的信号功率为

$$S_i = 50 P_{n_i} = 2 \times 10^{-7}\mathrm{W}$$

考虑发射机输出端到解调器输入端之间的 100dB 传输损耗，可得发射机输出功率为

$$P_t = 10^{\frac{100}{10}} \times S_i = 2000\mathrm{W}$$

（3）在 SSB/SC 方式中，信噪比增益 $G = 1$，则调制器输入信噪比 $\dfrac{S_i}{P_{n_i}} = \dfrac{S_o}{P_{n_o}} = 100$。

相干解调时的输入噪声功率为

$$P_{n_i} = P_{n_o} = 10^{-9}\mathrm{W}$$

解调器输入端的信号功率为

$$S_{\mathrm{i}} = 100P_{n_{\mathrm{i}}} = 10^{-7}\,\mathrm{W}$$

发射机输出功率为

$$P_{\mathrm{t}} = 10^{10} \times S_{\mathrm{i}} = 1000\,\mathrm{W}$$

说明：本地载波从 $2\cos 2\pi f_c t$ 变为 $\cos 2\pi f_c t$，相干解调器输入和输出噪声功率 $P_{n_{\mathrm{i}}}$ 与 $P_{n_{\mathrm{o}}}$ 的相对关系发生了变化，但解调器的输出信噪比保持不变。

3-7 基带信号 $m(t)$ 的频带限制在 5kHz，载波频率为 100kHz，AM 信号的边带功率为 10kW，载波功率为 40kW。通过 AWGN 信道传输 AM 信号，信道的双边噪声功率谱密度 $N_0 = 0.5 \times 10^{-3}\,\mathrm{W/Hz}$。若接收机的输入信号先经过一个理想的 BPF，再加至解调器。试问：

（1）在保证已调信号顺利通过的前提下，为了尽可能滤出噪声，理想 BPF 的传输特性是什么？

（2）不考虑信道的传输损耗，解调器输入端的信噪比为多少？

（3）采用相干解调，解调器输出端的信噪比为多少？

（4）采用包络检波，解调器输出信噪比为多少？

（5）信噪比增益为多少？

**解**：（1）AM 已调信号的频带范围为 95～105kHz，接收机 BPF 的传输特性为

$$H_{\mathrm{BPF}}(f) = \begin{cases} 1, & 95 \leqslant |f| \leqslant 105 \\ 0, & \text{其他} \end{cases}$$

（2）解调器输入信号功率为

$$S_{\mathrm{i}} = P_{\text{边带}} + P_{\text{载波}} = 10 + 40 = 50\,\mathrm{kW}$$

输入噪声功率为

$$P_{n_{\mathrm{i}}} = N_0 B_{\mathrm{BPF}} = 1 \times 10^{-3} \times 10 \times 10^3 = 10\,\mathrm{W}$$

输入信噪比为

$$\left(\frac{S}{N}\right)_{\mathrm{i}} = \frac{S_{\mathrm{i}}}{P_{n_{\mathrm{i}}}} = \frac{50000}{10} = 5000$$

（3）相干解调时的解调增益为

$$G_{\mathrm{AM}} = 2\eta_{\mathrm{AM}} = 2 \times \frac{P_{\text{边带}}}{P_{\text{边带}} + P_{\text{载波}}} = 2 \times \frac{10}{10 + 40} = 0.4$$

输出信噪比为

$$\left(\frac{S}{N}\right)_{\mathrm{o}} = \left(\frac{S}{N}\right)_{\mathrm{i}} \times G_{\mathrm{AM}} = 5000 \times 0.4 = 2000$$

（4）由于输入信噪比 $\left(\dfrac{S}{N}\right)_{\mathrm{i}} = 5000$，包络检波工作在大信噪比情况下，不存在门限效应，解调增益为 $G_{\mathrm{AM}} = 2\eta_{\mathrm{AM}} = 0.4$，故输出信噪比为

$$\left(\frac{S}{N}\right)_{\mathrm{o}} = \left(\frac{S}{N}\right)_{\mathrm{i}} \times G_{\mathrm{AM}} = 5000 \times 0.4 = 2000$$

（5）相干解调和包络检波的信噪比增益都为 $G_{\mathrm{AM}} = 2\eta_{\mathrm{AM}} = 0.4$。

3-8 设基带信号 $m(t)$ 的带宽为 1000Hz，平均功率为 1W，载波信号 $c(t) = 10\cos(10\pi \times 10^6 t)$。进行 DSB 调制后得到 $s_m(t) = m(t)c(t)$，经过一个信道衰减为 60dB、单边噪声功率谱密度 $N_0 = 10^{-10}\,\mathrm{W/Hz}$ 的 AWGN 信道进行传输到达接收端。先通过理想带通滤波器，然后进行相干解调。

（1）在保证已调信号顺利通过的前提下，为了尽可能滤除噪声，理想 BPF 的传输特性是什么？

（2）分析解调器的输入信噪比和输出信噪比；

（3）如果由 DSB 调制改为 SSB（下边带）调制，设 SSB 信号功率为 DSB 信号的一半，其他条件不变，试写出接收端理想带通滤波器的幅频特性，并分析解调器的输入信噪比和输出信噪比。

**解：**（1）载波频率为 $f_c = 5 \times 10^6 \text{Hz} = 5000\text{kHz}$，DSB 已调信号的频带范围为 4999～5001kHz，因此接收机 BPF 的传输特性为

$$H_{\text{BPF}}(f) = \begin{cases} 1, & 4999 \leqslant |f| \leqslant 5001 \\ 0, & \text{其他} \end{cases}$$

（2）DSB 已调信号 $s_m(t) = m(t)c(t)$ 即发送机发送信号功率为

$$P_t = 100 \times \frac{P_m}{2} = 50\text{W}$$

信道衰减为 60dB，表示发送信号功率和接收信号功率的比值 $\dfrac{P_t}{S_i} = 10^6$。

接收机的接收信号功率为

$$S_i = \frac{P_t}{L_t} = \frac{500}{10^6} = 5 \times 10^{-5}\,\text{W}$$

接收机的输入噪声功率为

$$P_{n_i} = N_0 \times B_{\text{DSB}} = 1 \times 10^{-10} \times 2 \times 10^3 = 2 \times 10^{-7}\,\text{W}$$

输入信噪比为

$$\left(\frac{S}{N}\right)_i = \frac{S_i}{P_{n_i}} = \frac{5 \times 10^{-7}}{2 \times 10^{-7}} = 250$$

输出信噪比为

$$\left(\frac{S}{N}\right)_o = \left(\frac{S}{N}\right)_i \times G_{\text{DSB}} = 500$$

（3）SSB 下边带已调信号的频带范围为 4999～5000kHz，接收机 BPF 的传输特性为

$$H_{\text{BPF}}(f) = \begin{cases} 1, & 4999 \leqslant |f| \leqslant 5000 \\ 0, & \text{其他} \end{cases}$$

发送机的发送信号功率为

$$P_t = 100 \times \frac{P_m}{4} = 25\text{W}$$

接收机的接收信号功率为

$$S_i = 2.5 \times 10^{-5}\,\text{W}$$

接收机输入噪声功率为

$$P_{n_i} = N_0 \times B_{\text{SSB}} = 1 \times 10^{-10} \times 1 \times 10^3 = 1 \times 10^{-7}\,\text{W}$$

输入信噪比为

$$\left(\frac{S}{N}\right)_i = \frac{S_i}{P_{n_i}} = \frac{2.5 \times 10^{-5}}{1 \times 10^{-7}} = 250$$

输出信噪比为

$$\left(\frac{S}{N}\right)_o = \left(\frac{S}{N}\right)_i \times G_{\text{SSB}} = 250$$

说明：相对于载波幅度为 1，载波信号为 $c(t) = 10\cos(10\pi \times 10^6 t)$ 的已调信号的功率为原来的 100 倍。

3-9　一个 SSB 系统中的基带信号 $m(t)$ 的带宽为 5000Hz，已调信号通过噪声双边带功率密度

谱为 $N_0/2 = 0.5 \times 10^{-10}$ W/Hz 的信道传输，信道衰减为 0.5dB/km。若要求接收机输出信噪比为 10dB，发射机距离接收机 100km，此发射机发射功率应为多少？

**解：** 接收机输入信噪比应为

$$\left(\frac{S}{N}\right)_i = \left(\frac{S}{N}\right)_o \div G_{SSB} = 10 \div 1 = 10$$

接收机输入噪声功率为

$$P_{n_i} = N_0 B_{SSB} = 1 \times 10^{-10} \times 5 \times 10^3 = 5 \times 10^{-7} \,\text{W}$$

接收机的输入信号功率为

$$S_i = \left(\frac{S}{N}\right)_i \times P_{n_i} = 10 \times 5 \times 10^{-7} = 5 \times 10^{-6} \,\text{W}$$

信道衰减为

$$L_t = 0.5 \times 100 = 50\text{dB} = 10^5$$

发射机的发送功率为

$$P_t = S_i \times L_t = 5 \times 10^{-6} \times 10^5 = 0.5\text{W}$$

3-10 某 DSB 调制系统的消息信号 $m(t)$ 功率谱密度为

$$P(f) = \begin{cases} \alpha \dfrac{|f|}{B}, & |f| \leq B \\ 0, & |f| > B \end{cases}$$

其中 $\alpha$ 和 $B$ 都是大于 0 的常数。已调信号经过加性白色高斯信道，设单边噪声功率谱密度为 $N_0$。

（1）不考虑信道衰减，求相干解调后的输出信噪比；

（2）设信道衰减为 20dB，求相干解调后的输出信噪比；

（3）如果改为 SSB 调制系统进行传输，设信道衰减为 20dB，求相干解调后的输出信噪比。

**解：**

（1）$m(t)$ 的平均功率为

$$P_m = \int_{-\infty}^{\infty} P(f)\mathrm{d}f = 2\int_0^B \alpha \frac{f}{B}\mathrm{d}f = \alpha B$$

则发送端的 DSB 信号功率为

$$S_{DSB} = \frac{P_m}{2} = \frac{\alpha B}{2}$$

相干解调器的输入信号功率为

$$S_i = S_{DSB} = \frac{\alpha B}{2}$$

输入噪声功率为

$$P_{n_i} = N_0 B_{DSB} = N_0 \times 2B = 2N_0 B$$

所以，输入信噪比为

$$\text{SNR}_i = S_i/P_{n_i} = \frac{\alpha}{4N_0}$$

因为 DSB 的信噪比增益 $G=2$，所以输出信噪比为

$$\text{SNR}_o = \text{SNR}_i \cdot G = \frac{\alpha}{2N_0}$$

（2）设信道衰减为 20dB，则相比于不考虑信道衰减，解调器输入端的信号功率为原来的 1/100，

噪声功率保持不变，可得

相干解调器的输入信号功率为

$$S_\text{i} = \frac{S_\text{DSB}}{100} = \frac{\alpha B}{200}$$

输入信噪比为

$$\text{SNR}_\text{i} = S_\text{i}/P_{n_\text{i}} = \frac{\alpha}{400 N_0}$$

输出信噪比为

$$\text{SNR}_\text{o} = 2\text{SNR}_\text{i} = \frac{\alpha}{200 N_0}$$

（3）发送端的 SSB 信号功率为

$$S_\text{SSB} = \frac{P_m}{4} = \frac{\alpha B}{4}$$

相干解调器的输入信号功率为

$$S_\text{i} = \frac{S_\text{SSB}}{100} = \frac{\alpha B}{400}$$

输入噪声功率为

$$P_{n_\text{i}} = N_0 B$$

所以，输入信噪比为

$$\text{SNR}_\text{i} = S_\text{i}/P_{n_\text{i}} = \frac{\alpha}{400 N_0}$$

因为 SSB 的信噪比增益 $G=1$，所以输出信噪比为

$$\text{SNR}_\text{o} = \text{SNR}_\text{i} \cdot G = \frac{\alpha}{400 N_0}$$

3-11 一个 DSB 调制的模拟系统，基带信号 $m(t)$ 的最高频率为 5000Hz，发射机发射功率为 20W，信道中的高斯白噪声双边带功率密度谱为 $N_0/2 = 2 \times 10^{-18}$ W/Hz，信道衰减为 2dB/km。如果接收机的输出信噪比不小于 20dB，则最大传输距离为多少？如果将调制方式改为 SSB，其他条件不变，则最大传输距离为多少？

**解**：（1）调制方式为 DSB 时

接收机的输出信噪比为 20dB，即 $\text{SNR}_\text{o} = 100$。因为 $G=2$，则 $\text{SNR}_\text{i} = 50$。

由题目已知条件，得输入噪声功率为

$$P_{n_\text{i}} = N_0 B_\text{DSB} = 4 \times 10^{-18} \times 10^4 = 4 \times 10^{-14}\,\text{W}$$

则解调器的输入信号功率为

$$S_\text{i} = P_{n_\text{i}} \cdot \text{SNR}_\text{i} = 2 \times 10^{-12}\,\text{W}$$

因为发射机发射功率为 $P_\text{t} = 20$W，所以信道衰减 $L_\text{t} \leqslant 10\lg\dfrac{P_\text{t}}{S_\text{i}} = 130\text{dB}$。因此当信道衰减为 2dB/km 时，最大传输距离为 $130/2 = 65$km。

（2）调制方式为 SSB 时

当接收机的输出信噪比为 20dB 时，$\text{SNR}_\text{o} = 100$。因为 $G=1$，则 $\text{SNR}_\text{i} = 100$。

由题目已知条件，得噪声功率为

$$P_{n_\text{i}} = N_0 B_\text{SSB} = 4 \times 10^{-18} \times 5 \times 10^3 = 2 \times 10^{-14}\,\text{W}$$

则解调器的输入信号功率为

$$S_\text{i} = P_{n_\text{i}} \cdot \text{SNR}_\text{i} = 2 \times 10^{-12}\,\text{W}$$

因为发射机的发射功率为 $P_t = 20\text{W}$，所以信道衰减 $L_t \leqslant 10\lg\dfrac{P_t}{S_i} = 130\text{dB}$。因此当信道衰减为 2dB/km 时，最大传输距离为 $130/2 = 65\text{km}$

说明：DSB 和 SSB 的抗噪声性能是相同的。在相同的发射信号功率和噪声功率谱密度下，DSB 和 SSB 输出信噪比相同。容易理解，该题目在已知条件下，两者的最大传输距离是相同的。

3-12　如果基带信号 $m(t)$ 的最高频率为 $10^4$ Hz，均峰功率比 $P_{M_n} = \dfrac{5}{8}$。已调信号通过信道传输衰减 80dB，噪声双边带功率谱密度为 $N_0/2 = 10^{-12}$ W/Hz，要求解调器输出信噪比不小于 10dB。

（1）计算采用 DSB 调制方案时的发射功率；

（2）计算采用 SSB 调制方案时的发射功率；

（3）已知调幅指数 $\beta_{AM} = 0.8$，计算采用 AM 调制方案时的发射功率。

**解：**（1）采用 DSB 调制方案时，解调器输出信噪比不小于 10dB，即 $\text{SNR}_o \geqslant 10$。因为 $G = 2$，则输入信噪比 $\text{SNR}_i \geqslant 5$。

由题目已知条件，得输入噪声功率为

$$P_{n_i} = N_0 B_{DSB} = 2 \times 10^{-12} \times 2 \times 10^4 = 4 \times 10^{-8}\ \text{W}$$

则要求解调器的输入信号功率为

$$S_i = P_{n_i} \cdot \text{SNR}_i \geqslant 2 \times 10^{-7}\ \text{W}$$

因为信道传输衰减 80dB，所以发射功率为

$$P_t = 10^8 S_i \geqslant 20\ \text{W}$$

（2）采用 SSB 调制方案时，解调器输出信噪比不小于 10dB。因为 $G = 1$，则输入信噪比 $\text{SNR}_i \geqslant 10$。

由题目已知条件，得输入噪声功率为

$$P_{n_i} = N_0 B_{SSB} = 2 \times 10^{-12} \times 10^4 = 2 \times 10^{-8}\ \text{W}$$

则要求解调器的输入信号功率为

$$S_i = P_{n_i} \cdot \text{SNR}_i \geqslant 2 \times 10^{-7}\ \text{W}$$

因为信道传输衰减 80dB，所以发射功率

$$P_t = 10^8 S_i \geqslant 20\ \text{W}$$

（3）因为 AM 的调制效率为

$$\eta_{AM} = \frac{\overline{m^2(t)}}{A^2 + \overline{m^2(t)}} = \frac{\dfrac{\overline{m^2(t)}}{A^2}}{1 + \dfrac{\overline{m^2(t)}}{A^2}} = \frac{\beta_{AM}^2 P_{M_n}}{1 + \beta_{AM}^2 P_{M_n}} = \frac{0.8^2 \times 5/8}{1 + 0.8^2 \times 5/8} = \frac{2}{7}$$

AM 系统的信噪比增益为

$$G_{AM} = 2\eta_{AM} = 4/7$$

采用 AM 调制方案时，解调器输出信噪比不小于 10dB，即 $\text{SNR}_o \geqslant 10$。因为 $G = 4/7$，则输入信噪比 $\text{SNR}_i \geqslant 35/2$。

由题目已知条件，得输入噪声功率为

$$P_{n_i} = N_0 B_{AM} = 2 \times 10^{-12} \times 2 \times 10^4 = 4 \times 10^{-8}\ \text{W}$$

则要求解调器的输入信号功率为

$$S_i = P_{n_i} \cdot \text{SNR}_i \geqslant 7 \times 10^{-7}\ \text{W}$$

因为信道传输衰减 80dB，所以发射功率

$$P_t = 10^8 S_i \geq 70 \text{ W}$$

3-13　图 3-8 所 示 系 统 中 调 制 信 号 $m(t)$ 的 均 值 为 0 ， 功 率 谱 密 度 为

$$P_m(f) = \begin{cases} \dfrac{n_m}{2}\left[1 - \dfrac{|f|}{f_m}\right], & |f| \leq f_m \\ 0, & |f| \geq f_m \end{cases}$$，信道中的高斯白噪声 $n_w(t)$ 的双边功率谱密度为 $P_n(f) = N_0/2$ ，

LPF 为理想低通滤波器，BPF 为理想带通滤波器。

（1）求调制信号 $m(t)$ 的平均功率；

（2）求相干解调器的输入信噪比；

（3）求相干解调器的输出信噪比。

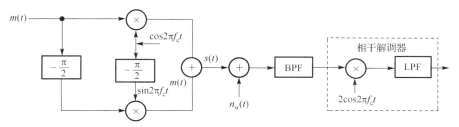

图 3-8　题 3-13 图

**解：**

（1）调制信号 $m(t)$ 的平均功率为

$$P_m = \int_{-\infty}^{\infty} P_m(f)\mathrm{d}f = 2\int_0^{f_m} \frac{n_m}{2}\left[1 - \frac{f}{f_m}\right]\mathrm{d}f = \frac{n_m f_m}{2}$$

（2）由图 3-8 可得发送信号表达式为

$$s(t) = m(t)\cos 2\pi f_c t + \hat{m}(t)\sin 2\pi f_c t$$

则相干解调器输入信号功率为

$$S_i = P_m = \frac{n_m f_m}{2}$$

输入噪声功率为

$$P_{n_i} = N_0 f_m$$

所以输入信噪比为

$$\mathrm{SNR}_i = S_i/P_{n_i} = \frac{n_m}{2N_0}$$

（3）由 $s(t) = m(t)\cos 2\pi f_c t + \hat{m}(t)\sin 2\pi f_c t$ 可知该系统为 SSB 系统，所以信噪比增益 $G=1$，因此相干解调器的输出信噪比为

$$\mathrm{SNR}_o = \mathrm{SNR}_i = \frac{n_m}{2N_0}$$

说明：当 SSB 信号表达式为 $s(t) = \dfrac{1}{2}[m(t)\cos 2\pi f_c t + \hat{m}(t)\sin 2\pi f_c t]$ 时，平均功率为 $S = \dfrac{P_m}{4}$。当 SSB 信号表达式为 $s(t) = m(t)\cos 2\pi f_c t + \hat{m}(t)\sin 2\pi f_c t$ 时，平均功率为 $S = P_m$。

3-14　已知基带信号为 $m(t) = 2\sin 20\pi t$ ，载波信号为 $c(t) = \cos(10\pi \times 10^6 t)$ 。

（1）设调相灵敏度 $K_p = 5$ ，试写出调相信号的时域表达式，并计算调相指数和带宽；

（2）设调频灵敏度 $K_F = 5$ ，试写出调频信号的时域表达式，并计算调频指数和带宽；

（3）对（2）中的 FM 信号用鉴频器解调，已知输入信噪比为 50，求输出信噪比。

**解：**

（1）调相信号的相位偏移随着基带信号呈线性变化。即

$$\varphi(t) = K_p m(t)$$

则调相信号的表达式为

$$s(t) = \cos[2\pi f_c t + K_p m(t)] = \cos(10\pi \times 10^6 t + 10\sin 20\pi t)$$

调相指数 $\qquad\qquad\qquad\qquad \beta_{PM} = 10$

带宽 $\qquad\qquad B = 2(1 + \beta_{PM})f_m = 2 \times 11 \times 10 = 220\text{Hz}$

（2）调频信号的瞬时频率偏移随着基带信号呈线性变化。即

$$\frac{1}{2\pi}\frac{\mathrm{d}\varphi(t)}{\mathrm{d}t} = K_F m(t) = 10\sin 20\pi t$$

则

$$\varphi(t) = 2\pi K_F \int_{-\infty}^{t} m(\tau)\mathrm{d}\tau = 2\pi K_F \int_0^t m(\tau)\mathrm{d}\tau + \varphi_0$$

取初始相位 $\varphi_0 = 0$ ，则调频信号的表达式为

$$s(t) = A_c \cos[2\pi f_c t + 2\pi K_F \int_0^t m(\tau)\mathrm{d}\tau] = \cos(10\pi \times 10^6 t - \cos 20\pi t)$$

调频指数 $\qquad\qquad\qquad\qquad \beta_{FM} = 1$

带宽 $\qquad\qquad\qquad B = 2(1 + \beta_{FM})f_m = 40\text{Hz}$

（3）该单频 FM 信号的调频指数 $\beta_{FM} = 1$ ，所以

$$G_{FM} = 3\beta_{FM}^2(\beta_{FM} + 1) = 6$$

因此输出信噪比为

$$\text{SNR}_o = G_{FM} \cdot \text{SNR}_i = 300$$

3-15 FM 广播系统的频率范围为 88～108MHz，电台频率间隔为 200kHz。为了传输悦耳的音乐，音频信号的最高频率设定为 15kHz，调制方式为 FM，最大频偏为 75kHz，试问该 FM 信号的带宽是否超过电台频率间隔 200kHz 的规定？

**解：** 音频信号经过 FM 调制后的信号带宽为

$$B_{FM} = 2(\Delta f + f_H) = 2 \times (75 + 15) = 180\text{kHz}$$

可见，FM 信号的带宽不超过电台频率间隔 200kHz 的规定。

3-16 某角度调制信号 $s(t) = 100\cos[(2\pi \times 10^6 t) + 9\cos(2\pi f_m t)]$ V，其中 $f_m = 1000$Hz 。

（1）计算角度调制信号的平均功率、调制指数、最大相移、最大频移和带宽；

（2）该已调信号通过信道衰减为 20dB、噪声功率谱密度为 $N_0/2 = 0.5 \times 10^{-8}$ W/Hz 的高斯白噪声信道后，经过 BPF 达到鉴频器，计算鉴频器的输入信噪比和输出信噪比。

**解：**

（1）角度调制信号的平均功率为

$$P = \frac{100^2}{2} = 5000 \text{ W}$$

最大相移为

$$\varphi(t)|_{\max} = [9\cos(2\pi f_m t)]_{\max} = 9\,\text{rad}$$

最大频移为

$$\Delta f_{\max} = \left[\frac{1}{2\pi}\frac{\mathrm{d}\varphi(t)}{\mathrm{d}t}\right]_{\max} = [-9f_m\sin(2\pi f_m t)]_{\max} = 9f_m = 9000\,\mathrm{Hz}$$

如果角度调制信号为 PM 信号，则 PM 信号的调制指数（调相指数）为 $\beta_{\mathrm{PM}} = \Delta\varphi_{\max} = 9$。

如果角度调制信号为 FM 信号，则 FM 信号的调制指数（调频指数）为 $\beta_{\mathrm{FM}} = \dfrac{\Delta f_{\max}}{f_{\mathrm{H}}} = 9$。

带宽为
$$B \approx 2(\beta+1)f_m = 2(\Delta f_{\max} + f_m) = 2\times10^4\,\mathrm{Hz}$$

（2）输入信噪比为
$$\mathrm{SNR_i} = \frac{S_i}{P_{n_i}} = \frac{10^{-2}P}{N_0 B_{\mathrm{FM}}} = \frac{10^{-2}\times5000}{10^{-8}\times2\times10^4} = 2.5\times10^5$$

因为信噪比增益
$$G_{\mathrm{FM}} = 3\beta_{\mathrm{FM}}^2(\beta_{\mathrm{FM}}+1) = 2430$$

所以输出信噪比为
$$\mathrm{SNR_o} = G_{\mathrm{FM}}\mathrm{SNR_i} = 2430\times2.5\times10^5 = 6.075\times10^8$$

3-17　设有一宽带频率调制系统，载波幅度 $A_c = 100\mathrm{V}$，载波频率为 100MHz，基带信号 $m(t)$ 的均峰功率比 $P_{\mathrm{M_n}} = \dfrac{\overline{m^2(t)}}{[m(t)]_{\max}^2} = \dfrac{1}{2}$，$m(t)$ 频带限制于 5kHz，FM 信号的最大频偏为 75kHz，设高斯白噪声信道的衰减为 50dB，噪声双边功率谱密度为 $N_0/2 = 0.5\times10^{-8}\,\mathrm{W/Hz}$。计算解调器输入信噪比和输出信噪比。

**解**：调频指数为
$$\beta_{\mathrm{FM}} = \frac{\Delta f_{\max}}{f_{\mathrm{H}}} = \frac{75}{5} = 15$$

宽带调频系统的解调增益为
$$G_{\mathrm{FM}} = 6\beta_{\mathrm{FM}}^2(1+\beta_{\mathrm{FM}})P_{\mathrm{M_n}} = 6\times15^2\times(1+15)\times\frac{1}{2} = 10800$$

发送信号的功率为
$$P_t = P_c = \frac{A_c^2}{2} = \frac{100^2}{2} = 5000\,\mathrm{W}$$

接收机的接收信号功率为
$$S_i = \frac{P_t}{L_t} = \frac{5000}{10^5} = 5\times10^{-2}\,\mathrm{W}$$

接收机的输入噪声功率为
$$P_{n_i} = \frac{N_0}{2}\times B_{\mathrm{FM}}\times2 = \frac{N_0}{2}\times2(\Delta f + f_{\mathrm{H}})\times2 = 0.5\times10^{-8}\times2\times(75+5)\times10^3\times2 = 1.6\times10^{-3}\,\mathrm{W}$$

输入信噪比为
$$\left(\frac{S}{N}\right)_i = \frac{S_i}{P_{n_i}} = \frac{5\times10^{-2}}{1.6\times10^{-3}} = 31.25$$

输出信噪比为
$$\left(\frac{S}{N}\right)_o = \left(\frac{S}{N}\right)_i\times G_{\mathrm{FM}} = 31.25\times10800 = 337500$$

3-18　基带信号 $m(t)$ 经 FM 调制后在高斯白噪声信道上进行传输。要求接收机的输出信噪比为 40dB。已知调频指数 $\beta_{\mathrm{FM}} = 5$，$m(t)$ 的最高频率 $f_m = 15\mathrm{kHz}$，$m(t)$ 的均峰功率比 $P_{\mathrm{M_n}} = \dfrac{3}{8}$，信道噪声为带限高斯白噪声，其双边功率谱密度为 $N_0/2 = 10^{-12}\,\mathrm{W/Hz}$，信道衰减为 40dB，试求已调信号的发送功率。

**解**：解调增益为

$$G_{FM} = 6\beta_{FM}^2(1+\beta_{FM})P_{M_n} = 6 \times 5^2 \times (1+5) \times \frac{3}{8} = 337.5$$

输入信噪比为

$$\left(\frac{S}{N}\right)_i = \left(\frac{S}{N}\right)_o \div G_{FM} = \frac{10^4}{337.5} = 29.63$$

FM 信号的带宽为

$$B_{FM} = 2(\beta_{FM}+1) \times f_m = 2 \times (5+1) \times 15 \times 10^3 = 1.8 \times 10^5\,\text{Hz}$$

解调器的输入噪声功率为

$$P_{n_i} = \frac{N_0}{2} \times B_{FM} \times 2 = 1 \times 10^{-12} \times 1.8 \times 10^5 \times 2 = 3.6 \times 10^{-7}\,\text{W}$$

接收机的接收信号功率为 $S_i = \left(\dfrac{S}{N}\right)_i \times P_{n_i} = 29.63 \times 3.6 \times 10^{-7} = 1.067 \times 10^{-5}\,\text{W}$

发射机的发送功率为

$$P_t = S_i \times L_t = 1.067 \times 10^{-5} \times 10^4 = 0.1067\text{W}$$

3-19　5 路最高频率为 48kHz 的基带信号通过如图 3-9 所示的频分多路复用系统。不考虑防护频带，副载波用 SSB/SC 调制，主载波用 FM 调制。

（1）如果最大频偏为 1200kHz，试求传输信号的带宽；

（2）画出解调框图；

（3）假定鉴频器输入噪声为高斯白噪声，其双边功率谱密度为 $N_0/2$，且解调器中无去加重电路，试比较鉴频器输出的第 1 路和第 5 路的噪声平均功率。

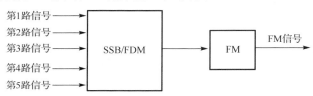

图 3-9　题 3-19 图

**解**：（1）每路 SSB 信号的带宽为 $B_{SSB} = f_H = 48\text{kHz}$，5 路 SSB 之后进行 FDM 的合路信号的频谱 $M(f)$ 示意图如图 3-10 所示，可见，合路信号带宽为 $B_m = 5 \times B_{SSB} = 240\text{kHz}$。

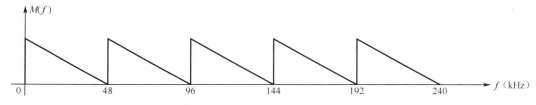

图 3-10　合路信号的频谱 $M(f)$ 示意图

FM 已调信号（即传输信号）的带宽为 $B_{FM} = 2(\Delta f + B_m) = 2 \times (1200+240) = 2880\text{kHz}$

（2）解调框图如图 3-11 所示。

（3）鉴频器输出噪声的功率谱密度为 $P_{n_o}(f) = \dfrac{N_0 f^2}{A_c^2}$

第 1 路的噪声功率为

$$P_{n_1} = 2 \times \int_0^{48000} \frac{N_0 f^2}{A_c^2}\mathrm{d}f = \frac{2N_0 f^3}{3A_c^2}\Bigg|_0^{48000} = \frac{2N_0 \times 48000^3}{3A_c^2}$$

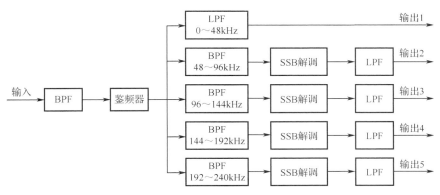

图 3-11　解调框图

第 5 路的噪声功率为

$$P_{n_5} = 2 \times \int_{192000}^{240000} \frac{N_0 f^2}{A_c^2} \mathrm{d}f = \frac{2N_0 f^3}{3A_c^2}\bigg|_{192000}^{240000} = \frac{2N_0 \times (240000^3 - 192000^3)}{3A_c^2}$$

所以

$$\frac{P_{n_5}}{P_{n_1}} = \frac{(240000^3 - 192000^3)}{48000^3} = 61 = 17.85\mathrm{dB}$$

可见，因为鉴频器的输出噪声功率谱密度与频率平方成正比，高频端的噪声功率增加，将造成高频端的信噪比减小。

# 第4章　模拟信号的数字化

4-1　某模拟信号 $m(t)$ 的最高频 $f_H$ =1000Hz，最低频 $f_L$ =800Hz，对 $m(t)$ 进行理想抽样。

（1）如果将 $m(t)$ 当作低通信号处理，则抽样频率如何选择？

（2）如果将 $m(t)$ 当作带通信号，则抽样频率如何选择？

（3）如果抽样频率为 2000Hz，画出抽样信号的频谱示意图。

（4）如果抽样频率为 400Hz，画出抽样信号的频谱示意图。

**解：**

（1）将 $m(t)$ 当作低通信号处理，因为 $m(t)$ 的最高频 $f_H$ =1000Hz，则抽样频率

$$f_s \geq 2f_H = 2000\text{Hz}$$

（2）将 $m(t)$ 当作带通信号处理，$f_{s(\min)} = \dfrac{2f_H}{k}$。其中，$k$ 是一个不超过 $f_H/B$ 的最大整数。

因为 $k = 5$，所以

$$f_{s(\min)} = 400\text{Hz}$$

（3）因为理想抽样的频谱

$$M_s(f) = f_s \sum_{n=-\infty}^{\infty} M(f - nf_s)$$

假定 $m(t)$ 的频谱示意图如图 4-1 所示。

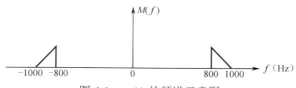

图 4-1　$m(t)$ 的频谱示意图

如果抽样频率为 2000Hz，则抽样信号的频谱示意图如图 4-2 所示。

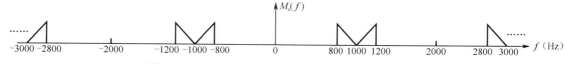

图 4-2　抽样频率为 2000Hz 时的抽样信号频谱示意图

（4）如果抽样频率为 400Hz，则抽样信号的频谱示意图如图 4-3 所示。

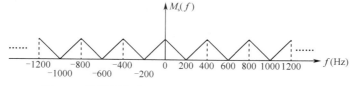

图 4-3　抽样频率为 400Hz 时的抽样信号频谱示意图

**说明：** 当 $f_L/B$ 为整数时，带通信号的最小抽样频率 $f_{s(\min)} = 2B$。抽样后信号各段频谱之间仍不会发生混叠，采用带通滤波器可以无失真地恢复原始的模拟信号。

4-2　已知载波 60 路群信号频谱范围为 312～552kHz，求出最低的抽样频率。

**解**：载波 60 路群信号为带通信号，应按照带通信号的抽样定理来计算抽样频率。该带通信号的带宽为

$$B = f_\mathrm{H} - f_\mathrm{L} = 552 - 312 = 240\mathrm{kHz}$$

带通信号的最低抽样频率为 $f_{\mathrm{s(min)}} = \dfrac{2f_\mathrm{H}}{k}$，其中 $k$ 是一个不超过 $f_\mathrm{H}/B$ 的最大整数。因为 $f_\mathrm{H}/B = \dfrac{552}{240} = 2.3$，所以 $k = 2$。可见，最低抽样频率为 $f_{\mathrm{s(min)}} = 552\mathrm{kHz}$。

4-3  已知某信号 $m(t)$ 的频谱为 $M(f)$，将它通过传输函数为 $H_1(f)$ 的滤波器后再进行理想抽样。其中，$M(f)$ 和 $H_1(f)$ 如图 4-4 所示。

（1）计算抽样频率。

（2）若抽样频率 $f_\mathrm{s} = 4f_1$，画出抽样信号的频谱。

（3）如何在接收端恢复出信号 $m(t)$？

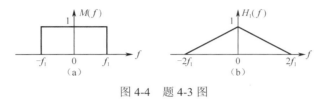

图 4-4  题 4-3 图

**解**：

（1）因为信号 $m(t)$ 通过传输函数为 $H_1(f)$ 的滤波器后进入理想抽样器的最高频率为 $f_1$，所以抽样频率

$$f_\mathrm{s} \geqslant 2f_1$$

（2）因为抽样信号频谱

$$M_\mathrm{s}(f) = f_\mathrm{s} \sum_{n=-\infty}^{\infty} M(f - nf_\mathrm{s})$$

可得抽样信号的频谱如图 4-5 所示，其中 $f_\mathrm{s} = 4f_1$。

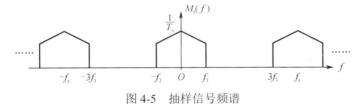

图 4-5  抽样信号频谱

（3）由图 4-5 所示的抽样信号频谱可知：将抽样信号 $m_\mathrm{s}(t)$ 通过截止频率为 $f_1$ 的理想低通滤波器，然后再通过一个传输特性为 $\dfrac{1}{H_1(f)}$ 的网络，就能在接收端恢复出信号 $m(t)$，如图 4-6 所示。

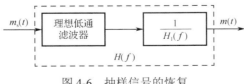

图 4-6  抽样信号的恢复

可见，如果接收端通过一个传输特性为 $H(f) = \dfrac{1}{H_1(f)}$，$|f| \leqslant f_1$ 的低通滤波器，就能在接收端恢复出信号 $m(t)$。

4-4 已知模拟信号抽样值的概率密度 $f(x) = \begin{cases} 1-x, & 0 \leqslant x \leqslant 1 \\ 1+x, & -1 \leqslant x \leqslant 0 \\ 0, & \text{其他} \end{cases}$，如果按照 4 电平均匀量化，

计算量化噪声功率和对应的量化信噪比。

**解**：因为采用均匀量化，所以量化间隔

$$\Delta = \frac{2}{4} = 0.5$$

则量化区间有 $[-1，-0.5)$，$[-0.5，0)$，$[0，0.5)$ 和 $[0.5，1]$，对应的量化值分别为 $-0.75$、$-0.25$、$0.25$、$0.75$。

所以量化噪声功率为

$$\begin{aligned}
N_q &= E[(m - m_q)^2] \\
&= \int_{-1}^{-0.5}(x+0.75)^2(1+x)\mathrm{d}x + \int_{-0.5}^{0}(x+0.25)^2(1+x)\mathrm{d}x + \\
&\quad \int_{0}^{0.5}(x-0.25)^2(1-x)\mathrm{d}x + \int_{0.5}^{1}(x-0.75)^2(1-x)\mathrm{d}x \\
&= 1/48
\end{aligned}$$

因为输入量化器的信号功率为

$$S = E(x^2) = \int_{-\infty}^{\infty} x^2 f(x)\mathrm{d}x = \int_{0}^{1} x^2(1-x)\mathrm{d}x + \int_{-1}^{0} x^2(1+x)\mathrm{d}x = \frac{1}{6}$$

所以量化信噪比为 $\dfrac{S}{N_q} = 8$。

4-5 将幅度为 4V 的正弦信号 $m(t) = 4\sin(1600\pi t)$ 输入抽样频率为 8kHz 的抽样保持器，然后再通过一个量化特性如图 4-7 所示的 8 电平均匀量化器，并进行折叠二进制编码。

（1）画出量化器输出的波形；

（2）计算在一个正弦信号周期内所有抽样值 $m(kT_s) = 4\sin\dfrac{k\pi}{5}$（$k = 0,1,\cdots,9$）的 PCM 编码的输出码字。

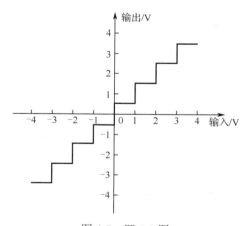

图 4-7 题 4-5 图

**解**：

（1）抽样频率是正弦信号频率的 10 倍，每个周期内有 10 个抽样点，抽样值 $m(kT_s) = 4\sin\dfrac{k\pi}{5}$（$k = 0,1,\cdots,9$）分别为 0，2.35，3.80，3.80，2.35，0，-2.35，-3.80，-3.80，-2.35。由 8 电平均匀

量化器的量化特性，可得量化器的输出如图 4-8 所示。

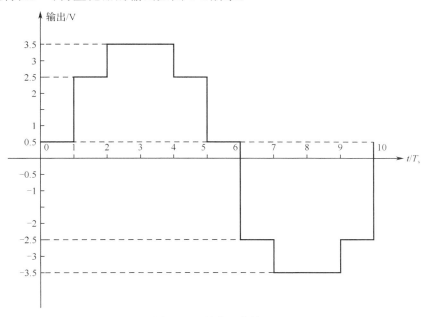

图 4-8 量化器的输出

（2）量化值与折叠二进码的对应关系如表 4-1 所示。

表 4-1 量化值与折叠二进码的对应关系

| 极 性 | 量 化 值 | 量化级序号 | 折叠二进码 |
|---|---|---|---|
| 正 | +3.5 | 7 | 111 |
| | +2.5 | 6 | 110 |
| | +1.5 | 5 | 101 |
| | +0.5 | 4 | 100 |
| 负 | −0.5 | 3 | 000 |
| | −1.5 | 2 | 001 |
| | −2.5 | 1 | 010 |
| | −3.5 | 0 | 011 |

因此在一个正弦信号周期内所有抽样值的 PCM 编码的输出折叠二进制码字如表 4-2 所示。

表 4-2 抽样值、量化值与输出码字

| $k$ | $t$ | $1600\pi t$ | 抽样值 $m(kT_s) = 4\sin\dfrac{k\pi}{5}$ | 量 化 值 | 输 出 码 字 |
|---|---|---|---|---|---|
| 0 | $t = 0$ | 0 | 0 | +0.5 | 100 |
| 1 | $t = 1/8000$ | $\pi/5$ | 2.35 | +2.5 | 110 |
| 2 | $t = 2/8000$ | $2\pi/5$ | 3.80 | +3.5 | 111 |
| 3 | $t = 3/8000$ | $3\pi/5$ | 3.80 | +3.5 | 111 |
| 4 | $t = 4/8000$ | $4\pi/5$ | 2.35 | +2.5 | 110 |
| 5 | $t = 5/8000$ | $5\pi/5$ | 0 | +0.5 | 100 |
| 6 | $t = 6/8000$ | $6\pi/5$ | −2.35 | −2.5 | 010 |

| $k$ | $t$ | $1600\pi t$ | 抽样值<br>$m(kT_s) = 4\sin\dfrac{k\pi}{5}$ | 量 化 值 | 输 出 码 字 |
|---|---|---|---|---|---|
| 7 | $t = 7/8000$ | $7\pi/5$ | $-3.80$ | $-3.5$ | 011 |
| 8 | $t = 8/8000$ | $8\pi/5$ | $-3.80$ | $-3.5$ | 011 |
| 9 | $t = 9/8000$ | $9\pi/5$ | $-2.35$ | $-2.5$ | 010 |

4-6　某路语音信号的最高频率为3400Hz，采用8000Hz的抽样频率，按$A$律13折线编码得到PCM信号。试计算PCM信号的信息速率。

**解：**

因为抽样频率为8000Hz，按$A$律13折线编码得到的PCM信号为8位二进码。所以二进制信息速率为

$$R_b = l \cdot f_s = 8 \times 8000 = 64000\text{bit/s}$$

4-7　将正弦信号$m(t) = \sin(1600\pi t)$以4kHz速率进行抽样，然后输入$A$律13折线 PCM 编码器。计算在一个正弦信号周期内所有样值$m(kT_s) = \sin\dfrac{2k\pi}{5}$ $(k = 0,1,2,3,4)$的PCM编码的输出码字。

**解：** 以抽样时刻$t = 1/4000$为例，此时抽样值为0.9510565，设量化单位$\Delta = \dfrac{1}{2048}$，所以归一化值 $0.9510565 = 1948\Delta$ 。

编码过程如下：

（1）确定极性码$C_1$：由于输入信号抽样值为正，故极性码$C_1 = 1$。

（2）确定段落码$C_2C_3C_4$：因为$1948 > 1024$，所以位于第8段落，段落码为111。

（3）确定段内码$C_5C_6C_7C_8$：因为$1948 = 1024 + 14 \times 64 + 28$，所以段内码$C_5C_6C_7C_8 = 1110$。

所以，$t = 1/4000$的抽样值经过$A$律13折线编码后，得到的PCM码字为 1 111 1110。

同理得到在一个正弦信号周期内所有样值的PCM编码的输出码字，如表4-3所示。

**表 4-3　PCM 编码的输出码字**

| $k$ | $\dfrac{2k\pi}{5}$ | 样值 $m(kT_s) = \sin\dfrac{2k\pi}{5}$ | 归 一 化 值 | 输 出 码 字 |
|---|---|---|---|---|
| 0 | 0 | 0 | 0 | 1 000 0000 |
| 1 | $2\pi/5$ | 0.9510565 | $1948\Delta$ | 1 111 1110 |
| 2 | $4\pi/5$ | 0.58778525 | $1204\Delta$ | 1 111 0010 |
| 3 | $6\pi/5$ | -0.58778525 | $-1204\Delta$ | 0 111 0010 |
| 4 | $8\pi/5$ | -0.9510565 | $-1948\Delta$ | 0 111 1110 |

4-8　某路信号的最高频率为4kHz，采用PCM方式传输，假定抽样频率不变，量化级数由128增加到256，传输该信号的信息速率$R_b$增加到原来的多少倍？如果信号服从均匀分布，采用均匀量化，则量化信噪比可以改善多少分贝？

**解：**

因为二进制信息速率$R_b = \log_2 M \cdot f_s$，所以当量化级数由128增加到256时，传输信息速率$R_b$增加到原来的8/7倍。

因为信号服从均匀分布、采用均匀量化时，量化信噪比为 $\dfrac{S}{N_q}=M^2$，则量化信噪比

$$\left(\frac{S}{N_q}\right)_{\text{dB}}=10\lg\left(\frac{S}{N_q}\right)=20\lg M=20\lg 2^l\approx 6.02l\,\text{dB}$$

当编码位数 $l$ 从 7 增加到 8 时，量化信噪比大约从 42dB 增加到 48dB，可以改善约 6dB。

4-9　某路模拟信号的最高频率为 5000Hz，以 PCM 方式传输，假设抽样频率为奈奎斯特抽样频率。抽样后按照 256 级量化，并进行二进制编码。计算 PCM 系统的信息速率。

**解：** 因为抽样频率为奈奎斯特抽样频率，所以 $f_s=2f_H=10000$Hz。

因为量化级数为 256，所以编码得到的 PCM 信号的编码位数 $l=8$。所以信息速率为

$$R_b=l\cdot f_s=8\times 10000=80000\text{bit/s}$$

4-10　$A$ 律 13 折线编码器，输入的最大电压为 $U=4096$mV，已知一个抽样值为 $u=796$mV。

（1）试写出 8 位码 $C_1\,C_2C_3C_4\,C_5C_6C_7C_8$。

（2）计算量化电平和量化误差。

（3）将所编成的对数 PCM 码（不含极性码）转换成 12 位线性幅度码。

**解：**

（1）因为量化区的最大电压 $U=4096$mV，所以量化单位 $\Delta=2$mV，所以抽样值为 $398\Delta$。

编码过程如下：

确定极性码 $C_1$：由于输入信号抽样值 $I_s$ 为正，故极性码 $C_1=1$。

确定段落码 $C_2C_3C_4$：因为 $512>398>256$，所以位于第 6 段落，段落码为 101。

确定段内码 $C_5C_6C_7C_8$：因为 $398=256+8\times 16+14$，所以段内码 $C_5C_6C_7C_8=1000$。

所以，编出的 PCM 码字为 11011000。它表示输入信号抽样值 $I_s$ 处于第 6 段序号为 8 的量化级。该量化级对应的起始电平为 $384\Delta$，中间电平为 $392\Delta$。

（2）量化电平对应该量化级中间电平，所以量化电平

$$I_D=392\Delta=784\text{mV}$$

可见，量化误差为 12mV。

（3）因为 $(392)_{10}=(00110001000.0)_2$，所以 12 位线性幅度码为 001100010000。

4-11　某 $A$ 律 13 折线 PCM 编码器的输入抽样脉冲值为 $-870\Delta$，试计算编码器的输出码字及其对应的量化电平和量化误差。

**解：**

编码过程如下：

（1）确定极性码 $C_1$：由于输入信号抽样值为负，故极性码 $C_1=0$。

（2）确定段落码 $C_2C_3C_4$：因为 $1024>870>512$，所以位于第 7 段落，段落码为 110。

（3）确定段内码 $C_5C_6C_7C_8$：因为 $870=512+11\times 32+6$，所以段内码 $C_5C_6C_7C_8=1011$。

所以，编出的 PCM 码字 0 110 1011。

量化电平对应量化级的中间电平，所以量化电平为

$$-(864+16)=-880\Delta$$

则量化误差为 10 个量化单位。

4-12　采用 $A$ 律 13 折线编解码电路，设接收端收到的码字为 "10000111"，最小量化单位为 1 个单位。

（1）解码器输出为多少单位？

（2）不考虑极性，对应的 12 位线性码是多少？

**解：**极性码为1，所以极性为正。

（1）段落码为000，段内码为0111，所以信号位于第1段落序号为7的量化级。由表4-1可知，第1段落的起始电平为0，量化间隔为$\Delta$。

因为解码器输出的量化电平输出的量化电平位于量化级的中点，所以解码器输出为$+(7\times1+0.5)=7.5$个量化单位，即解码电平$7.5\Delta$。

（2）因为$(7.5)_{10}=(00000000111.1)_2$，所以，对应的12位线性码为000000001111。

4-13　一个截止频率为4000Hz的低通信号$m(t)$是一个均值为零的平稳随机过程，一维概率分布服从均匀分布，电平范围为$-5\sim+5$V。

（1）对低通信号$m(t)$进行均匀量化，量化间隔$\Delta=0.01$V，计算量化信噪比；

（2）对低通信号$m(t)$抽样后进行$A$律13折线PCM编码，计算码字11011110出现的概率和该码字所对应的量化电平。

（3）当抽样值为2.25V时，试进行$A$律13折线PCM编码，写出编码输出，并计算量化误差。

**解：**（1）当均匀量化器的量化级数为$M$，量化器的输入信号的一维概率密度服从均匀分布时，量化信噪比为

$$\frac{S}{N_q}=M^2$$

因为电平范围为$-5\sim+5$V，量化间隔$\Delta=0.01$V，所以量化级数为1000，则量化信噪比为
$$10\lg M^2=10\lg 1000^2=60\text{dB}$$

（2）当$m(t)$的电压为正，且出现在第6段落第14小段时，码字为1101110，所以出现的概率为

$$\frac{1}{2}\times\left(\frac{1}{4}-\frac{1}{8}\right)\times\frac{1}{16}=\frac{1}{256}$$

当码字为11011110时，对应的量化电平为
$$I_D=256+14\times16+8=488\Delta$$

而$\Delta=\dfrac{5}{2048}=0.00244$V，所以量化电平为

$$I_D\approx1.19\text{V}$$

（3）对抽样值2.25V进行归一化处理,用量化单位$\Delta$来表示。因为最大值为5V，因此$\Delta=\dfrac{5}{2048}$V，所以抽样值$2.25=921.6\Delta$。

容易得到$A$律13折线PCM编码输出为11101100，量化电平为$912\Delta$，量化误差为$9.6\Delta=0.0234$V。

4-14　对一个在某区间均匀分布的模拟信号理想抽样后进行均匀量化，然后采用自然二进制编码，计算量化级数$M=32$的PCM系统在平均误比特率$P_b=10^{-3}$情况下的总信噪比。

**解：**因为

$$\left(\frac{S_0}{N_0}\right)_{\text{PCM}}=\frac{(S_o/N_q)}{1+4P_b2^{2l}}$$

又因为

$$\frac{S_o}{N_q}=2^{2l}=M^2$$

所以总信噪比

$$\left(\frac{S_0}{N_0}\right)_{PCM} = \frac{(S_o/N_q)}{1+4P_b 2^{2l}} = \frac{M^2}{1+4P_b M^2}$$

$$= \frac{32^2}{1+4\times10^{-3}\times32^2}$$

$$= 200.9$$

4-15　PCM30/32 路系统中一秒传多少帧？一帧有多少 bit？信息速率为多少？第 20 话路在哪一个时隙中传输？第 20 话路信令码的传输位置在哪里？

**解：** PCM30/32 路系统中的抽样频率为 8000Hz，所以 PCM30/32 路系统中一秒传 8000 帧。

一帧中有 32 时隙，每时隙 8bit，所以一帧有 32×8=256bit。

PCM30/32 路系统中一秒传 8000 帧，而一帧有 32×8=256bit。所以信息速率为

$$R_b = 32\times8\times8000 = 2.048\text{Mbit/s}$$

由 PCM30/32 路系统的帧结构图可知第 20 话路在 TS21 时隙中传输；第 20 话路信令码的传输位置在 F5 帧的 TS16 时隙的后 4bit。

4-16　北美和日本采用 PCM 24 路时分复用系统。每路信号的抽样频率为 8000Hz，每个样值用 8bit 表示。每帧共有 24 个时隙，并加 1bit 作为帧同步信号。试计算该系统的信息速率。

**解：** 根据题意，一帧的比特数为

$$24\times8+1 = 193\text{bit}$$

因为抽样频率为 8000Hz，即每帧时长为 125μs，所以该系统的信息速率为

$$R_b = \frac{193}{125\times10^{-6}} = 1.544\times10^6 \text{bit/s}$$

4-17　在 CD 播放器中，假设音乐是均匀分布的，抽样频率为 44.1kHz，对抽样值采用 16bit 的均匀量化的线性编码，试确定 1 小时的音乐需要的比特数，并计算量化信噪比的分贝值。

**解：**

（1）信息速率为

$$R_b = l\cdot f_s = 16\times44.1\times10^3 = 7.056\times10^5 \text{bit/s}$$

则 1 小时的音乐需要的比特数为

$$7.056\times10^5\times3600 = 2.54016\times10^9 \text{bit}$$

（2）量化信噪比为

$$\frac{S}{N_q} = 2^{2l} = 2^{32}$$

对应的分贝值为

$$10\lg\left(\frac{S}{N_q}\right) = 96.3\text{dB}$$

4-18　有 10 路时间连续的模拟信号，其中每路信号的频率范围为 300～30kHz，分别经过截止频率为 7kHz 的低通滤波器。然后对此 10 路信号分别抽样，时分复用后进行量化编码。

（1）每路信号的最小抽样频率为多少？

（2）如果抽样速率为 16kHz，量化级数为 8，则输出的二进制序列的信息速率为多少？

**解：**

（1）因为每路信号都通过截止频率为 7kHz 的低通滤波器，所以最小的抽样频率

$$f_{s(\min)} = 2f_H = 14\text{kHz}$$

（2）信息速率为

$$R_b = 10 \times \log_2 8 \times f_s = 480\text{kbit/s}$$

4-19　有 10 路独立信源，如果每路信号的抽样频率为 8kHz，每路信号均采用 $A$ 律 13 折线量化编码得到 PCM 信号。将这 10 路 PCM 信号采用时分复用的方式进行传输，在每帧开始处插入 8bit 的帧同步码

（1）画出帧结构，并回答帧长为多少？每帧多少时隙？

（2）计算信息速率。

**解：**

（1）因为抽样频率为 8kHz，所以帧长 $T_s = 1/f_s = 1/8000 = 0.000125\text{s} = 125\mu\text{s}$。10 路 PCM 信号，另外在每帧开始处插入帧同步码，因此每帧 11 时隙，每时隙 8bit，每帧共 88bit。

帧结构如图 4-9 所示，其中 TS0 为帧同步码时隙，TS1～TS10 为 10 路 PCM 信号时隙。

图 4-9　帧结构

（2）信息速率

$$R_b = (10 \times 8 + 8) \times 8000 = 704000\text{bit/s}$$

每帧 $T_s = 125\mu\text{s}$，共 88bit，所以信息速率也可以这样计算得到

$$R_b = 88/0.000125 = 704000\text{bit/s}$$

4-20　有 3 路独立信源的最高频率分别为 2kHz，4kHz 与 2kHz，如图 4-10 所示，合路器 1 按 4kHz 轮流抽样、4bit 量化与编码。合路器 2 按 4kHz 的频率再将 $s_1(n)$ 与 28kbit/s（填充为 32kbit/s）数字信号复用，并在每帧开始处插入同步字节。

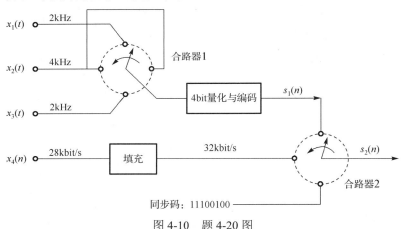

图 4-10　题 4-20 图

（1）画出 $s_1(n)$ 的帧结构，并计算 $s_1(n)$ 的信息速率；

（2）设计 $s_2(n)$ 的帧结构，并计算 $s_2(n)$ 的信息速率。

**解：**（1）合路器 1 按 4kHz 轮流抽样，对 $x_1(t)$ 和 $x_3(t)$ 各抽样 1 次、对 $x_2(t)$ 抽样 2 次，然后 4bit 编码，在一个抽样周期（$T_s = 1/f_s = 1/4000 = 0.00025\text{s}$）内有 16bit，$s_1(n)$ 帧结构如图 4-11 所示。

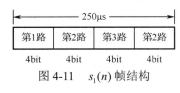

图 4-11　$s_1(n)$ 帧结构

$s_1(n)$ 的信息速率为

$$R_b = \frac{16}{0.00025} = 64000\text{bit/s}$$

（2）由分析合路器 2 的输出可知，在一帧（0.00025s）内，有 $s_1(n)$ 信号（16bit）、经过填充的 32kbit/s 的数据流、8bit 的同步字节 11100100。

28kbit/s 的数据流在一帧（0.00025s）内的比特数为 7bit，32kbit/s 的数据流在一帧内的比特数为 8bit。即原来 7bit 填充 1bit 后，变成 8bit。

$s_2(n)$ 的帧结构如图 4-12 所示。

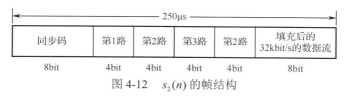

图 4-12　$s_2(n)$ 的帧结构

$s_2(n)$ 的信息速率为
$$R_b = \frac{32}{0.00025} = 128000\text{bit/s}$$

4-21　对 5 路均匀分布的模拟信号进行抽样和均匀量化，其中 2 路信号 $x_1(t)$、$x_2(t)$的频率范围在 4000～6000Hz，3 路信号 $x_3(t)$、$x_4(t)$、$x_5(t)$的频带限制在 4000Hz 以下。如果要求 PCM 编码后的量化信噪比不低于 30dB，试求 5 路 PCM 信号时分复用后的最小信息速率，并构造合适的帧结构。

**解**：因为要求 PCM 编码后的量化信噪比不低于 30dB，由 $\dfrac{S_o}{N_q} = 2^{2l}$ 可知编码位数 $l \geqslant 5$。

$x_1(t)$、$x_2(t)$是带通信号，对应的最小抽样频率为 4000Hz，所以对应的每路 PCM 信号的最小信息速率为 20000bit/s。

$x_3(t)$、$x_4(t)$、$x_5(t)$是低通信号，对应的最小抽样频率为 8000Hz，所以对应的每路 PCM 信号的最小信息速率为 40000bit/s。

所以 5 路 PCM 信号时分复用后的最小信息速率为
$$2 \times 20000 + 3 \times 40000 = 160000\text{bit/s}$$
构造的帧结构如图 4-13 所示。

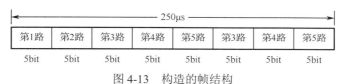

图 4-13　构造的帧结构

# 第 5 章　数字信号的基带传输

5-1　已知信息代码为 10110100，采用不归零矩形脉冲波形，试画出双极性码、4PAM 基带信号的波形。

**解：** 设双极性码的幅值为 $a_n = \begin{cases} +A, & b_k=1 \\ -A, & b_k=0 \end{cases}$，双极性码的波形如图 5-1（a）所示。

设 4PAM 基带信号的幅值为

$$a_n = \begin{cases} +3A, & b_{2n-1}b_{2n}=10 \\ +A, & b_{2n-1}b_{2n}=11 \\ -A, & b_{2n-1}b_{2n}=01 \\ -3A, & b_{2n-1}b_{2n}=00 \end{cases}$$

对应的波形如图 5-1（b）所示。

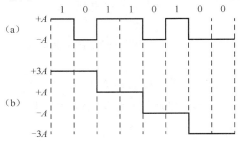

图 5-1　双极性码、4PAM 基带信号的波形

5-2　已知信息代码为 1010000000010，采用半占空的归零矩形脉冲波形，试画出 AMI 码和 HDB$_3$ 码的波形。

**解：** 假设 AMI 码中的第 1 个传号为+1；HDB$_3$ 码中的第 1 个信码为+1，第一个破坏码为+1。AMI 码和 HDB$_3$ 码所示如下。

| 消息代码 | 1 | 0 | 1 | 0 | 0 | 0 | 0 | 0 | 0 | 0 | 0 | 1 | 0 |
|---|---|---|---|---|---|---|---|---|---|---|---|---|---|
| AMI 码 | +1 | 0 | −1 | 0 | 0 | 0 | 0 | 0 | 0 | 0 | 0 | +1 | 0 |
| HDB$_3$ 码 | +1 | 0 | −1 | +1 | 0 | 0 | +1 | −1 | 0 | 0 | −1 | +1 | 0 |

AMI 码和 HDB$_3$ 码的波形如图 5-2 所示。

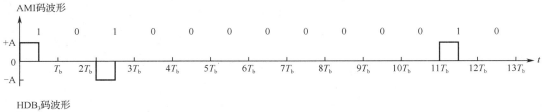

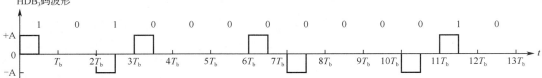

图 5-2　AMI 码和 HDB$_3$ 码的波形

5-3 已知信息序列为 10110100，写出对应的差分码。并说明如何在接收端从差分码中恢复出原始的信息序列。

**解：** 差分码的产生可以表示为 $a_k = a_{k-1} \oplus b_k$，其中 $b_k$ 表示信息序列中的第 $k$ 个码元，$a_k$ 表示差分码序列中的第 $k$ 个码元，$a_{k-1}$ 表示 $a_k$ 的前一个码元。

假设差分码的参考码元为 0，则差分码表示如下。

信息代码 $b_k$      1   0   1   1   0   1   0   0

差分码 $a_k$    （0）   1   1   0   1   1   0   0   0

在接收端，可以通过 $b_k = a_{k-1} \oplus a_k$，从差分码 $\{a_k\}$ 中恢复出原始的信息序列 $\{b_k\}$。

5-4 二进制序列 $\{a_n\}$ 是统计独立的随机变量序列，等概取值为-1 或 1。信号 $s(t)$ 为

$$s(t) = \sum_{n=-\infty}^{\infty} a_n \delta(t - nT_s)$$

试求 $s(t)$ 的功率谱密度函数。

**解：** 方法一：由 $R_a(m) = E[a_n a_{n+m}] = \begin{cases} \sigma_a^2 + m_a^2, & m = 0 \\ m_a^2, & m \neq 0 \end{cases}$，因为 $m_a = 0$，$\sigma_a^2 = 1$，则 $R_a(m) = \delta(m)$，可得 $\{a_n\}$ 的功率谱密度为

$$P_a(f) = \sum_{m=-\infty}^{\infty} R_a(m) \mathrm{e}^{-\mathrm{j}2\pi f m T_s} = 1$$

由 $\delta(t) \leftrightarrow 1$ 可得脉冲波形的能量谱密度 $|G_T(f)|^2 = 1$。所以 $s(t)$ 的功率谱密度函数为

$$P_s(f) = \frac{1}{T_s} P_a(f) |G_T(f)|^2 = \frac{1}{T_s}$$

方法二：当随机序列 $\{a_n\}$ 是实的广义平稳随机序列时，当符号之间互不相关、均值为零时，数字 MPAM 信号功率谱为

$$P_s(f) = \frac{\sigma_a^2}{T_s} |G_T(f)|^2$$

因为 $\{a_n\}$ 的均值和方差分别为 $m_a = 0$，$\sigma_a^2 = 1$，$|G_T(f)|^2 = 1$，所以功率谱密度函数为

$$P_s(f) = \frac{1}{T_s}$$

5-5 数字 PAM 基带信号 $s(t) = \sum_{n=-\infty}^{\infty} a_n g_T(t - nT_s)$，幅度序列 $\{a_n\}$ 是实的广义平稳随机序列，脉冲波形 $g_T(t)$ 采用不归零矩形脉冲，即 $g_T(t) = \begin{cases} 1, & 0 \leq t \leq T_s \\ 0, & \text{其他} \end{cases}$。

（1）已知 $\{a_n\}$ 独立等概取 8 个可能值 $\pm 1, \pm 3, \pm 5, \pm 7$，计算 8PAM 信号的功率谱密度。

（2）已知 $\{a_n\}$ 独立等概取 2 个可能值 +1 和 -1，计算 2PAM 信号的功率谱密度。

（3）如果 2PAM 和 8PAM 的符号速率相同，$R_s = 10^6$ Baud，试计算它们的第一零点带宽。

（4）如果 2PAM 和 8PAM 的信息速率相同，$R_b = 6 \times 10^6$ bit/s，试计算它们的第一零点带宽。

**解：**

（1）$\{a_n\}$ 独立等概，均值 $m_a = 0$，方差 $\sigma_a^2 = \frac{1}{8}[(1^2 + 3^2 + 5^2 + 7^2) \times 2] = 21$。

$g_T(t)$ 的幅频特性为 $\qquad |G_T(f)| = T_s \left[\dfrac{\sin \pi f T_s}{\pi f T_s}\right] = T_s \mathrm{Sa}(\pi f T_s)$

所以功率谱密度为 $$P_s(f) = \frac{\sigma_a^2}{T_s}|G_T(f)|^2 = 21T_s\mathrm{Sa}^2(\pi f T_s)$$

（2）因为 $\{a_n\}$ 等概出现，均值和方差分别为 $m_a=0$，$\sigma_a^2=1$。

所以功率谱密度为 $$P_s(f) = \frac{\sigma_a^2}{T_s}|G_T(f)|^2 = T_s\mathrm{Sa}^2(\pi f T_s)$$

（3）如果 2PAM 和 8PAM 的符号速率相同，$R_s=10^6\,\mathrm{Baud}$，则 2PAM 和 8PAM 的第一零点带宽都为

$$B = \frac{1}{T_s} = R_s = 10^6\,\mathrm{Hz}$$

（4）如果 2PAM 和 8PAM 的信息速率相同，$R_b=6\times10^6\,\mathrm{bit/s}$，则 8PAM 的符号速率 $R_s=2\times10^6$ 波特，则第一零点带宽为

$$B_{\mathrm{8PAM}} = \frac{1}{T_s} = 2\times10^6\,\mathrm{Hz}$$

2PAM 的符号速率 $R_s=6\times10^6$，则第一零点带宽为

$$B_{\mathrm{2PAM}} = 6\times10^6\,\mathrm{Hz}$$

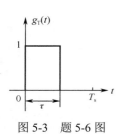

图 5-3 题 5-6 图

5-6 某二进制数字基带信号的脉冲波形如图 5-3 所示。图中 $T_s$ 为符号间隔，脉冲宽度 $\tau = T_s/2$。数字信息"1"和"0"分别用 $g(t)$ 的有无表示，且"1"和"0"的出现相互独立且概率相等。

（1）求该数字基带信号的功率谱密度，并画出功率谱密度图；

（2）能否从该数字基带信号中提取符号同步所需的频率 $f_s = 1/T_s$ 的分量？若能，试计算该分量的功率。

**解：**（1）该数字基带信号可以表示为 $s(t) = \sum\limits_{n=-\infty}^{\infty} a_n \delta(t-nT_s)$，其中 $\{a_n\}$ 独立等概取+1 和 0，$\{a_n\}$ 均值和方差分别为

$$m_a=0.5,\ \sigma_a^2=0.25$$

因为 $|G_T(f)| = \tau\mathrm{Sa}(\pi f\tau)$，其中 $\tau = T_s/2$，所以功率谱密度为

$$P_s(f) = \frac{\sigma_a^2}{T_s}|G_T(f)|^2 + \frac{m_a^2}{T_s^2}\sum_{m=-\infty}^{\infty}\left|G_T\left(\frac{m}{T_s}\right)\right|^2\delta\left(f-\frac{m}{T_s}\right)$$

$$= \frac{T_s}{16}\mathrm{Sa}^2\left(\frac{\pi f T_s}{2}\right) + \frac{1}{16}\sum_{m=-\infty}^{\infty}\mathrm{Sa}^2\left(\frac{m\pi}{2}\right)\delta\left(f-\frac{m}{T_s}\right)$$

该数字基带信号的功率谱密度图如图 5-4 所示。

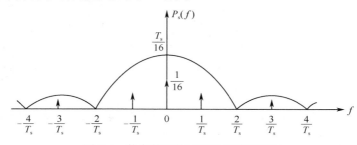

图 5-4 数字基带信号的功率谱密度图

（2）观察图 5-4 中的离散谱，可知能从该数字基带信号中提取符号同步所需的频率 $f_s = 1/T_s$ 的

分量，该分量的双边功率谱密度为$\frac{1}{16}\mathrm{Sa}^2\left(\frac{\pi}{2}\right)\delta\left(f\pm\frac{1}{T_\mathrm{s}}\right)$，对应的功率为

$$\int_{-\infty}^{\infty}\left[\frac{1}{16}\mathrm{Sa}^2\left(\frac{\pi}{2}\right)\delta\left(f+\frac{1}{T_\mathrm{s}}\right)+\frac{1}{16}\mathrm{Sa}^2\left(\frac{\pi}{2}\right)\delta\left(f-\frac{1}{T_\mathrm{s}}\right)\right]\mathrm{d}f=\frac{1}{8}\mathrm{Sa}^2\left(\frac{\pi}{2}\right)=\frac{1}{2\pi^2}$$

5-7　二进制信息序列$\{b_n\}$的取值为 0 或 1，独立等概出现。序列$\{a_n\}$与$\{b_n\}$的关系为

$$a_n = b_n - b_{n-2}$$

脉冲波形$g_\mathrm{T}(t)$采用不归零矩形脉冲，写出基带信号$s(t)=\sum_{n=-\infty}^{\infty}a_n g_\mathrm{T}(t-nT_\mathrm{s})$的功率谱密度。

**解：**序列$\{b_n\}$的均值和方差分别为

$$m_b = 0.5,\ \sigma_b^2 = 0.25$$

则$\{b_n\}$序列的自相关函数为

$$R_b(m) = E[b_n b_{n+m}] = \begin{cases} \sigma_b^2 + m_b^2 = 0.5, & m=0 \\ m_b^2 = 0.25, & m\neq 0 \end{cases}$$

$\{a_n\}$序列的自相关函数为

$$\begin{aligned} R_a(m) &= E[a_n a_{n+m}] = E[(b_n - b_{n-2})(b_{n+m} - b_{n+m-2})] \\ &= E(b_n b_{n+m}) - E(b_n b_{n+m-2}) - E(b_{n-2}b_{n+m}) + E(b_{n-2}b_{n+m-2}) \\ &= R_b(m) - R_b(m-2) - R_b(m+2) + R_b(m) \\ &= \begin{cases} 0.5, & m=0 \\ -0.25, & m=\pm 2 \\ 0, & \text{其他} \end{cases} \end{aligned}$$

随机序列$\{a_n\}$的功率谱密度为

$$P_a(f) = \sum_{m=-\infty}^{\infty} R_a(m)\mathrm{e}^{-\mathrm{j}2\pi fmT_\mathrm{s}} = 0.5 - 0.25[\mathrm{e}^{\mathrm{j}4\pi fT_\mathrm{s}} + \mathrm{e}^{-\mathrm{j}4\pi fT_\mathrm{s}}] = \frac{1-\cos(4\pi fT_\mathrm{s})}{2}$$

$g_\mathrm{T}(t)$的幅频特性为$|G_\mathrm{T}(f)| = T_\mathrm{s}\mathrm{Sa}(\pi fT_\mathrm{s})$，所以$s(t)=\sum_{n=-\infty}^{\infty}a_n g_\mathrm{T}(t-nT_\mathrm{s})$的功率谱密度为

$$P_s(f) = \frac{1}{T_\mathrm{s}}P_a(f)|G_\mathrm{T}(f)|^2 = \frac{T_\mathrm{s}}{2}[1-\cos(4\pi fT_\mathrm{s})]\mathrm{Sa}^2(\pi fT_\mathrm{s})$$

5-8　2PAM 系统独立等概输出信号$s_i(t),\ i=1,2$表示为

$$s_i(t) = \begin{cases} s_1(t) = A, & \text{传号} \\ s_2(t) = 0, & \text{空号} \end{cases},\quad 0 \leqslant t \leqslant T_\mathrm{b}$$

信号在信道传输过程中受到加性高斯白噪声干扰，均值为 0，单边功率谱密度为$N_0$。已知接收端框图如图 5-5 所示，不考虑信道衰减和低通滤波器对信号造成的失真。

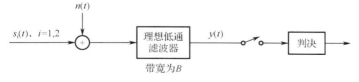

图 5-5　题 5-8 图

（1）如果发送为$s_1(t)$，写出抽样时刻的$y(t)$的一维概率密度，并分析发送$s_1(t)$而错判为$s_2(t)$的条件概率$P(e|s_1)$；

（2）如果发送为 $s_2(t)$ ，写出抽样时刻的 $y(t)$ 的一维概率密度，并分析发送 $s_2(t)$ 而错判为 $s_1(t)$ 的条件概率 $P(e \mid s_2)$ ；

（3）推导平均误比特率公式。

**解：**（1）发送为 $s_1(t)$ 时，抽样时刻信号的瞬时值为 $A$ ，噪声的平均功率为 $\sigma_n^2 = N_0 B$ ，则 $y(t)$ 在抽样时刻的一维概率密度为

$$p(y \mid s_1) = \frac{1}{\sqrt{2\pi}\sigma_n} \exp\left[-\frac{(y-A)^2}{2\sigma_n^2}\right]$$

其中， $\sigma_n^2 = N_0 B$ 。

若设判决门限为 $V_d$ ，判决规则为：当抽样值 $y > V_d$ 时，接收端判决结果为 $s_1(t)$ ；当 $y < V_d$ 时，接收端判决结果为 $s_2(t)$ 。则发 $s_1(t)$ 错判为 $s_2(t)$ 的条件概率为

$$P(e \mid s_1) = P(y < V_d) = \int_{-\infty}^{V_d} p(y \mid s_1)\mathrm{d}y = \int_{-\infty}^{V_d} \frac{1}{\sqrt{2\pi}\sigma_n} \exp\left[-\frac{(y-A)^2}{2N_0 B}\right]\mathrm{d}y$$

（2）发送为 $s_2(t)$ 时，抽样时刻 $y(t)$ 的一维概率密度为

$$p(y \mid s_2) = \frac{1}{\sqrt{2\pi}\sigma_n} \exp\left[-\frac{y^2}{2\sigma_n^2}\right]$$

其中， $\sigma_n^2 = N_0 B$ 。

则发 $s_2(t)$ 错判为 $s_1(t)$ 的条件概率为

$$P(e \mid s_2) = P(y > V_d) = \int_{V_d}^{\infty} p(y \mid s_2)\mathrm{d}y = \int_{V_d}^{\infty} \frac{1}{\sqrt{2\pi}\sigma_n} \exp\left[-\frac{y^2}{2N_0 B}\right]\mathrm{d}y$$

（3）当 $P(0) = P(1) = 1/2$ 时，最佳判决门限为 $V_d = A/2$ 。此时传输系统总的误比特率为

$$P_b = P(s_1)P(e \mid s_1) + P(s_2)P(e \mid s_2) = Q\left(\sqrt{\frac{A^2}{4N_0 B}}\right) = \frac{1}{2}\mathrm{erfc}\left(\sqrt{\frac{A^2}{8N_0 B}}\right)$$

5-9 某 2PAM 数字通信系统的最佳接收机如图 5-6 所示，其中输入信号为 $s_i(t), i = 1, 2$ ， $s_1(t) = -s_2(t)$ ；噪声 $n_w(t)$ 为高斯白噪声，单边功率谱密度为 $N_0$ ，匹配滤波器的单位冲激响应 $h(t) = Ks_1(T-t)$ 。

（1）当匹配滤波器的输入为 $r(t) = s_i(t) + n_w(t)$ 时，写出匹配滤波器的输出 $y(t)$ 的表达式。并说明抽样时刻的输出和图 5-7 所示相关器输出的抽样值完全相同；

（2）设 $K = 1$ 。写出发送为 $s_1(t)$ 时，抽样时刻样值 $y(T)$ 中的信号幅度、信号的瞬时功率和噪声的平均功率，并写出抽样时刻的匹配滤波器的输出信噪比；

（3）设 $K = \frac{1}{\sqrt{E}}$ ，其中 $E = A^2 T$ 表示信号 $s_1(t)$ 的能量，重做（2）；

（4）如果先验概率相等，试计算平均误比特率。

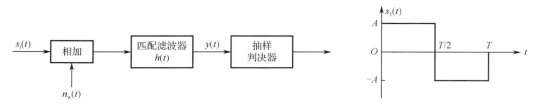

图 5-6 题 5-9 图

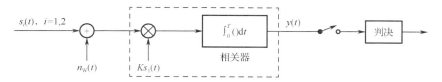

图 5-7  采用相关器的最佳接收框图

**解**：（1）接收端匹配滤波器的输入为 $r(t)=s_i(t)+n_w(t)$，则输出表示为

$$y(t)=\int_{-\infty}^{\infty}r(\tau)h(t-\tau)\mathrm{d}\tau=\int_0^t r(\tau)h(t-\tau)\mathrm{d}\tau=\int_0^t r(\tau)Ks_1(T-t+\tau)\mathrm{d}\tau$$

当 $t=T$ 时，MF 输出的抽样值 $y(T)=\int_0^T r(\tau)\cdot Ks_1(\tau)\mathrm{d}\tau$。因此，抽样时刻 $t=T$，MF 输出的抽样值与如图 5-7 所示的相关器输出的抽样值完全相同。可见利用相关器的最佳接收机和利用匹配滤波器的最佳接收机是等价的。

（2）发送为 $s_1(t)$ 时，匹配滤波器的输出信号为

$$y(t)=\int_{-\infty}^{\infty}s_1(\tau)h(t-\tau)\mathrm{d}\tau=\int_0^t s_1(\tau)Ks_1(T-t+\tau)\mathrm{d}\tau=KR(t-T)$$

可见，抽样时刻 $t=T$ 时，信号值为 $y(T)=KR(0)=KE$，其中 $E$ 表示信号 $s_1(t)$ 的能量。

信号的瞬时功率为 $|y(T)|^2=(KE)^2$。

噪声的平均功率为

$$P_{n_o}=\frac{N_0}{2}\int_{-\infty}^{\infty}|H(f)|^2\mathrm{d}f=\frac{K^2N_0}{2}\int_{-\infty}^{\infty}|S(f)|^2\mathrm{d}f=\frac{K^2N_0E}{2}$$

抽样时刻的匹配滤波器的输出信噪比为

$$r_o=\frac{|y(T)|^2}{P_{n_o}}=\frac{2E}{N_0}$$

本题中，$K=1$，$E=A^2T$，因此 $y(T)$ 中的信号幅度、信号的瞬时功率、噪声的平均功率、抽样时刻的匹配滤波器输出信噪比如表 5-1 第 2 列所示。

表 5-1  单位冲激函数 $h(t)=ks(t_0-t)$ 时的匹配滤波器的输出参数

|  | $K=1$ | $K=1/\sqrt{E}$ |
|---|---|---|
| $y(T)$ 中的信号幅度 $R(0)=KE$ | $A^2T$ | $\sqrt{A^2T}$ |
| $y(T)$ 中信号的瞬时功率 $K^2E^2$ | $A^4T^2$ | $A^2T$ |
| $y(T)$ 中噪声的平均功率 $\sigma^2=\dfrac{K^2N_0E}{2}$ | $\sigma^2=\dfrac{N_0A^2T}{2}$ | $\sigma^2=\dfrac{N_0}{2}$ |
| 抽样时刻的匹配滤波器的输出信噪比 | $\dfrac{2A^2T}{N_0}$ | $\dfrac{2A^2T}{N_0}$ |

（3）类似（2）小题分析方法。当 $K=\dfrac{1}{\sqrt{E}}$、$E=A^2T$ 时，$y(T)$ 中的信号幅度、信号的瞬时功率、噪声的平均功率、抽样时刻的匹配滤波器输出信噪比如表 5-1 第 3 列所示。

（4）发送为 $s_1(t)$ 时，抽样时刻 $y(t)$ 服从高斯分布，均值为信号瞬时值，方差为噪声平均功率，即 $a=s_o(T)=KR(0)=KE$，$\sigma_n^2=P_{n_o}=\dfrac{K^2N_0E}{2}$，因此抽样时刻接收信号的一维概率密度为

$$p(y\,|\,s_1)=\frac{1}{\sqrt{2\pi}\sigma_n}\exp\left[-\frac{(y-a)^2}{2\sigma_n^2}\right]$$

因此，发送为 $s_1(t)$ 错判为 $s_2(t)$ 的条件概率为

$$P(e \mid s_1) = P(y < V_d) = \int_{-\infty}^{V_d} \frac{1}{\sqrt{2\pi}\sigma_n} \exp\left[-\frac{(x-a)^2}{2\sigma_n^2}\right] dx$$

同理，发送 $s_2(t)$ 错判为 $s_1(t)$ 的条件概率为

$$P(e \mid s_2) = P(y > V_d) = \int_{V_d}^{\infty} \frac{1}{\sqrt{2\pi}\sigma_n} \exp\left[-\frac{(x+a)^2}{2\sigma_n^2}\right] dx$$

当 $P(0) = P(1) = 1/2$ 时，最佳判决门限为 $V_d = 0$。因此，平均误比特率为

$$P_b = P(s_1)P(e \mid s_1) + P(s_2)P(e \mid s_2) = Q\left(\sqrt{\frac{a^2}{\sigma_n^2}}\right) = Q\left(\sqrt{\frac{2E}{N_0}}\right)$$

式中，$a = KE$，$\sigma_n^2 = \dfrac{K^2 N_0 E}{2}$，$E = A^2 T$。

**注意**：确知信号（当发送信号已知时）经过匹配滤波器后进行抽样判决，信号抽样值为一个确定值。加性高斯白噪声（AWGN）经过匹配滤波器后进行抽样判决，噪声抽样值为一个均值为零的高斯随机变量。"确知信号+AWGN"经过匹配滤波器后进行抽样判决，抽样值为一个高斯随机变量，均值为信号抽样值，方差为噪声平均功率。

5-10  二进制双极性 PAM 系统的信息速率 $R_b = 10^6$ bit/s，信道传输过程中受到 AWGN 噪声干扰，噪声均值为 0，单边功率谱密度为 $N_0 = 10^{-10}$ W/Hz，采用匹配滤波器进行最佳接收。已知误比特率 $P_b = Q\left(\sqrt{\dfrac{2E_b}{N_0}}\right)$。如果误比特率 $P_b \leqslant 10^{-6}$，试计算接收端平均每比特能量和接收信号的平均功率。

**解**：由题目已知条件可知 $P_b = Q\left(\sqrt{\dfrac{2E_b}{N_0}}\right) \leqslant 10^{-6}$，查询 Q 函数表可得 $\sqrt{\dfrac{2E_b}{N_0}} \geqslant 4.753$。因为 $N_0 = 10^{-10}$ W/Hz，所以接收端平均每比特能量

$$E_b \geqslant 1.13 \times 10^{-9} \, \text{J}$$

又因为 $R_b = 10^6$ bit/s，接收端信号的平均功率为

$$P = E_b R_b \geqslant 1.13 \times 10^{-3} \, \text{W}$$

5-11  某基带信道具有滚降特性，截止频率为 5000Hz，其滚降系数 $\alpha = 1$。

（1）为了得到无码间干扰的信息接收，系统最大符号速率为多少？

（2）接收机采用什么样的时间间隔抽样，便可得到无串扰接收？

**解**：（1）由 $\left(\dfrac{R_s}{B}\right)_{\max} = \dfrac{2}{1+\alpha}$，可知系统最大符号速率为

$$(R_s)_{\max} = 5000 \, \text{Baud}$$

（2）接收机每隔一个码元周期完成一次抽样，所以抽样间隔为

$$T_s = 1/R_s = 0.2 \, \text{ms}$$

5-12  设基带传输系统的发送滤波器、信道及接收滤波器组成总特性为 $X(f)$，若要求以 $2/T_s$ 的符号速率进行数据传输，试检验图 5-8 各种 $X(f)$ 是否满足消除抽样点上码间干扰的条件？

**分析**：由奈奎斯特第一准则可知，如果 $X(f)$ 滚降中心频率点为 $B_N$，则无码间干扰的最大符号速率 $(R_s)_{\max} = 2B_N$。当符号速率大于 $2B_N$ 时，抽样时刻一定存在码间干扰。当符号速率等于 $2B_N$ 时，抽样时刻无码间干扰。

由无码间干扰传输条件 $X(f)$ 对应的冲激响应表达式容易得出：当符号速率 $R_s$ 小于 $(R_s)_{\max}$ 时，如果 $R_s$ 能够整除 $(R_s)_{\max}$，那么抽样时刻不存在码间干扰。

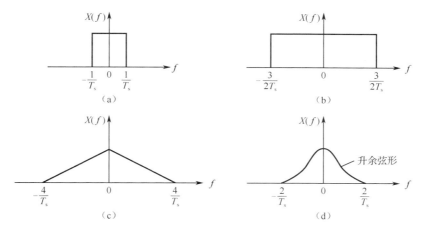

图 5-8　题 5-12 图

**解：** 图 5-8（a）中 $X(f)$ 滚降中心频率点 $B_N = 1/T_s$，所以无码间干扰的最大符号速率 $(R_s)_{max} = 2B_N = \dfrac{2}{T_s}$，所以当符号速率为 $2/T_s$ 时，$X(f)$ 可以满足消除抽样点上码间干扰的条件。

图 5-8（b）中 $X(f)$ 滚降中心频率点 $B_N = 3/(2T_s)$，所以无码间干扰的最大符号速率 $(R_s)_{max} = 2B_N = \dfrac{3}{T_s}$。而当符号速率为 $R_s = 2/T_s$ 时，因为 $(R_s)_{max} = \dfrac{3}{T_s}$ 不能被 $\dfrac{2}{T_s}$ 整除，所以图 5-8（b）中的 $X(f)$ 不可以满足消除抽样点上码间干扰的条件

图 5-8（c）中 $X(f)$ 滚降中心频率点 $B_N = 2/T_s$，所以无码间干扰的最大符号速率 $(R_s)_{max} = 2B_N = \dfrac{4}{T_s}$。所以当符号速率为 $2/T_s$ 时，$X(f)$ 可以满足消除抽样点上码间干扰的条件。

图 5-8（d）中 $X(f)$ 滚降中心频率点 $B_N = 1/T_s$，所以无码间干扰的最大符号速率 $(R_s)_{max} = 2B_N = \dfrac{2}{T_s}$。所以当符号速率为 $2/T_s$ 时，$X(f)$ 可以满足消除抽样点上码间干扰的条件。

5-13　为了传送符号速率 $R_s = 2 \times 10^3 \, \text{Baud}$ 的数字基带信号，试问系统采用图 5-9 中所画的哪一种传输特性比较好？并简要说明其理由。

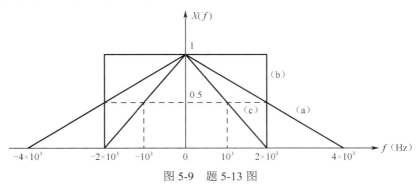

图 5-9　题 5-13 图

**解：** 由奈奎斯特第一准则可知，如果 $X(f)$ 滚降频率中心点为 $B_N$，则无码间干扰的最大符号速率 $(R_s)_{max} = 2B_N$。因为图 5-9（a）、（b）、（c）三种传输特性的滚降频率中心点分别为 $2 \times 10^3 \, \text{Hz}$、$2 \times 10^3 \, \text{Hz}$ 和 $10^3 \, \text{Hz}$，所以无码间干扰的最大符号速率分别为 $4 \times 10^3 \, \text{Baud}$、$4 \times 10^3 \, \text{Baud}$ 和 $2 \times 10^3 \, \text{Baud}$，因此三种传输特性都可以无码间干扰传送符号速率 $R_s = 2 \times 10^3 \, \text{Baud}$ 的数字基带信号。下面将从频带利用率、波形拖尾、实现难易程度三方面来比较。

（1）三种传输特性对应的频带利用率如下，可知（b）、（c）较好。

$$\eta_a = \frac{R_s}{B_a} = \frac{2 \times 10^3}{4 \times 10^3} = 0.5 \text{Baud/Hz}$$

$$\eta_b = \frac{R_s}{B_b} = \frac{2 \times 10^3}{1 \times 10^3} = 1 \text{Baud/Hz}$$

$$\eta_c = \frac{R_s}{B_c} = \frac{2 \times 10^3}{2 \times 10^3} = 1 \text{Baud/Hz}$$

（2）三种传输特性对应的单位冲激响应如下，可知（a）、（c）波形拖尾衰减较快，对定时要求可放松。

$$x_a(t) = 4 \times 10^3 \text{Sa}^2(4 \times 10^3 \pi t)$$
$$x_b(t) = 4 \times 10^3 \text{Sa}(4 \times 10^3 \pi t)$$
$$x_c(t) = 2 \times 10^3 \text{Sa}(2 \times 10^3 \pi t)$$

（3）从实现难易程度来看，（a）、（c）物理上相对容易实现。

综上所述，传输特性（c）比较好。

5-14  某 16 进制数字基带系统的发送滤波器、信道及接收滤波器组成总特性 $X(f)$ 为

$$X(f) = \begin{cases} 1 + \cos(10^{-5}\pi f), & |f| \leqslant 10^5 \\ 0, & \text{其他} \end{cases}$$

为了无码间干扰传输，试确定该系统最高符号速率 $R_s$、最高信息速率 $R_b$、最大的频带利用率和最小抽样间隔。

**解：**由 $X(f)$ 可知基带传输总特性是带宽为 $B = 10^5$ Hz、滚降系数为 $\alpha = 1$ 的升余弦特性。频带利用率为

$$\left( \frac{R_s}{B} \right)_{\max} = \frac{2}{1+\alpha} = 1 \text{Baud/Hz}$$

可知系统最大符号速率为

$$(R_s)_{\max} = 10^5 \text{Baud}$$

所以最小抽样间隔为

$$(T_s)_{\min} = 1/R_{s(\max)} = 10^{-5} \text{s}$$

在 16 进制数字基带系统中，$R_b = R_s \log_2 M = 4R_s$，所以最高信息速率为

$$(R_b)_{\max} = 4 \times 10^5 \text{bit/s}$$

5-15  数字基带系统的发送滤波器、信道及接收滤波器组成特性 $X(f)$ 如图 5-10 所示。当符号速率分别为 1000Baud、2000Baud、3000Baud、4000Baud 和 5000Baud 时，试验证图 5-10（a）和图 5-10（b）中的 $X(f)$ 是否满足消除抽样点上码间干扰的条件，并计算满足无码间干扰传输条件下的最大频带利用率。

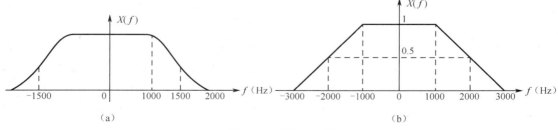

图 5-10  题 5-15 图

**解**：图 5-10（a）中 $X(f)$ 滚降中心频率点 $B_N = 1500\text{Hz}$，所以无码间干扰的最大符号速率 $(R_s)_{max} = 2B_N = 3000\text{Baud}$，所以当符号速率分别为 1000Baud 和 3000Baud 时，$X(f)$ 可以满足消除抽样点上码间干扰的条件。当符号速率为 2000Baud、4000Baud 和 5000Baud 时，$X(f)$ 不满足消除抽样点上码间干扰的条件。

因为 $(R_s)_{max} = 3000\text{Baud}$，所以最大频带利用率为

$$\eta = \frac{R_s}{B} = \frac{3000}{2000} = 1.5\text{Baud/Hz}$$

图 5-10（b）中 $X(f)$ 滚降中心频率点 $B_N = 2000\text{Hz}$，所以无码间干扰的最大符号速率 $(R_s)_{max} = 2B_N = 4000\text{Baud}$，当符号速率分别为 1000Baud、2000Baud 和 4000Baud 时，$X(f)$ 可以满足消除抽样点上码间干扰的条件。当符号速率为 3000Baud 和 5000Baud 时，$X(f)$ 不满足消除抽样点上码间干扰的条件。

因为 $(R_s)_{max} = 4000\text{Baud}$，所以最大频带利用率为

$$\eta = \frac{R_s}{B} = \frac{4000}{3000} = \frac{4}{3}\text{Baud/Hz}$$

**注意**：如果数字基带传输特性具有滚降特性，则符号速率满足一定条件时，可以无码间干扰传输。设滚降中心频率点为 $B_N$，则无码间干扰传输的最大符号速率 $(R_s)_{max} = 2B_N$。当符号速率 $R_s$ 能够整除 $(R_s)_{max}$ 时，也能够无码间干扰传输。

5-16 设某基带系统的频率特性是截止频率为 100kHz 的理想低通滤波器，当符号速率分别为 100kBaud、200kBaud 和 400kBaud 时，此系统是否有码间干扰？无码间干扰时的频带利用率为多少？

**解**：因为 $X(f)$ 是截止频率为 100kHz 的理想低通滤波器，滚降频率中心点 $B_N = 100\text{kHz}$，因此无码间干扰的最大符号速率 $(R_s)_{max} = 200\text{kBaud}$。则当符号速率为 100kBaud 和 200kBaud 时，$X(f)$ 可以满足消除抽样点上码间干扰的条件；当 400kBaud 时存在码间干扰。

当符号速率分别为 100kBaud、200kBaud 时，频带利用率分别为

$$\frac{R_s}{B} = \frac{100}{100} = 1\text{Baud/Hz}，\qquad \frac{R_s}{B} = \frac{200}{100} = 2\text{Baud/Hz}$$

5-17 已知某信道的截止频率为 1MHz，信道中传输 8 电平数字基带信号，若传输函数采用滚降因子 $\alpha = 0.5$ 的余弦滤波器，试求其最高信息传输速率。

**解**：因为

$$\left(\frac{R_s}{B}\right)_{max} = \frac{2}{1+\alpha} = \frac{4}{3}\text{Baud/Hz}$$

因为信道中传输 8 电平数字基带信号，所以

$$\left(\frac{R_b}{B}\right)_{max} = \log_2 M\left(\frac{R_s}{B}\right)_{max} = 4\text{bit/s/Hz}$$

因为信道的截止频率为 1MHz，则最高信息传输速率为

$$(R_b)_{max} = 4B = 4\text{Mbit/s}$$

5-18 对 10 路模拟信号抽样之后进行 $A$ 律 13 折线编码，经过时分多路复用得到信息速率为 $R_b$ 的二进制序列，然后通过滚降系数 $\alpha = 1$、截止频率为 640kHz 的升余弦滤波器后送入信道进行无码间干扰传输。

（1）求该系统的最大信息传输速率。

（2）求允许每路模拟信号的最高频率。

**解**：（1）由无码间干扰传输理论可知

$$(R_s)_{max} = \frac{2B}{1+\alpha} = 640\text{kBaud}$$

因为采用二进制序列，所以该系统的最大信息传输速率为

$$(R_b)_{max} = (R_s)_{max} = 640\text{kbit/s}$$

（2）因为时分多路复用的信息速率 $R_b = n \cdot l \cdot f_s$，而 $f_s \geq 2f_H$，$n = 10$，$l = 8$，所以允许每路模拟信号的最高频率为

$$f_H = 4000\text{Hz}$$

5-19　4PAM 基带信号的产生框图如图 5-11 所示，信息传输速率 $R_b = 10^6\text{bit/s}$，假设幅度序列 $\{a_n\}$ 独立等概率出现 $-3, -1, +1, +3$。

（1）如果发送滤波器的单位冲激响应 $g_T(t) = \begin{cases} 1, & 0 \leq t \leq T_s \\ 0, & \text{其他} \end{cases}$，画出 4PAM 基带信号 $s(t)$ 的功率谱密度，写出 $s(t)$ 的第一零点带宽。

（2）如果发送滤波器采用滚降系数 $\alpha = 0.5$ 的根号升余弦滤波器，即传输函数 $G_T(f) = \sqrt{X_{rc}(f)}$，画出 4PAM 基带信号 $s(t)$ 的功率谱密度，写出 $s(t)$ 的带宽。

图 5-11　题 5-19 图

**解**：（1）$\{a_n\}$ 独立等概取 4 个可能值 $\pm 1, \pm 3$，即 $m_a = 0$，方差 $\sigma_a^2 = \frac{1}{4}[(1^2 + 3^2) \times 2] = 5$，$g_T(t)$ 的幅频特性为

$$|G_T(f)| = T_s\left[\frac{\sin \pi f T_s}{\pi f T_s}\right] = T_s\text{Sa}(\pi f T_s)$$

因为 $R_s = 5 \times 10^5$ 波特，即 $T_s = 2 \times 10^{-6}\text{s}$，所以功率谱密度为

$$P_s(f) = \frac{\sigma_a^2}{T_s}|G_T(f)|^2 = 10^{-5}\text{Sa}^2(2 \times 10^{-6}\pi f)$$

采用矩形脉冲的 4PAM 基带信号 $s(t)$ 的功率谱密度如图 5-12 所示。

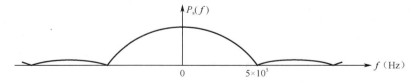

图 5-12　采用矩形脉冲的 4PAM 基带信号 $s(t)$ 的功率谱密度

可见，$s(t)$ 的第一零点带宽为 $B = \frac{1}{T_s} = 5 \times 10^5\text{Hz}$。

（2）当发送滤波器传输函数为 $G_T(f) = \sqrt{X_{rc}(f)}$ 时，功率谱密度为

$$P_s(f) = \frac{\sigma_a^2}{T_s}|G_T(f)|^2 = 2.5 \times 10^6 X_{rc}(f)$$

因 $R_s = 5 \times 10^5$ 波特，所以 $X_{rc}(f)$ 的滚降频率特性的中心频点为 $B_N = 2.5 \times 10^5\text{Hz}$。截止频率点

（即带宽）为 $B = (1+\alpha)B_{\mathrm{N}} = 3.75 \times 10^5\mathrm{Hz}$ 。采用滚降频谱的 4PAM 基带信号 $s(t)$ 的功率谱密度如图 5-13 所示。

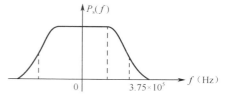

图 5-13 采用滚降频谱的 4PAM 基带信号 $s(t)$ 的功率谱密度

$s(t)$ 的带宽为 $B = (1+\alpha)B_{\mathrm{N}} = 3.75 \times 10^5\mathrm{Hz}$ 。

**注意**：当符号序列中的各符号不相关时，基带传输系统中的发送滤波器传输特性（或者单位冲激响应）决定了信道传输的信号波形。常见的信号传输波形有两种，一是矩形脉冲，二是相对于抽样判决时刻的无码间干扰波形。矩形脉冲的大部分功率集中在频谱的第一零点内，通常用第一零点带宽来定义信号带宽，矩形脉冲的第一零点带宽为 $B = 1/\tau$ ；而无码间干扰波形为带限信号，带宽为 $B = (1+\alpha)B_{\mathrm{N}}$ 。

**5-20** 设计一个 MPAM 数字基带系统，已知在带宽为 2400Hz 的理想带限 AWGN 信道上进行无码间干扰传输，信息速率 $R_{\mathrm{b}} = 14.4\mathrm{kbit/s}$ ，试画出最佳基带传输系统的框图。

**解**：由题目已知条件可知 $R_{\mathrm{b}} = 14.4\mathrm{kbit/s}$ ， $B = 2400\mathrm{Hz}$ 。无码间干扰传输需要的条件为

$$\frac{R_{\mathrm{b}}}{B} = \frac{R_{\mathrm{s}}}{B}\log_2 M = \frac{2}{1+\alpha}\log_2 M$$

满足条件的有多种选择：进制数 $M=8$ 、滚降因子 $\alpha = 0$ ；进制数 $M=16$ 、滚降因子 $\alpha = 1/3$ ；进制数 $M=32$ 、滚降因子 $\alpha = 2/3$ ；进制数 $M=64$ 、滚降因子 $\alpha = 1$ 。

选取进制数 $M=16$ 、滚降因子 $\alpha = 1/3$ ，最佳基带传输系统框图如图 5-14 所示，其中发送滤波器和接收滤波器均采用 $\alpha = 1/3$ 的根号升余弦滚降特性的滤波器。

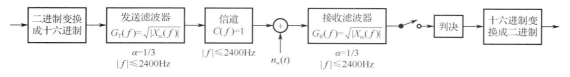

图 5-14 最佳基带传输系统框图

**5-21** 一个 MPAM 数字基带系统的发送滤波器、信道及接收滤波器组成总特性为 $X(f)$ 的基带传输特性， $X(f)$ 是截止频率为 3000Hz 的升余弦滚降频率特性。

（1）当滚降系数为 0.25 时，求该系统无码间干扰传输的最大符号速率。如果 MPAM 的进制数 $M=8$ ，写出对应的信息速率。

（2）当滚降系数为 0.5 时，求该系统无码间干扰传输的最大符号速率。如果 MPAM 的进制数 $M=16$ ，写出对应的信息速率。

**解**：（1）由无码间干扰传输理论可知

$$(R_{\mathrm{s}})_{\max} = \frac{2B}{1+\alpha} = 4800\mathrm{Baud}$$

当 $M=8$ 时，对应的信息速率为 $R_{\mathrm{b}} = R_{\mathrm{s}}\log_2 M = 14400\mathrm{bit/s}$ 。

（2）
$$(R_{\mathrm{s}})_{\max} = \frac{2B}{1+\alpha} = 4000\mathrm{Baud}$$

当 $M=16$ 时，对应的信息速率为 $R_{\mathrm{b}} = R_{\mathrm{s}}\log_2 M = 16000\mathrm{bit/s}$ 。

**5-22** 一个部分响应系统如图 5-15 所示，假设输入的数据序列 $\{b_n\} = 10110$ 。

（1）试写出序列 $\{d_n\}$ 、 $\{a_n\}$ 、 $\{c_n\}$ ；

（2）如果不考虑信道噪声影响，如何通过 $\{c_n\}$ 估计出数据序列 $\{b_n\}$ ？如果考虑信道 AWGN 噪声影响，如何确定判决规则？

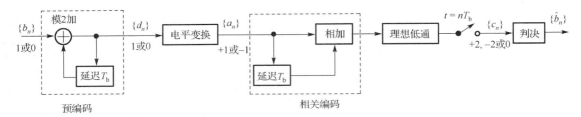

图 5-15  加预编码的第 I 类部分响应系统

**解：**（1）预编码的输入输出关系式为 $d_n = b_n \oplus d_{n-1}$，电平变换的输入输出关系式为 $a_n = 2d_n - 1$，相关编码的输入输出关系式为 $c_n = a_n + a_{n-1}$。部分响应系统的预编码器输出、抽样序列及其判决输出如表 5-2 所示。

表 5-2  预编码器输出、抽样序列及其判决输出

| 输入数据序列 $\{b_n\}$ | | 1 | 0 | 1 | 1 | 0 |
|---|---|---|---|---|---|---|
| 预编码器输出 $\{d_n\}$ | (0) | 1 | 1 | 0 | 1 | 1 |
| 二电平序列 $\{a_n\}$ | −1 | +1 | +1 | −1 | +1 | +1 |
| 抽样序列 $\{c_n\}$ | | 0 | 2 | 0 | 0 | 2 |
| 判决输出 $\{\hat{b}_n\}$ | | 1 | 0 | 1 | 1 | 0 |

（2）如果不考虑信道噪声，判决准则为：如果 $c_n = \pm 2$，则判决 $\hat{b}_n = 0$；如果 $c_n = 0$，则判决 $\hat{b}_n = 1$。判决输出如表 5-2 最后一行所示。

如果考虑信道噪声，判决准则为：$|c_n| \leqslant 1$，则判决 $\hat{b}_n = 1$；$|c_n| > 1$，则判为 0。

5-23  第 I 类部分响应系统输出信号 $s(t)$ 为 $s(t) = \sum\limits_{n=-\infty}^{\infty} c_n g_T(t - nT_b)$，其中 $c_n = a_n + a_{n-1}$，二电平序列 $\{a_n\}$ 的取值为+1 或-1，独立等概出现。$g_T(t)$ 的幅频特性为

$$|G_T(f)| = \begin{cases} T_b, & 0 \leqslant f \leqslant \dfrac{1}{2T_b} \\ 0, & \text{其他} \end{cases}$$

计算 $s(t)$ 的功率谱密度。

**解：**二电平序列 $\{a_n\}$ 的取值为+1 或-1，独立等概出现，则

$$R_a(m) = E[a_n a_{n+m}] = \delta(m) = \begin{cases} 1, & m = 0 \\ 0, & m \neq 0 \end{cases}$$

$\{c_n\}$ 序列的自相关函数为

$$\begin{aligned}
R_c(m) &= E[c_n c_{n+m}] = E[(a_n + a_{n-1})(a_{n+m} + a_{n+m-1})] \\
&= E(a_n a_{n+m}) + E(a_n a_{n+m-1}) + E(a_{n-1} a_{n+m}) + E(a_{n-1} a_{n+m-1}) \\
&= R_a(m) + R_a(m-1) + R_a(m+1) + R_a(m) \\
&= \begin{cases} 2, & m = 0 \\ 1, & m = \pm 1 \\ 0, & \text{其他} \end{cases}
\end{aligned}$$

随机序列 $\{c_n\}$ 的功率谱密度为

$$\begin{aligned}
P_c(f) &= \sum_{m=-\infty}^{\infty} R_c(m) e^{-j2\pi f m T_b} = 2 + e^{j2\pi f T_b} + e^{-j2\pi f T_b} \\
&= 2 + 2\cos(2\pi f T_b)
\end{aligned}$$

所以 $s(t) = \sum\limits_{n=-\infty}^{\infty} c_n g_{\mathrm{T}}(t - nT_{\mathrm{b}})$ 的功率谱密度为

$$P_{\mathrm{s}}(f) = \frac{1}{T_{\mathrm{b}}} P_c(f) \left| G_{\mathrm{T}}(f) \right|^2 = \begin{cases} T_{\mathrm{b}}[2 + 2\cos(2\pi f T_{\mathrm{b}})], & 0 \leqslant f \leqslant \dfrac{1}{2T_{\mathrm{b}}} \\ 0, & \text{其他} \end{cases}$$

5-24　有 10 路独立信源，对每路信号进行抽样、量化和二进制编码得到 PCM 信号，然后采用时分复用的方式进行传输。已知抽样频率为 8kHz，量化级数 $M = 512$。

（1）求 TDM-PCM 编码输出的信息速率；

（2）如果采用十六进制基带传输，脉冲形状采用占空比为 0.5 的矩形脉冲，试计算传输信号的第一零点带宽；

（3）如果采用十六进制基带传输，采用无码间干扰波形，试计算传输信号的最小带宽；

（4）如果采用十六进制基带传输，脉冲形状采用滚降系数 $\alpha = 1$ 的无码间干扰波形，试计算传输信号的最小带宽。

解：（1）TDM-PCM 编码输出的信息速率为

$$R_{\mathrm{b}} = n \cdot l \cdot f_{\mathrm{s}} = 10 \times \log_2 512 \times 8000 = 720000 \,\text{bit/s}$$

（2）采用十六进制基带传输时的符号速率为

$$R_{\mathrm{s}} = R_{\mathrm{b}}/4 = 180000 \,\text{Baud}$$

脉冲形状采用占空比为 0.5 的矩形脉冲，则传输信号的第一零点带宽为

$$B = \frac{1}{\tau} = \frac{2}{T_{\mathrm{s}}} = 2R_{\mathrm{s}} = 360000 \,\text{Hz}$$

（3）采用无码间干扰波形时的最大码元频带利用率为

$$\left( \frac{R_{\mathrm{s}}}{B} \right)_{\max} = 2 \,\text{Baud/Hz}$$

所以传输信号的最小带宽

$$B = R_{\mathrm{s}}/2 = 90000 \,\text{Hz}$$

（4）脉冲形状采用滚降系数 $\alpha = 1$ 的无码间干扰波形对应的频带利用率为

$$\left( \frac{R_{\mathrm{s}}}{B} \right)_{\max} = \frac{2}{1 + \alpha} = 1 \,\text{Baud/Hz}$$

所以传输信号的最小带宽为

$$B = R_{\mathrm{s}} = 180000 \,\text{Hz}$$

5-25　已知信息速率 $R_{\mathrm{b}} = 3.84 \times 10^6 \,\text{bit/s}$，采用 4PAM 基带传输，幅度独立等概地取 -3，-1，1 和 3，发送滤波器采用滚降系数 $\alpha = 0.25$ 的根号升余弦滤波器，试计算最小传输带宽，并画出信道传输信号的功率谱密度示意图。

解：因为采用 4PAM 基带传输，所以

$$R_{\mathrm{s}} = R_{\mathrm{b}}/2 = 1.92 \times 10^6 \,\text{Baud}$$

由 $\left( \dfrac{R_{\mathrm{s}}}{B} \right)_{\max} = \dfrac{2}{1 + \alpha} \,\text{Baud/Hz}$，可得最小传输带宽为

$$B_{\min} = \frac{R_{\mathrm{s}}(1 + \alpha)}{2} = 1.2 \times 10^6 \,\text{Hz}$$

因 $R_{\mathrm{s}} = 1.92 \times 10^6 \,\text{Baud}$，所以滚降特性的 $X_{\mathrm{rc}}(f)$ 的滚降频率特性的中心频点在 $9.6 \times 10^5 \,\text{Hz}$。信道传输信号的功率谱密度示意图如图 5-16 所示。

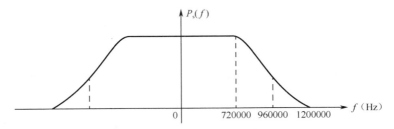

图 5-16 功率谱密度示意图

**5-26** 已知二进制序列的信息速率为 $R_b$，采用单极性 2PAM 基带信号进行传输，一个码元间隔内的波形为

$$s_i(t) = \begin{cases} s_1(t) = a, & \text{发 "1" 时} \\ s_2(t) = 0, & \text{发 "0" 时} \end{cases}, \quad 0 \leq t \leq T_b$$

假设二进制序列 "0" 和 "1" 的出现概率相同，且互不相关。计算平均比特能量信号和平均功率。

**解：** 平均比特能量为

$$E_b = \frac{E_1 + E_2}{2} = \frac{a^2 T_b + 0}{2} = \frac{a^2 T_b}{2} = \frac{a^2}{2R_b}$$

信号平均功率为

$$P = E_b R_b = \frac{a^2}{2}$$

**5-27** AMI 码的信号表达式为 $s(t) = \sum_{n=-\infty}^{\infty} a_n g_T(t - nT_b)$。编码规则为：将二进制信息序列中的 "0" 编为 AMI 码的 "0"，"1" 交替变换为 AMI 码中 +1、−1。已知 AMI 码中的符号序列的自相关函数为

$$R_a(m) = \begin{cases} 0.5, & m = 0 \\ -0.25, & m = \pm 1 \\ 0, & \text{其他} \end{cases}$$

（1）写出 AMI 码中的符号序列的功率谱密度。

（2）当 $g_T(t)$ 采用半占空归零矩形脉冲时，求 AMI 码的平均功率谱密度，并说明 AMI 码的第一零点带宽。

**解：**

（1）符号序列的功率谱密度为

$$P_a(f) = \sum_{m=-\infty}^{\infty} R_a(m) e^{-j2\pi fmT_b} = 0.5 - 0.25(e^{j2\pi fT_b} + e^{-j2\pi fT_b}) = 0.5(1 - \cos 2\pi fT_b) = \sin^2(\pi fT_b)$$

（2）$g_T(t)$ 采用半占空归零矩形脉冲时，能量谱密度为

$$|G_T(f)|^2 = \frac{T_b^2}{4} \mathrm{Sa}^2\left(\frac{\pi fT_b}{2}\right) = \frac{T_b^2}{4} \mathrm{sinc}^2\left(\frac{fT_b}{2}\right)$$

所以，AMI 码的平均功率谱密度为

$$P_s(f) = \frac{1}{T_b} P_a(f) |G_T(f)|^2 = \frac{T_b}{4} \sin^2(\pi fT_b) \mathrm{sinc}^2\left(\frac{fT_b}{2}\right)$$

当 $f = 1/T_b$ 时，$P_a(f)$ 取第一零点；当 $f = 2/T_b$ 时，$|G_T(f)|^2$ 取第一零点。因此 AMI 码的第一零点带宽为

$$B = 1/T_b$$

# 第6章  数字信号的频带传输

6-1  已知传送的数字信息为 1101001，信息速率为 $10^3$ bit/s，基带信号采用矩形不归零脉冲，载波信号为 $\cos(4\pi \times 10^3 t)$。

（1）试画出 2ASK、2PSK 信号的波形示意图。

（2）试画出 2ASK、2PSK 信号的功率谱密度示意图（设 0 和 1 等概率出现）。

（3）求 2ASK 信号、2PSK 信号的主瓣带宽。

**解**：（1）2ASK、2PSK 信号的波形示意图如图 6-1 所示。

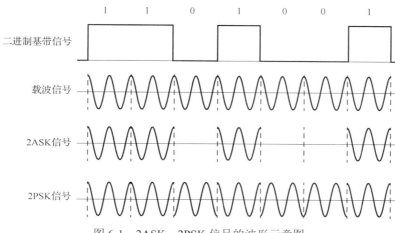

图 6-1  2ASK、2PSK 信号的波形示意图

（2）2ASK 信号的功率谱密度示意图如图 6-2 所示。

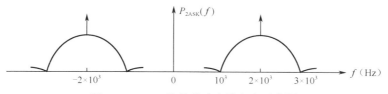

图 6-2  2ASK 信号的功率谱密度示意图

2PSK 信号的功率谱密度示意图如图 6-3 所示。

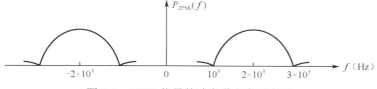

图 6-3  2PSK 信号的功率谱密度示意图

（3）由功率谱密度示意图可知，2ASK 信号、2PSK 信号的主瓣带宽为

$$B_{2\mathrm{ASK}} = B_{2\mathrm{PSK}} = \frac{2}{T_s} = 2R_b = 2 \times 10^3 \ \mathrm{Hz}$$

6-2  如果 2FSK 调制系统的符号速率为 1200Baud，数字信息为"1"和发"0"时的波形分别

为 $s_1(t) = \cos(7200\pi t)$ 及 $s_2(t) = \cos(12000\pi t)$。

（1）若发送的数字信息为 10011，试画出 2FSK 信号的波形；

（2）若发送数字信息是等可能的，试画出它的功率谱示意图；

（3）计算 2FSK 信号的近似带宽。

**解：**（1）2FSK 信号波形如图 6-4 所示。

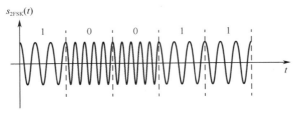

图 6-4　2FSK 信号波形

（2）2FSK 信号的功率谱示意图如图 6-5 所示。

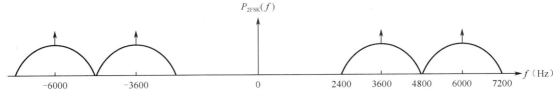

图 6-5　2FSK 信号的功率谱示意图

（3）2FSK 信号的近似带宽为

$$B_{2FSK} \approx |f_2 - f_1| + 2R_s = (6000 - 3600) + 2 \times 1200 = 4800\text{Hz}$$

6-3　2PSK 系统发送端如图 6-6 所示。已知二进制符号序列 $\{a_n\}$ 的符号速率为 $10^6$ 波特，脉冲形成低通滤波器采用 $\alpha=0.5$ 的根号升余弦滤波器，载波频率 $f_c = 10^{10}\text{Hz}$，试画出基带信号 $\sum\limits_{n=-\infty}^{\infty} a_n g(t - nT_b)$ 和 2PSK 信号的功率谱密度示意图，并计算 2PSK 信号的带宽。

**解：**（1）基带信号的功率谱密度为

$$P(f) = \frac{\sigma_a^2}{T_s}\left|G_T(f)\right|^2 = \frac{\sigma_a^2}{T_s}\left|\sqrt{X_{rc}(f)}\right|^2 = \frac{\sigma_a^2}{T_s}\left|X_{rc}(f)\right|$$

根据奈奎斯特第一准则可知，符号速率为 $10^6$ 波特时，基带传输特性的滚降频率中心点在 $B_N = R_s/2 = 5 \times 10^5 \text{Hz}$。由 $B_{基带} = B_N(1+\alpha)$ 可得基带信号带宽为 $7.5 \times 10^5 \text{Hz}$。基带信号功率谱密度示意图如图 6-7 所示。

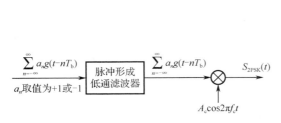

图 6-6　题 6-3 图

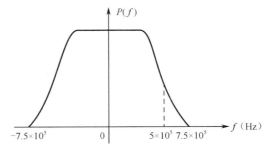

图 6-7　基带信号的功率谱密度示意图

（2）将基带信号的功率谱密度从零频搬移到载波，得到 2PSK 信号的功率谱密度示意图如图 6-8 所示。

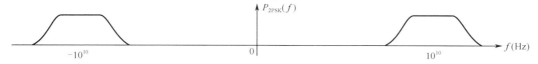

图 6-8　2PSK 信号的功率谱密度示意图

（3）基带信号的带宽为

$$B = (1+\alpha)R_s/2 = 7.5 \times 10^5 \, \text{Hz}$$

2PSK 信号带宽是基带信号的 2 倍，所以

$$B_{\text{PSK}} = 1.5 \times 10^6 \, \text{Hz}$$

**6-4**　已知传送的数字信息为 10001101，基带信号采用矩形不归零脉冲。

（1）试画出 4ASK 和 4PSK 信号的波形示意图。

（2）设信息速率为 $10^6$ bit/s，试计算 4ASK 信号和 4PSK 信号功率谱的主瓣带宽。

**解：**（1）设 4ASK 的幅度与双比特对应关系为

$$10 \to +3a, 11 \to +a, 01 \to -a, 00 \to -3a$$

4PSK 的相位与双比特对应关系为

$$10 \to -\frac{\pi}{2}, 11 \to 0, 01 \to \frac{\pi}{2}, 00 \to \pi$$

4ASK 和 4PSK 信号波形示意图如图 6-9 所示。

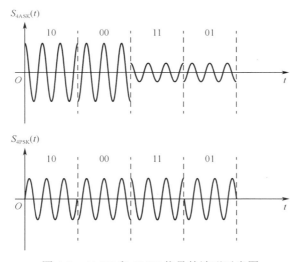

图 6-9　4ASK 和 4PSK 信号的波形示意图

（2）符号速率为

$$R_s = \frac{R_b}{\log_2 4} = \frac{10^6}{2} = 5 \times 10^5 \, \text{Baud}$$

基带信号采用矩形不归零脉冲时，PSK 信号和 ASK 信号的功率谱的主瓣宽度为

$$B = 2R_s = 1 \times 10^6 \, \text{Hz}$$

**6-5**　已知 4PSK 信号产生的原理图如图 6-10 所示。假设数字基带信号波形采用矩形不归零脉冲。

（1）写出双比特码元和载波相位的对应关系。

（2）计算 4PSK 系统的信息频带利用率。

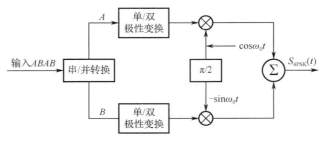

图6-10 题6-5图

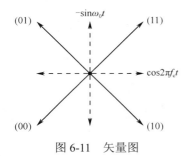

图6-11 矢量图

**解：**

（1）4进制符号对应2个比特，用 $AB$ 表示，串并变换之后，$A$ 走上支路，$B$ 走下支路。设 $AB$ 为10，单极性变成双极性后为+1-1，上支路的+1和 $\cos 2\pi f_c t$ 相乘，下支路的的-1和 $-\sin 2\pi f_c t$ 相乘，加法器输出为 $\cos 2\pi f_c t + \sin 2\pi f_c t = \sqrt{2}\cos(2\pi f_c t - \pi/4)$，可见基带信号为"10"时对应4PSK信号相位 $-\pi/4$。类似可得到基带信号为00、01、11时对应的4PSK信号的相位。双比特码元和载波相位的对应关系如表6-1所示，也可以用矢量图表示，如图6-11所示。

表6-1 双比特码元与载波相位的关系

| 双比特码元 | 载波相位 $\theta_i$ |
|---|---|
| 0 0 | $-3\pi/4$ |
| 1 0 | $-\pi/4$ |
| 1 1 | $\pi/4$ |
| 0 1 | $3\pi/4$ |

（2）符号速率为 $R_s = \dfrac{R_b}{\log_2 4}$。基带信号采用矩形不归零脉冲时，PSK信号功率谱的主瓣宽度 $B = 2R_s$，所以4PSK系统的信息频带利用率为

$$\frac{R_b}{B} = 1 \text{bps/Hz}$$

6-6 已知信息传输速率为 $10^6$ bit/s，采用 4ASK 调制方式的理论最小传输带宽为多少？采用16PSK信号的理论最小传输带宽为多少？

**解：**（1）4ASK信号可以看作4PAM基带信号与余弦载波相乘，带宽为4PAM基带信号带宽的2倍。

因4PAM基带信号的码元频带利用率为 $\dfrac{R_s}{B} = \dfrac{2}{1+\alpha}$ Baud/Hz，所以4ASK信号的码元频带利用率为 $\dfrac{R_s}{B} = \dfrac{1}{1+\alpha}$ Baud/Hz，则4ASK信号的信息频带利用率为

$$\frac{R_b}{B} = \frac{1}{1+\alpha}\log_2 M \text{ bps/Hz}$$

当 $\alpha = 0$ 时，信息频带利用率最大，$(R_b/B)_{\max} = \log_2 M$，所以4ASK信号的理论最小传输带宽为

$$B = \frac{R_b}{\log_2 M} = 5 \times 10^5 \text{Hz}$$

（2）如果基带信号采用无码间干扰波形，PSK的信息频带利用率为

$$\frac{R_{\text{b}}}{B} = \frac{1}{1+\alpha}\log_2 M \text{ bps/Hz}$$

当 $\alpha = 0$ 时，信息频带利用率最大，$(R_{\text{b}}/B)_{\max} = \log_2 M$。所以 16PSK 信号的理论最小传输带宽为

$$B = \frac{R_{\text{b}}}{\log_2 M} = 2.5 \times 10^5 \text{ Hz}$$

6-7 已知归一化正交基函数为

$$f_1(t) = \sqrt{\frac{2}{E_{\text{g}}}} g_{\text{T}}(t) \cos 2\pi f_{\text{c}} t, \quad 0 \leq t \leq T_{\text{s}}$$

$$f_2(t) = -\sqrt{\frac{2}{E_{\text{g}}}} g_{\text{T}}(t) \sin 2\pi f_{\text{c}} t, \quad 0 \leq t \leq T_{\text{s}}$$

由 $f_1(t)$ 和 $f_2(t)$ 组成二维信号空间。写出该信号空间的点（1，-1）所对应的信号波形 $s(t)$ 的表达式，并计算信号 $s(t)$ 的能量。

**解**：如果在信号空间中的点用矢量表示为 $s = [s_1, s_2, \cdots, s_N]$，则对应的信号波形为 $s(t) = \sum_{k=1}^{N} s_k \cdot f_k(t)$，因此二维信号空间的点（1，-1）所对应的信号表达式为

$$s(t) = 1 \times f_1(t) + (-1) \times f_2(t)$$

$$= \sqrt{\frac{2}{E_{\text{g}}}} g_{\text{T}}(t) \cos 2\pi f_{\text{c}} t + \sqrt{\frac{2}{E_{\text{g}}}} g_{\text{T}}(t) \sin 2\pi f_{\text{c}} t, \quad 0 \leq t \leq T_{\text{s}}$$

信号波形 $s(t)$ 的能量为矢量长度的平方，因此 $s(t)$ 的能量为

$$E_{\text{s}} = 1^2 + (-1)^2 = 2$$

6-8 2PSK 信号波形表达式为

$$s_i(t) = \begin{cases} s_1(t) = \sqrt{\dfrac{2E_{\text{b}}}{T_{\text{b}}}} \cos 2\pi f_{\text{c}} t, & \text{"传号"} \\ s_2(t) = -\sqrt{\dfrac{2E_{\text{b}}}{T_{\text{b}}}} \cos 2\pi f_{\text{c}} t, & \text{"空号"} \end{cases}, \quad 0 \leq t \leq T_{\text{b}}$$

（1）试写出标准正交基函数，画出信号星座图。

（2）计算信号点之间的欧氏距离。

（3）计算两信号之间的归一化相关系数、两信号的能量、平均比特能量。

（4）设发送信号等概率出现，在信道传输过程中受到 AWGN 干扰，画出最佳接收机结构，并确定判决准则。

（5）假设 AWGN 噪声均值为 0，功率谱密度为 $N_0/2$。当发送信号为 $s_1(t)$ 时，写出错判概率 $P(e \,|\, s_1)$ 的表达式。

（6）设发送信号等概率出现，推导 2PSK 系统平均误比特率公式。

**解**：（1）标准正交基函数为

$$f_1(t) = \frac{s_1(t)}{\sqrt{E_1}} = \sqrt{\frac{2}{T_{\text{b}}}} \cos 2\pi f_{\text{c}} t, \quad 0 \leq t \leq T_{\text{b}}$$

因为

$$s_1(t) = \sqrt{E_{\text{b}}} f_1(t), \quad s_2(t) = -\sqrt{E_{\text{b}}} f_1(t)$$

所以，发送信号星座图如图 6-12 所示。

（2）信号点之间的欧氏距离为

$$d_{12} = 2\sqrt{E_b}$$

（3）两信号之间的归一化相关系数为

$$\rho_{12} = \frac{\boldsymbol{s}_1 \cdot \boldsymbol{s}_2}{\sqrt{E_1}\sqrt{E_2}} = -1$$

两信号的能量分别为 $\qquad E_1 = E_b, E_2 = E_b$

平均比特能量为 $\qquad \dfrac{E_1 + E_2}{2} = E_b$

（4）该系统的最佳接收机如图 6-13 所示。

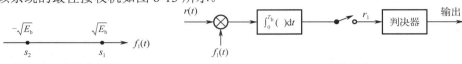

图 6-12  发送信号星座图 　　　　图 6-13  最佳接收机

由发送信号星座图，根据最小欧式距离判决准则，可以得到判决准则为：当 $r_1 \geqslant 0$ 时，判发送 $s_1$；否则判发送 $s_2$。

（5）因为似然函数为

$$p(r_1 \mid s_1) = \frac{1}{\sqrt{\pi N_0}} \exp\left[ -\frac{(r - \sqrt{E_b})^2}{N_0} \right]$$

所以当发送信号为 $s_1(t)$ 时，错判概率 $P(e \mid s_1)$ 为

$$P(e \mid s_1) = \int_{-\infty}^{0} p(r_1 \mid s_1)\mathrm{d}r_1 = Q\left( \sqrt{\frac{2E_b}{N_0}} \right)$$

（6）2PSK 系统的平均误比特率为

$$
\begin{aligned}
P_b &= P(\boldsymbol{s}_1)P(e \mid \boldsymbol{s}_1) + P(\boldsymbol{s}_2)P(e \mid \boldsymbol{s}_2) \\
&= P(\boldsymbol{s}_1)\int_{-\infty}^{0} p(r_1 \mid s_1)\mathrm{d}r_1 + P(\boldsymbol{s}_2)\int_{0}^{\infty} p(r_1 \mid s_2)\mathrm{d}r_1 \\
&= Q\left( \sqrt{\frac{2E_b}{N_0}} \right)
\end{aligned}
$$

**注意**：在标准正交基函数构成的信号空间中，一个信号对应空间中的一个点，该信号的能量为该信号点与零点之间距离的平方（即矢量长度的平方）。在用信号空间分析最佳接收时，需要关注发送信号的维数和最佳接收机的支路数之间的关系。特别需要注意的是，"发送信号+AWGN"和"标准正交基函数"进行相关计算后，各支路的抽样值服从高斯分布，均值为发送信号的对应坐标值，方差为 $N_0/2$。

6-9  4ASK 信号波形表示式为

$$
s_i(t) = \begin{cases}
s_1(t) = -3a\sqrt{\dfrac{2}{E_g}}g_T(t)\cos 2\pi f_c t \\[2mm]
s_2(t) = -a\sqrt{\dfrac{2}{E_g}}g_T(t)\cos 2\pi f_c t \\[2mm]
s_3(t) = a\sqrt{\dfrac{2}{E_g}}g_T(t)\cos 2\pi f_c t \\[2mm]
s_4(t) = 3a\sqrt{\dfrac{2}{E_g}}g_T(t)\cos 2\pi f_c t
\end{cases}, \quad 0 \leqslant t \leqslant T_s
$$

式中，$g_T(t)$ 的能量为 $E_g$，$E_g = \int_0^{T_s} g_T^2(t)\mathrm{d}t$。

（1）试写出标准正交基函数，画出 4ASK 信号的星座图；

（2）计算信号点之间的最小欧氏距离；

（3）计算平均符号能量 $E_s$ 和平均比特能量 $E_b$。

（4）分别利用匹配滤波器或者相关器，画出 2 种最佳接收机结构。

（5）设发送信号 $s_i(t), i=1,2,3,4$ 等概率出现，在信道传输过程中受到 AWGN 干扰，噪声均值为 0，功率谱密度为 $N_0/2$。当发送信号为 $s_1(t)$ 时，写出似然函数的表达式，写出错判概率 $P(e\,|\,\boldsymbol{s}_1)$ 的表达式。

（6）设发送信号等概率出现，计算平均误比特率。

**解：**（1）标准正交基函数 $f_1(t)$ 为

$$f_1(t) = \frac{s_3(t)}{\sqrt{E_3}} = \sqrt{\frac{2}{E_g}}\, g_T(t)\cos 2\pi f_c t, \quad 0 \leqslant t \leqslant T_s$$

4ASK 信号波形的信号空间图如图 6-14 所示。其中 $d_{\min} = 2a$。

（2）信号点之间的最小欧氏距离为 $d_{\min} = 2a$。

（3）平均符号能量为

$$E_s = \frac{E_1 + E_2 + E_3 + E_4}{4} = 5a^2$$

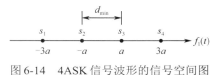

图 6-14　4ASK 信号波形的信号空间图

平均比特能量为

$$E_b = \frac{E_s}{\log_2 M} = \frac{E_s}{2} = 2.5a^2$$

（4）4ASK 可以采用如图 6-15 所示的最佳接收机。图（a）采用相关器，图（b）采用匹配滤波器。抽样值 $r_1 = s_i + n$ 输入至判决器。

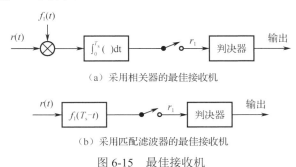

（a）采用相关器的最佳接收机

（b）采用匹配滤波器的最佳接收机

图 6-15　最佳接收机

（5）因为似然函数

$$p(r_1\,|\,\boldsymbol{s}_1) = \frac{1}{\sqrt{\pi N_0}}\exp\left[-\frac{(r_1 - s_1)^2}{N_0}\right] = \frac{1}{\sqrt{\pi N_0}}\exp\left[-\frac{(r_1 + 3a)^2}{N_0}\right]$$

由图 6-14，根据最小距离判决准则，当发送信号为 $s_1(t)$ 时，则 $r_1 > -2a$ 时会发生错判。可见，发送信号为 $s_1(t)$ 时的错判概率为

$$P(e\,|\,\boldsymbol{s}_1) = \int_{-2a}^{\infty} p(r_1\,|\,\boldsymbol{s}_1)\mathrm{d}r_1 = Q\left[\sqrt{\frac{d_{\min}^2}{2N_0}}\right]$$

（6）4ASK 的似然函数和最佳判决区域的划分如图 6-16 所示。

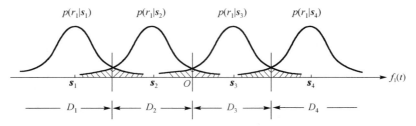

图 6-16　4ASK 的似然函数和最佳判决区域

由图 6-16 可见，6 个阴影部分的面积相等，即

$$\int_{-2a}^{\infty} p(r_1 \mid s_1) \mathrm{d}r_1 = \int_{-\infty}^{-2a} p(r_1 \mid s_2) \mathrm{d}r_1 = \int_{0}^{\infty} p(r_1 \mid s_2) \mathrm{d}r_1$$

$$= \int_{-\infty}^{0} p(r_1 \mid s_3) \mathrm{d}r_1 = \int_{2a}^{\infty} p(r_1 \mid s_3) \mathrm{d}r_1 = \int_{-\infty}^{2a} p(r_1 \mid s_4) \mathrm{d}r_1 = Q\left(\sqrt{\frac{d_{\min}^2}{2N_0}}\right)$$

设每个阴影部分的面积表示为 $P_1$，则平均误符号率为

$$P_{\mathrm{M}} = P(s_1)P(e \mid s_1) + P(s_2)P(e \mid s_2) + P(s_3)P(e \mid s_3) + P(s_4)P(e \mid s_4)$$

$$= \frac{1}{4}\int_{-2a}^{\infty} p(r_1 \mid s_1) \mathrm{d}r_1 + \frac{1}{4}\left[\int_{-\infty}^{-2a} p(r_1 \mid s_2) \mathrm{d}r_1 + \int_{0}^{\infty} p(r_1 \mid s_2) \mathrm{d}r_1\right] +$$

$$\frac{1}{4}\left[\int_{-\infty}^{0} p(r_1 \mid s_3) \mathrm{d}r_1 + \int_{2a}^{\infty} p(r_1 \mid s_3) \mathrm{d}r_1\right] + \frac{1}{4}\int_{-\infty}^{2a} p(r_1 \mid s_4) \mathrm{d}r_1$$

$$= \frac{6}{4}P_1 = \frac{3}{2}Q\left(\sqrt{\frac{d_{\min}^2}{2N_0}}\right)$$

假设 4ASK 的 4 个载波幅度与 2 比特之间的关系正好符合格雷码编码规则，平均误比特率为

$$P_{\mathrm{b}} \approx \frac{P_{\mathrm{M}}}{\log_2 4} = \frac{3}{4}Q\left(\sqrt{\frac{d_{\min}^2}{2N_0}}\right)$$

因为 $d_{\min} = 2a$，所以 $P_{\mathrm{b}} \approx \frac{3}{4}Q\left(\sqrt{\frac{2a^2}{N_0}}\right)$。

6-10　已知 2 个信号 $s_1(t)$ 和 $s_2(t)$ 的波形如图 6-17 所示。

图 6-17　题 6-10 图

（1）试写出标准正交基函数，画出信号星座图和基于最小欧氏距离的最佳判决区域。

（2）计算信号点之间的欧氏距离。

（3）计算平均比特能量 $E_{\mathrm{b}}$。

（4）信号在信道传输过程中受到 AWGN 干扰。利用最大相关度量准则，画出最佳接收机结构。

（5）当发送为 $s_1(t)$ 时，写出错判为 $s_2(t)$ 的条件概率 $P(e \mid s_1)$。

（6）设发送信号等概率出现，计算平均误符号率。

解：（1）标准正交基函数为

$$f_1(t) = \frac{1}{\sqrt{E_1}} s_1(t)，\text{ 其中 } E_1 = T_{\mathrm{b}}/2$$

$$f_2(t) = \frac{1}{\sqrt{E_2}} s_2(t)，\text{ 其中 } E_2 = T_b/2$$

标准正交基函数如图 6-18 所示，其中 $E_b = \dfrac{E_1 + E_2}{2} = \dfrac{T_b}{2}$。

图 6-18 标准正交基函数

因为

$$s_1(t) = \sqrt{E_b} f_1(t) + 0 \cdot f_2(t)，\quad s_2(t) = 0 \cdot f_1(t) + \sqrt{E_b} f_2(t)$$

所以信号星座图如图 6-19（a）所示，基于最小欧氏距离准则的最佳判决区域如图 6-19（b）所示。

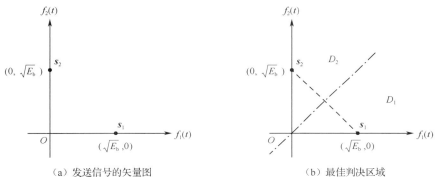

（a）发送信号的矢量图 　　　　　（b）最佳判决区域

图 6-19 信号的星座图和最佳判决区域

（2）信号点之间的欧氏距离为 $d_{12} = \sqrt{2E_b}$。

（3）平均比特能量为 $\dfrac{E_1 + E_2}{2} = \dfrac{T_b}{2}$。

（4）采用最大相关度量准则，该系统的最佳接收机如图 6-20 所示。

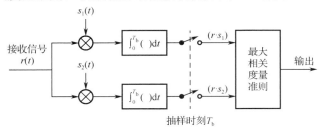

图 6-20 最佳接收机

（5）两个信号的矢量表示分别为

$$s_1 = [\sqrt{E_b}, 0], \qquad s_2 = [0, \sqrt{E_b}]$$

如果发送为 $s_1$，则接收信号的矢量表示为

$$r = [r_1, r_2] = [\sqrt{E_b} + n_1, n_2]$$

此时 $(r \cdot s_1) = \sqrt{E_b}(\sqrt{E_b} + n_1) = E_b + \sqrt{E_b}n_1$，$(r \cdot s_2) = \sqrt{E_b}n_2$。当 $(r \cdot s_1) < (r \cdot s_2)$，则判决为 $s_2$。

因此

$$P(e \mid s_2) = P[r \cdot s_2 > r \cdot s_1] = P[n_2 - n_1 > \sqrt{E_b}]$$

$$= \int_{\sqrt{E_b}}^{\infty} \frac{1}{\sqrt{2\pi} \cdot \sqrt{N_0}} \exp\left[-\frac{x^2}{2N_0}\right] dx = Q\left(\sqrt{\frac{E_b}{N_0}}\right)$$

同理，当发送为 $s_2$ 时，错判概率为

$$P(e \mid s_2) = P(r \cdot s_2 < r \cdot s_1) = Q\left(\sqrt{\frac{E_b}{N_0}}\right)$$

（6）当发送信号等概率出现时，平均误符号率为

$$P_b = P(s_1)P(e \mid s_1) + P(s_2)P(e \mid s_2) = Q\left(\sqrt{\frac{E_b}{N_0}}\right)$$

6-11 OOK 信号为

$$s_i(t) = \begin{cases} s_1(t) = A\cos 2\pi f_c t, & \text{传号} \\ s_2(t) = 0, & \text{空号} \end{cases}, \quad 0 \leqslant t \leqslant T_b$$

在传输过程中受到 AWGN 的干扰，噪声均值为 0，功率谱密度为 $N_0/2$。在接收端采用如图 6-21 所示的最佳接收机。设匹配滤波器的冲激响应 $h(t) = s_1(T_b - t)$。

（1）计算匹配滤波器的输出噪声的平均功率。

（2）当发送信号为 $s_1(t)$ 时，计算抽样时刻匹配滤波器输出信号瞬时值。

（3）计算抽样时刻匹配滤波器的输出信噪比。

（4）推导平均误比特率公式 $P_b = Q\left(\sqrt{\frac{E_1}{2N_0}}\right)$，其中 $E_1$ 表示信号 $s_1(t)$ 的能量。

（5）如果匹配滤波器的冲激响应 $h(t) = \frac{1}{\sqrt{E_1}}s_1(T_b - t)$，重新计算抽样时刻匹配滤波器输出信号瞬时值和输出信噪比，并推导平均误比特率。

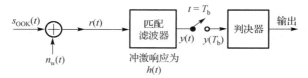

图 6-21 题 6-11 图

**解：**（1）设 $s_1(t)$ 的能量为 $E_1$，则

$$E_1 = \int_0^{T_b} s_1^2(t)dt = \frac{A^2}{2}T_b$$

噪声的平均功率为

$$P_{n_o} = \frac{N_0}{2}\int_{-\infty}^{\infty}|H(f)|^2 \, df = \frac{N_0}{2}\int_{-\infty}^{\infty}|S(f)|^2 \, df = \frac{N_0 E_1}{2} = \frac{N_0}{4}A^2 T_b$$

（2）发送为 $s_1(t)$ 时，抽样时刻输出信号的瞬时值

$$s_o(T_b) = s_1(t) * h(t)\big|_{t=T_b} = R(0) = E_1$$

（3）发送为 $s_1(t)$ 时，抽样时刻的匹配滤波器的输出信噪比为

$$r_o = \frac{|s_o(T_b)|^2}{P_{n_o}} = \frac{2E_1}{N_0}$$

（4）判决准则为

如果抽样值 $\geqslant E_1/2$，则判决输出为 $s_1$；

如果抽样值 $< E_1/2$，则判决输出为 $s_2$。

则似然函数为

$$p(r_1\,|\,s_1)=\frac{1}{\sqrt{2\pi}\sigma_n}\exp\left[-\frac{(r-E_1)^2}{2\sigma_n^2}\right],\quad 其中\ \sigma_n^2=\frac{N_0E_1}{2}$$

$$p(r_1\,|\,s_2)=\frac{1}{\sqrt{2\pi}\sigma_n}\exp\left[-\frac{r^2}{2\sigma_n^2}\right],\quad 其中\ \sigma_n^2=\frac{N_0E_1}{2}$$

当先验概率相同时，2ASK 系统的平均误比特率为

$$P_b=P(s_1)P(e\,|\,s_1)+P(s_2)P(e\,|\,s_2)$$
$$=P(s_1)\int_{-\infty}^{E_1/2}p(r_1\,|\,s_1)\mathrm{d}r_1+P(s_2)\int_{E_1/2}^{\infty}p(r_1\,|\,s_2)\mathrm{d}r_1$$
$$=Q\left(\sqrt{\frac{E_1}{2N_0}}\right)$$

（5）如果 $h(t)=\dfrac{1}{\sqrt{E_1}}s_1(T_b-t)$，当发送为 $s_1(t)$ 时，抽样时刻信号幅度 $s_o(T_b)=\sqrt{E_1}$，噪声功率 $\sigma_n^2=\dfrac{N_0}{2}$，对应的似然函数为

$$p(r_1\,|\,s_1)=\frac{1}{\sqrt{2\pi}\sigma_n}\exp\left[-\frac{(r-\sqrt{E_1})^2}{2\sigma_n^2}\right],\quad 其中\ \sigma_n^2=\frac{N_0}{2}$$

同理，
$$p(r_1\,|\,s_2)=\frac{1}{\sqrt{2\pi}\sigma_n}\exp\left[-\frac{r^2}{2\sigma_n^2}\right],\quad 其中\ \sigma_n^2=\frac{N_0}{2}$$

判决准则为

如果 $r_1>\sqrt{E_1}/2$，则判决输出为 $s_1$；

如果 $r_1<\sqrt{E_1}/2$，则判决输出为 $s_2$。

当先验概率相同时，2ASK 系统的平均误比特率为

$$P_b=P(s_1)P(e\,|\,s_1)+P(s_2)P(e\,|\,s_2)$$
$$=P(s_1)\int_{-\infty}^{\sqrt{E_1}/2}p(r_1\,|\,s_1)\mathrm{d}r_1+P(s_2)\int_{\sqrt{E_1}/2}^{\infty}p(r_1\,|\,s_2)\mathrm{d}r_1$$
$$=Q\left(\sqrt{\frac{E_1}{2N_0}}\right)$$

6-12　已知三个信号 $f_1(t)$、$f_2(t)$ 和 $f_3(t)$ 如图 6-22 所示。

（1）证明 3 个信号 $f_1(t)$、$f_2(t)$ 和 $f_3(t)$ 的能量均为 1，且两两之间相互正交。

（2）设信号 $s(t)=\begin{cases}2,&0\leqslant t\leqslant 2\\4,&2<t\leqslant 4\end{cases}$，试将 $s(t)$ 表示为 $f_1(t)$、$f_2(t)$ 和 $f_3(t)$ 的线性组合。

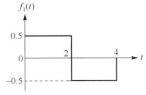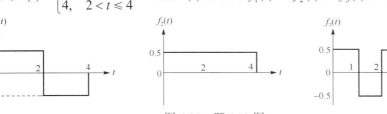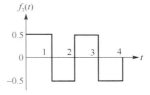

图 6-22　题 6-12 图

**解：**（1） $f_1(t)$ 的能量为 $\qquad E_1 = \int_0^4 f_1^2(t)\mathrm{d}t = \int_0^2 0.5^2\,\mathrm{d}t + \int_2^4 (-0.5)^2\,\mathrm{d}t = 0.5^2 \times 4 = 1$

$f_2(t)$ 的能量为 $\qquad E_2 = \int_0^4 f_2^2(t)\mathrm{d}t = \int_0^4 0.5^2\,\mathrm{d}t = 0.5^2 \times 4 = 1$

$f_3(t)$ 的能量为 $\qquad E_3 = \int_0^4 f_3^2(t)\mathrm{d}t = \int_0^1 0.5^2\,\mathrm{d}t + \int_1^2 (-0.5)^2\,\mathrm{d}t + \int_2^3 0.5^2\,\mathrm{d}t + \int_3^4 (-0.5)^2\,\mathrm{d}t = 1$

两两信号间的相关为

$$c_{12} = \int_0^4 f_1(t)f_2(t)\mathrm{d}t = \int_0^2 0.25\mathrm{d}t - \int_2^4 0.25\mathrm{d}t = 0$$

$$c_{13} = \int_0^4 f_1(t)f_3(t)\mathrm{d}t = \int_0^1 0.25\mathrm{d}t - \int_1^2 0.25\mathrm{d}t - \int_2^3 0.25\mathrm{d}t + \int_3^4 0.25\mathrm{d}t = 0$$

$$c_{23} = \int_0^4 f_2(t)f_3(t)\mathrm{d}t = \int_0^1 0.25\mathrm{d}t - \int_1^2 0.25\mathrm{d}t + \int_2^3 0.25\mathrm{d}t - \int_3^4 0.25\mathrm{d}t = 0$$

故 $f_1(t)$、$f_2(t)$ 和 $f_3(t)$ 的能量均为 1，且两两之间相互正交。

（2） $s_1 = \int_0^4 s(t)f_1(t)\mathrm{d}t = \int_0^2 2 \times 0.5\mathrm{d}t - \int_2^4 4 \times 0.5\mathrm{d}t = -2$

$s_2 = \int_0^4 s(t)f_2(t)\mathrm{d}t = \int_0^2 2 \times 0.5\mathrm{d}t + \int_2^4 4 \times 0.5\mathrm{d}t = 6$

$s_3 = \int_0^4 s(t)f_3(t)\mathrm{d}t = \int_0^1 2 \times 0.5\mathrm{d}t - \int_1^2 2 \times 0.5\mathrm{d}t + \int_2^3 4 \times 0.5\mathrm{d}t - \int_3^4 4 \times 0.5\mathrm{d}t = 0$

故 $s(t) = -2f_1(t) + 6f_2(t)$ 。

**6-13** 已知 4 个信号 $s_1(t)$、$s_2(t)$、$s_3(t)$ 和 $s_4(t)$ 的波形如图 6-23 所示。

（1）试写出标准正交基函数，画出信号星座图。

（2）该 4 个信号用来在 AWGN 信道传输信息。假定噪声均值为 0，功率谱密度为 $N_0/2$，画出采用匹配滤波解调器的最佳接收机，并写出匹配滤波解调器的冲激响应。

（3）当发送信号为 $s_1(t)$ 时，写出匹配滤波解调器的输出 $\boldsymbol{r} = [r_1, r_2]$ 。

（4）写出条件概率密度 $p(r_1 \mid s_{11})$、$p(r_2 \mid s_{12})$ 的表达式。

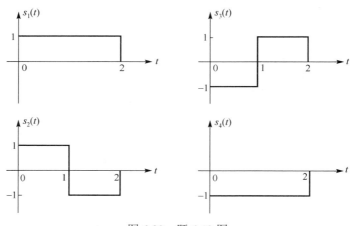

图 6-23 题 6-13 图

**解：**（1） $f_1(t) = \dfrac{s_1(t)}{\sqrt{E_1}} = \dfrac{s_1(t)}{\sqrt{2}}$

$c_{21} = \int_0^2 s_2(t)f_1(t)\mathrm{d}t = 0$ ，$\quad f_2(t) = \dfrac{s_2(t)}{\sqrt{E_2}} = \dfrac{s_2(t)}{\sqrt{2}}$

$c_{31} = \int_0^2 s_3(t)f_1(t)\mathrm{d}t = 0$ ，$\quad c_{32} = \int_0^2 s_3(t)f_2(t)\mathrm{d}t = \sqrt{2}$ ，$\quad \hat{f}_3(t) = s_3(t) - c_{32}f_2(t) = 0$

不产生基信号。

$$c_{41} = \int_0^2 s_4(t)f_1(t)\mathrm{d}t = -\sqrt{2} \ , \quad c_{42} = \int_0^2 s_4(t)f_2(t)\mathrm{d}t = 0 \ , \quad \hat{f}_3(t) = s_4(t) - c_{41}f_1(t) = 0$$

不产生基信号。

故标准正交基函数（基信号）为 $f_1(t), f_2(t)$，如图 6-24 所示。

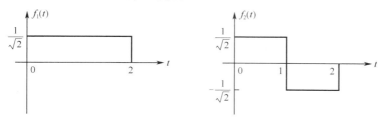

图 6-24　标准正交基信号

$$s_{11} = \int_0^2 s_1(t)f_1(t)\mathrm{d}t = \sqrt{2} \ , \quad s_{12} = \int_0^2 s_1(t)f_2(t)\mathrm{d}t = 0 \ , \quad \boldsymbol{s}_1 = [\sqrt{2},0]$$

$$s_{21} = \int_0^2 s_2(t)f_1(t)\mathrm{d}t = 0 \ , \quad s_{22} = \int_0^2 s_2(t)f_2(t)\mathrm{d}t = \sqrt{2} \ , \quad \boldsymbol{s}_2 = [0,\sqrt{2}]$$

$$s_{31} = \int_0^2 s_3(t)f_1(t)\mathrm{d}t = 0 \ , \quad s_{32} = \int_0^2 s_3(t)f_2(t)\mathrm{d}t = -\sqrt{2} \ , \quad \boldsymbol{s}_3 = [0,-\sqrt{2}]$$

$$s_{41} = \int_0^2 s_4(t)f_1(t)\mathrm{d}t = -\sqrt{2} \ , \quad s_{42} = \int_0^2 s_4(t)f_2(t)\mathrm{d}t = 0 \ , \quad \boldsymbol{s}_4 = [-\sqrt{2},0]$$

星座图如图 6-25 所示。

（2）最佳接收机框图如图 6-26 所示，其中抽样时刻 $t=2$。

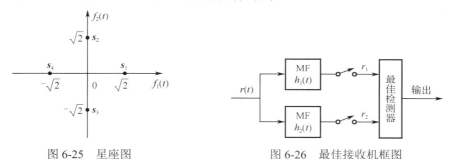

图 6-25　星座图　　　　　　　　图 6-26　最佳接收机框图

匹配滤波器的冲激响应为

$$h_1(t) = f_1(2-t) \ , \quad h_2(t) = f_2(2-t)$$

（3）发送信号为 $s_1(t)$ 时，接收信号为 $r(t) = s_1(t) + n(t)$，匹配滤波器在抽样时刻的样值为

$$r_1 = \int_0^2 r(\tau)h_1(2-\tau)\mathrm{d}\tau = \int_0^2 \frac{1}{\sqrt{2}} s_1^2(\tau)\mathrm{d}\tau + \int_0^2 \frac{1}{\sqrt{2}} s_1(\tau)n(\tau)\mathrm{d}\tau = \sqrt{2} + n_1$$

$$r_2 = \int_0^2 r(\tau)h_2(2-\tau)\mathrm{d}\tau = \int_0^2 \frac{1}{\sqrt{2}} s_1(\tau)s_2(\tau)\mathrm{d}\tau + \int_0^2 \frac{1}{\sqrt{2}} s_2(\tau)n(\tau)\mathrm{d}\tau = n_2$$

故匹配滤波器输出为 $\boldsymbol{r} = [\sqrt{2} + n_1, \ n_2]$，其中 $n_1$ 和 $n_2$ 是均值为 0、方差为 $N_0/2$ 的高斯随机变量。

（4）$p(r_1 \mid s_{11}) = \dfrac{1}{\sqrt{\pi N_0}} \mathrm{e}^{-\frac{(r_1-\sqrt{2})^2}{N_0}}$

$p(r_2 \mid s_{12}) = \dfrac{1}{\sqrt{\pi N_0}} \mathrm{e}^{-\frac{r_2^2}{N_0}}$

6-14　已知 QPSK 信号为

$$s_i(t) = \begin{cases} s_1(t) = g_T(t)\cos\left(2\pi f_c t - \dfrac{\pi}{4}\right) \\ s_2(t) = g_T(t)\cos\left(2\pi f_c t + \dfrac{\pi}{4}\right) \\ s_2(t) = g_T(t)\cos\left(2\pi f_c t + \dfrac{3\pi}{4}\right) \\ s_2(t) = g_T(t)\cos\left(2\pi f_c t + \dfrac{5\pi}{4}\right) \end{cases}, \quad 0 \leqslant t \leqslant T_s$$

（1）设归一化正交基函数为

$$f_1(t) = \sqrt{\frac{2}{E_g}}g_T(t)\cos 2\pi f_c t, \quad f_2(t) = -\sqrt{\frac{2}{E_g}}g_T(t)\sin 2\pi f_c t, \quad 0 \leqslant t \leqslant T_s$$

画出信号矢量图。

（2）设归一化正交基函数为

$$f_1(t) = \sqrt{\frac{2}{E_g}}g_T(t)\cos\left(2\pi f_c t - \frac{\pi}{4}\right), \quad f_2(t) = -\sqrt{\frac{2}{E_g}}g_T(t)\sin\left(2\pi f_c t - \frac{\pi}{4}\right), \quad 0 \leqslant t \leqslant T_s$$

画出信号矢量图。

（3）假设先验概率相等，试说明 QPSK 系统在 AWGN 信道条件下的最佳判决准则。

**解：**（1）$s_{11} = \displaystyle\int_0^{T_s} s_1(t)f_1(t)\mathrm{d}t = \int_0^{T_s}\sqrt{\frac{2}{E_g}}g_T^2(t)\cos\left(2\pi f_c t - \frac{\pi}{4}\right)\cos 2\pi f_c t\,\mathrm{d}t = \frac{\sqrt{E_g}}{2}$

$s_{12} = \displaystyle\int_0^{T_s} s_1(t)f_2(t)\mathrm{d}t = -\int_0^{T_s}\sqrt{\frac{2}{E_g}}g_T^2(t)\cos\left(2\pi f_c t - \frac{\pi}{4}\right)\sin 2\pi f_c t\,\mathrm{d}t = -\frac{\sqrt{E_g}}{2}$

所以 $s_1(t)$ 的矢量表示为 $\qquad s_1 = \left[\dfrac{\sqrt{E_g}}{2}, -\dfrac{\sqrt{E_g}}{2}\right]$

类似地，可以得到 $s_2(t)$、$s_3(t)$、$s_4(t)$ 的矢量表示为

$$s_{21} = \frac{\sqrt{E_g}}{2}, \quad s_{22} = \frac{\sqrt{E_g}}{2}, \quad s_2 = \left[\frac{\sqrt{E_g}}{2}, \frac{\sqrt{E_g}}{2}\right]$$

$$s_{31} = -\frac{\sqrt{E_g}}{2}, \quad s_{32} = \frac{\sqrt{E_g}}{2}, \quad s_3 = \left[-\frac{\sqrt{E_g}}{2}, \frac{\sqrt{E_g}}{2}\right]$$

$$s_{41} = -\frac{\sqrt{E_g}}{2}, \quad s_{42} = -\frac{\sqrt{E_g}}{2}, \quad s_4 = \left[-\frac{\sqrt{E_g}}{2}, -\frac{\sqrt{E_g}}{2}\right]$$

矢量图如图 6-27 所示。

（2）$s_{11} = \displaystyle\int_0^{T_s} s_1(t)f_1(t)\mathrm{d}t = \int_0^{T_s}\sqrt{\frac{2}{E_g}}g_T^2(t)\cos^2\left(2\pi f_c t - \frac{\pi}{4}\right) = \sqrt{\frac{E_g}{2}}$

$s_{12} = \displaystyle\int_0^{T_s} s_1(t)f_2(t)\mathrm{d}t = -\int_0^{T_s}\sqrt{\frac{2}{E_g}}g_T^2(t)\cos\left(2\pi f_c t - \frac{\pi}{4}\right)\sin\left(2\pi f_c t - \frac{\pi}{4}\right)\mathrm{d}t = 0$,

所以 $s_1(t)$ 的矢量表示为 $\qquad s_1 = \left[\sqrt{\dfrac{E_g}{2}}, 0\right]$

类似地，可以得到 $s_2(t)$、$s_3(t)$、$s_4(t)$ 的矢量表示为

$$s_{22} = \sqrt{\frac{E_g}{2}}, \quad \boldsymbol{s}_2 = \left[0, \sqrt{\frac{E_g}{2}}\right]$$

$$s_{31} = -\sqrt{\frac{E_g}{2}}, \quad s_{32} = 0, \quad \boldsymbol{s}_3 = \left[-\sqrt{\frac{E_g}{2}}, 0\right]$$

$$s_{41} = 0, \quad s_{42} = -\sqrt{\frac{E_g}{2}}, \quad \boldsymbol{s}_4 = \left[0, -\sqrt{\frac{E_g}{2}}\right]$$

矢量图如图 6-28 所示。

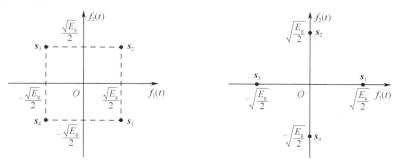

图 6-27　矢量图 1　　　　　　图 6-28　矢量图 2

（3）设接收信号 $r(t)$ 的矢量表示为 $[r_1, r_2]$，对于（1）采用的基函数，判决准则为：

$$r_1 > 0, r_2 < 0 \Rightarrow s_1; \quad r_1 > 0, r_2 > 0 \Rightarrow s_2; \quad r_1 < 0, r_2 > 0 \Rightarrow s_3; \quad r_1 < 0, r_2 < 0 \Rightarrow s_4$$

对于（2）采用的基函数，设 $\theta = \arctan \dfrac{r_2}{r_1}$，判决准则为：

$$-\frac{\pi}{4} < \theta < \frac{\pi}{4} \Rightarrow s_1; \quad \frac{\pi}{4} < \theta < \frac{3\pi}{4} \Rightarrow s_2; \quad \frac{3\pi}{4} < \theta < \frac{5\pi}{4} \Rightarrow s_3; \quad \frac{5\pi}{4} < \theta < \frac{7\pi}{4} \Rightarrow s_4$$

6-15　二进制 PAM 系统中，两个可能的信号点为 $s_1 = -s_2 = \sqrt{E_b}$，$\sqrt{E_b}$ 表示每比特能量。先验概率 $P(s_1) = p, P(s_2) = 1 - p$。设发送信号受到加性高斯白噪声 $n_w(t)$ 影响，假定噪声均值为 0，功率谱密度为 $N_0/2$。

（1）试分析得出最佳 MAP 检测器的判决准则。

（2）当先验等概时，分析该二进制 PAM 系统的误比特率。

**解：**（1）采用图 6-29 所示的最佳接收机，其中 $r(t) = s_i(t) + n_w(t)$，$f_1(t) = \dfrac{1}{\sqrt{E_b}} s_1(t)$。

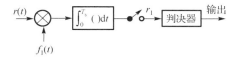

图 6-29　最佳接收机

可得似然函数

$$p(r_1 \mid s_1) = \frac{1}{\sqrt{\pi N_0}} e^{-\frac{(r - \sqrt{E_b})^2}{N_0}}, \quad p(r_1 \mid s_2) = \frac{1}{\sqrt{\pi N_0}} e^{-\frac{(r + \sqrt{E_b})^2}{N_0}}$$

由 MAP 准则 $\hat{\boldsymbol{s}} = \arg_{s_i} \max P(s_i) p(\boldsymbol{r} \mid s_i)$，可知判决准则为：

如果 $\dfrac{P(\boldsymbol{s}_1) p(\boldsymbol{r} \mid \boldsymbol{s}_1)}{P(\boldsymbol{s}_2) p(\boldsymbol{r} \mid \boldsymbol{s}_2)} \geqslant 1$，则判发送 $s_1$；否则判发送 $s_2$。

由 $\frac{p}{\sqrt{\pi N_0}}\mathrm{e}^{-\frac{(V_\mathrm{T}-\sqrt{E_\mathrm{b}})^2}{N_0}}=\frac{1-p}{\sqrt{\pi N_0}}\mathrm{e}^{-\frac{(V_\mathrm{T}+\sqrt{E_\mathrm{b}})^2}{N_0}}$ 得到最佳判决门限为 $V_\mathrm{T}=\frac{N_0}{4\sqrt{E_\mathrm{b}}}\ln\frac{1-p}{p}$ 。

最佳 MAP 检测器的判决准则为：

$r>V_\mathrm{T}$ 时判为 $s_1$，反之判为 $s_2$ 。

可见，当 $p>1/2$ 时，判决门限为负；当 $p<1/2$ 时，判决门限为正；当 $p=1/2$ 时，判决门限为零。

（2）先验等概时，$p$=1/2，判决门限为 $V_\mathrm{T}=0$ 。系统的误比特率为

$$\begin{aligned}P_\mathrm{e}&=\frac{1}{2}P(e|s_1)+\frac{1}{2}P(e|s_2)\\&=\frac{1}{2}\int_{-\infty}^{0}p(r_1|s_1)\mathrm{d}r+\frac{1}{2}\int_{0}^{\infty}p(r_1|s_2)\mathrm{d}r\\&=Q\left(\sqrt{\frac{2E_\mathrm{b}}{N_0}}\right)\end{aligned}$$

6-16　已知 2FSK 信号的时域表示式为

$$s_i(t)=\begin{cases}s_1(t)=A\cos 2\pi f_1 t, & \text{传号}\\ s_2(t)=A\cos 2\pi f_2 t, & \text{空号}\end{cases},\quad 0\leqslant t\leqslant T_\mathrm{b}$$

式中，$f_1-f_2=\frac{1}{2T_\mathrm{b}}$ 。

（1）试写出标准正交基函数，画出信号星座图；

（2）计算信号点之间的欧氏距离；

（3）计算平均比特能量 $E_\mathrm{b}$；

（4）设发送信号等概率出现，在信道传输过程中受到 AWGN 干扰，AWGN 噪声均值为 0，功率谱密度为 $N_0/2$ 。采用最大相关度量准则进行最佳接收。试画出最佳接收机结构，并推导平均误符号率公式。

**解：**（1）标准正交基函数为

$$f_1(t)=\frac{s_1(t)}{\sqrt{E_1}}=\sqrt{\frac{2}{T_\mathrm{b}}}\cos 2\pi f_1 t,\quad 0\leqslant t\leqslant T_\mathrm{b}$$

$$f_2(t)=\frac{s_2(t)}{\sqrt{E_2}}=\sqrt{\frac{2}{T_\mathrm{b}}}\cos 2\pi f_2 t,\quad 0\leqslant t\leqslant T_\mathrm{b}$$

两个信号的矢量表示分别为

$$\boldsymbol{s}_1=\left[\sqrt{\frac{A^2T_\mathrm{b}}{2}},0\right],\qquad \boldsymbol{s}_2=\left[0,\sqrt{\frac{A^2T_\mathrm{b}}{2}}\right]$$

信号星座图如图 6-30 所示，图中 $E_\mathrm{b}=\frac{E_1+E_2}{2}=\frac{A^2T_\mathrm{b}}{2}$ 。

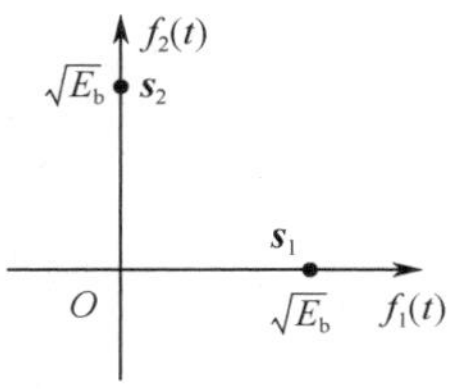

图 6-30　信号星座图

（2）信号点之间的欧氏距离为

$$d_{12}=\sqrt{2E_\mathrm{b}}$$

（3）由于 $E_1=\frac{A^2T_\mathrm{b}}{2}, E_2=\frac{A^2T_\mathrm{b}}{2}$ ，所以平均比特能量为

$$E_\mathrm{b}=\frac{E_1+E_2}{2}=\frac{A^2T_\mathrm{b}}{2}$$

（4）采用最大相关度量准则得到该系统的最佳接收机如图 6-31 所示。

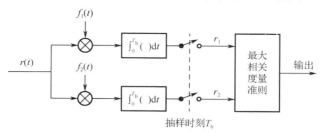

图 6-31　最佳接收机

如果发送为 $s_1$，则接收信号的矢量表示为

$$r = [r_1, r_2] = [\sqrt{E_b} + n_1, n_2]$$

式中，$n_1$、$n_2$ 为 $n(t)$ 在基函数 $\{f_k(t), k = 1, 2\}$ 上投影。当 $r_2 > r_1$ 时，则判决为 $s_2$，出现错误，所以

$$P(e \mid s_1) = P[r_2 > r_1] = P[n_2 - n_1 > \sqrt{E_b}]$$

当信道中高斯白噪声 $n(t)$ 均值为 0、功率谱密度为 $N_0/2$ 时，噪声 $n_1$、$n_2$ 是均值为 0、方差 $N_0/2$ 的不相关（即相互独立）的高斯随机变量。则 $n_2 - n_1$ 是均值为 0、方差为 $N_0$ 的高斯随机变量。所以

$$P(e \mid s_1) = P(n_2 - n_1 > \sqrt{E_b})$$
$$= \int_{\sqrt{E_b}}^{\infty} \frac{1}{\sqrt{2\pi} \cdot \sqrt{N_0}} \exp\left[-\frac{x^2}{2N_0}\right] dx$$
$$= Q\left(\sqrt{\frac{E_b}{N_0}}\right)$$

同理，当发送为 $s_2$ 时，错判概率为

$$P(e \mid s_2) = P(n_1 - n_2 > \sqrt{E_b}) = Q\left(\sqrt{\frac{E_b}{N_0}}\right)$$

当发送信号等概率出现时，平均误符号率为

$$P_b = P(s_1)P(e \mid s_1) + P(s_2)P(e \mid s_2) = Q\left(\sqrt{\frac{E_b}{N_0}}\right)$$

6-17　一个数字通信系统在接收端抽样时刻的抽样值为

$$r = s_i + n, \quad i = 1, 2, 3, \quad 0 \leqslant t \leqslant T_s$$

其中，$s_i$ 有 3 个可能的取值 $s_1 = -2$，$s_2 = 0$，$s_3 = 2$，出现概率相同。$n$ 是均值为 0、方差为 1 的高斯随机变量。计算该系统的最小平均误符号率。

**解：** 根据最小欧氏距离判决准则，取判决门限为 $V_1 = -1$，$V_2 = +1$。

判决准则为

$$r < V_1 \Rightarrow s_1, V_1 < r < V_2 \Rightarrow s_2, r > V_2 \Rightarrow s_3$$

因为　　　$p(r \mid s_1) = \frac{1}{\sqrt{2\pi}} e^{-\frac{(r+2)^2}{2}}$，　$p(r \mid s_2) = \frac{1}{\sqrt{2\pi}} e^{-\frac{r^2}{2}}$，　$p(r \mid s_3) = \frac{1}{\sqrt{2\pi}} e^{-\frac{(r-2)^2}{2}}$

所以

$$P(e \mid s_1) = \int_{V_1}^{\infty} p(r \mid s_1) dr = \int_{-1}^{\infty} \frac{1}{\sqrt{2\pi}} e^{-\frac{(r+2)^2}{2}} dr = Q(1)$$

$$P(e \mid s_2) = \int_{-\infty}^{V_1} p(r \mid s_2) \mathrm{d}r + \int_{V_2}^{\infty} p(r \mid s_2) \mathrm{d}r = \int_{-\infty}^{-1} \frac{1}{\sqrt{2\pi}} \mathrm{e}^{-\frac{r^2}{2}} \mathrm{d}r + \int_{1}^{\infty} \frac{1}{\sqrt{2\pi}} \mathrm{e}^{-\frac{r^2}{2}} \mathrm{d}r = 2Q(1)$$

$$P(e \mid s_3) = \int_{-\infty}^{V_2} p(r \mid s_3) \mathrm{d}r = \int_{-\infty}^{1} \frac{1}{\sqrt{2\pi}} \mathrm{e}^{-\frac{(r-2)^2}{2}} \mathrm{d}r = Q(1)$$

因此平均误符号率为

$$P_e = \frac{1}{3} P(e \mid s_1) + \frac{1}{3} P(e \mid s_2) + \frac{1}{3} P(e \mid s_3) = \frac{4}{3} Q(1)$$

6-18 某二进制数字通信系统发送信号 $s_1(t)$ 和 $s_2(t)$ 的波形如图 6-32 所示。信道传输过程中受到 AWGN 噪声干扰，假设 AWGN 噪声均值为 0，功率谱密度为 $N_0/2$。

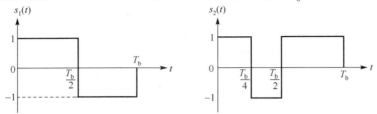

图 6-32 题 6-18 图

（1）写出 $s_1(t)$ 和 $s_2(t)$ 的矢量表示，并计算两信号之间的欧氏距离；

（2）计算 $s_1(t)$ 和 $s_2(t)$ 之间的归一化互相关系数 $\rho_{12}$；

（3）对于任意二进制数字通信系统，假设先验概率相等，采用最大相关度量准则进行最佳接收，试画出最佳接收机结构；试推导误比特率公式为 $P_b = \frac{1}{2} \mathrm{erfc}\left(\sqrt{\frac{d_{12}^2}{4N_0}}\right) = \frac{1}{2} \mathrm{erfc}\left(\sqrt{\frac{E_1 + E_2 - 2\rho_{12}\sqrt{E_1 E_2}}{4N_0}}\right)$，

其中 $E_1 = \int_{-\infty}^{\infty} s_1^2(t) \mathrm{d}t$，$E_2 = \int_{-\infty}^{\infty} s_2^2(t) \mathrm{d}t$，$\rho_{12}$ 为 $s_1(t)$ 和 $s_2(t)$ 之间的归一化互相关系数。

**解：**（1）取第一个信号 $s_1(t)$，将其能量归一化，作为第一个标准正交基函数 $f_1(t) = \frac{s_1(t)}{\sqrt{T_b}}$。

$s_2(t)$ 在 $f_1(t)$ 上的投影为

$$c_{12} = \int_{-\infty}^{\infty} s_2(t) f_1(t) \mathrm{d}t = -\frac{\sqrt{T_b}}{2}$$

从 $s_2(t)$ 中减去 $c_{12} f_1(t)$，得到

$$f_2'(t) = s_2(t) - c_{12} f_1(t) = s_2(t) + \frac{1}{2} s_1(t)$$

将 $f_2'(t)$ 能量归一化，即得到第二个标准正交基函数

$$f_2(t) = \frac{f_2'(t)}{\sqrt{\int_{-\infty}^{\infty} |f_2'(t)|^2 \mathrm{d}t}} = \frac{f_2'(t)}{\sqrt{\frac{3T_b}{4}}} = \frac{1}{\sqrt{\frac{3T_b}{4}}} \left[ s_2(t) + \frac{1}{2} s_1(t) \right]$$

因为

$$s_1(t) = \sqrt{T_b} f_1(t), \quad s_2(t) = -\frac{\sqrt{T_b}}{2} f_1(t) + \sqrt{\frac{3T_b}{4}} f_2(t)$$

所以

$$\boldsymbol{s}_1 = \left[ \sqrt{T_b}, 0 \right], \quad \boldsymbol{s}_2 = \left[ -\frac{\sqrt{T_b}}{2}, \sqrt{\frac{3T_b}{4}} \right]$$

两信号之间的欧氏距离为

$$d_{12} = \sqrt{\left(\sqrt{T_b} + \frac{\sqrt{T_b}}{2}\right)^2 + \left(\sqrt{\frac{3T_b}{4}}\right)^2} = \sqrt{3T_b}$$

（2）$s_1(t)$ 和 $s_2(t)$ 之间的归一化互相关系数为

$$\rho_{12} = \frac{1}{\sqrt{E_1}\sqrt{E_2}} \int_0^{T_b} s_1(t)s_2(t)\mathrm{d}t = \frac{-\dfrac{T_b}{2}}{\sqrt{T_b}\cdot\sqrt{T_b}} = -\frac{1}{2}$$

可以验证 $d_{12}$、$E_1$、$E_2$、$\rho_{12}$ 满足 $d_{12} = (E_1 + E_2 - 2\rho_{12}\sqrt{E_1 E_2})^{1/2}$。

（3）基于最大相关度量准则的最佳接收机结构如图 6-33（a）所示。由最大相关度量准则可知，可以等价为图 6-33（b）所示的最佳接收机结构。

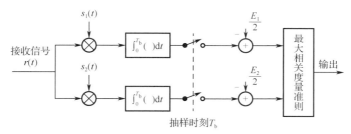

（a）最佳接收机结构

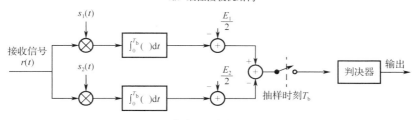

（b）等价的最佳接收机结构

图 6-33　基于最大相关度量准则的最佳接收机结构

对于高斯白噪声信道，接收机的输入为

$$r(t) = s_i(t) + n_w(t) = \begin{cases} s_1(t) + n_w(t), & \text{当发送为} s_1(t)\text{时} \\ s_2(t) + n_w(t), & \text{当发送为} s_2(t)\text{时} \end{cases}$$

当发送为 $s_1(t)$ 时，$T_b$ 时刻上支路相关器的输出为

$$s_{11}(T_b) = \int_0^{T_b} s_1^2(t)\mathrm{d}t = E_1$$

当发送为 $s_1(t)$ 时，$T_b$ 时刻下支路相关器的输出为

$$s_{12}(T_b) = \int_0^{T_b} s_1(t)s_2(t)\mathrm{d}t = \rho_{12}\sqrt{E_1 E_2}$$

当发送为 $s_2(t)$ 时，$T_b$ 时刻上支路相关器的输出为

$$s_{21}(T_b) = \int_0^{T_b} s_2(t)s_1(t)\mathrm{d}t = \rho_{12}\sqrt{E_1 E_2}$$

当发送为 $s_2(t)$ 时，$T_b$ 时刻下支路相关器的输出为

$$s_{22}(T_b) = \int_0^{T_b} s_2^2(t)\mathrm{d}t = E_2$$

所以图 6-33（b）中，减法器输出端的信号抽样值（上支路和下支路的差）为

$$s_o(T_b) = \begin{cases} s_{o1}(T_s) = \dfrac{E_1 + E_2 - 2\rho_{12}\sqrt{E_1 E_2}}{2}, & \text{当输入为} s_1(t) \text{时} \\[4mm] s_{o2}(T_s) = -\dfrac{E_1 + E_2 - 2\rho_{12}\sqrt{E_1 E_2}}{2}, & \text{当输入为} s_2(t) \text{时} \end{cases}$$

对于输入高斯白噪声 $n_w(t)$，在抽样时刻，图 6-33（b）中减法器输出端的噪声为

$$n_o(T_b) = \int_0^{T_b} n_w(t)[s_1(t) - s_2(t)]\mathrm{d}t$$

平均噪声功率为

$$\sigma_n^2 = E[n_o^2(T_b)] = E\left\{ \int_0^{T_b} n_w(t)[s_1(t) - s_2(t)]\mathrm{d}t \int_0^{T_b} n_w(u)[s_1(u) - s_2(u)]\mathrm{d}u \right\}$$

$$= \int_0^{T_b} \int_0^{T_b} E[n_w(t_1)n_w(t_2)][s_1(t_1) - s_2(t_1)][s_1(t_2) - s_2(t_2)]\mathrm{d}t_1\mathrm{d}t_2$$

$$= \int_0^{T_b} \int_0^{T_b} \frac{N_0}{2}\delta(t_2 - t_1)[s_1(t_1) - s_2(t_1)][s_1(t_2) - s_2(t_2)]\mathrm{d}t_1\mathrm{d}t_2$$

$$= \frac{N_0}{2} \int_0^{T_b} [s_1(t_1) - s_2(t_1)]^2 \mathrm{d}t_1$$

$$= \frac{N_0}{2}[E_1 + E_2 - 2\rho_{12}\sqrt{E_1 E_2}]$$

当发送为 $s_1(t)$ 时，在抽样判决器时刻，减法器的输出（信号+噪声）概率密度表示为

$$p(y \mid s_1) = \frac{1}{\sqrt{2\pi}\sigma_n} \exp\left[ -\frac{(x - a_1)^2}{2\sigma_n^2} \right]$$

其中，$a_1 = \dfrac{E_1 + E_2 - 2\rho_{12}\sqrt{E_1 E_2}}{2}$，$\sigma_n^2 = \dfrac{N_0}{2}[E_1 + E_2 - 2\rho_{12}\sqrt{E_1 E_2}]$。

当发送为 $s_2(t)$ 时，在抽样判决器时刻，减法器的输出概率密度表示为

$$p(y \mid s_1) = \frac{1}{\sqrt{2\pi}\sigma_n} \exp\left[ -\frac{(x - a_2)^2}{2\sigma_n^2} \right]$$

其中，$a_2 = -\dfrac{E_1 + E_2 - 2\rho_{12}\sqrt{E_1 E_2}}{2}$，$\sigma_n^2 = \dfrac{N_0}{2}[E_1 + E_2 - 2\rho_{12}\sqrt{E_1 E_2}]$。

根据最大相关度量准则，判决准则为：

当上支路大于下支路时，即抽样值大于 0 时，则判发送为 $s_1(t)$；

当上支路小于下支路时，即抽样值小于 0 时，则判发送为 $s_2(t)$。

因此误比特率为

$$P_b = P(s_1)P(e \mid s_1) + P(s_2)P(e \mid s_2)$$

$$= P(s_1)\int_{-\infty}^0 p(y \mid s_1)\mathrm{d}y + P(s_2)\int_0^{\infty} p(y \mid s_2)\mathrm{d}y$$

$$= Q\left( \sqrt{\frac{E_1 + E_2 - 2\rho_{12}\sqrt{E_1 E_2}}{2N_0}} \right) = \frac{1}{2}\mathrm{erfc}\left( \sqrt{\frac{E_1 + E_2 - 2\rho_{12}\sqrt{E_1 E_2}}{4N_0}} \right)$$

因为

$$d_{12}^2 = E_1 + E_2 - 2\rho_{12}\sqrt{E_1 E_2}$$

所以

$$P_b = \frac{1}{2}\mathrm{erfc}\left( \sqrt{\frac{d_{12}^2}{4N_0}} \right)$$

6-19 已知 BPSK 信号在信道传输过程中受到 AWGN 噪声的干扰,噪声均值为 0,功率谱密度为 $N_0/2 = 10^{-10}$ W/Hz。接收信号比特能量 $E_b = \frac{1}{2}a^2 T_b$,其中 $T_b$ 为比特间隔,$a$ 为信号幅度。最佳接收的误比特率公式为 $P_b = Q\left(\sqrt{\dfrac{2E_b}{N_0}}\right)$,如果要求误比特率公式 $P_b \leq 10^{-5}$,则当 $R_b = 10^6$ bit/s 时的信号幅度 $a$ 应满足什么条件?如果信道传输损耗为 60dB,发送信号功率应满足什么条件?

**解**:因为误比特率 $P_b = Q\left(\sqrt{\dfrac{2E_b}{N_0}}\right) \leq 10^{-5}$,查询 $Q$ 函数表可得

$$\sqrt{\frac{2E_b}{N_0}} \geq 4.265$$

所以接收端平均每比特能量

$$E_b \geq 1.819 \times 10^{-9} \text{ J}$$

可得接收信号功率为

$$P_r = E_b R_b \geq 1.819 \times 10^{-3} \text{ W}$$

因为 $P_r = \dfrac{a^2}{2}$,所以 $\dfrac{a^2}{2} \geq 1.819 \times 10^{-3}$,即 $a \geq 0.0603\text{V}$。

如果信道传输损耗为 60dB,则发送信号功率应满足

$$P_t = 10^6 \times P_r = 1819\text{W}$$

6-20 通过信道分别传输带宽为 4kHz 的 2ASK、2FSK 及 2PSK 信号,已知基带信号采用矩形不归零脉冲,发送载波幅度 $A = 10\text{V}$,信道衰减为 1dB/km,单边噪声功率谱密度为 $N_0 = 10^{-8}$ W/Hz,接收端采用相干解调,接收端框图如图 6-34 所示,对应的误比特率公式如表 6-2 所示。要求误比特率 $P_b \leq 10^{-5}$,分别计算各种传输方式的最大传输距离。(说明:2FSK 信号的两个载频之差为基带信号带宽的 2 倍。)

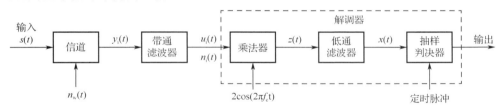

(a) 2ASK 系统或 2PSK 系统的接收端框图

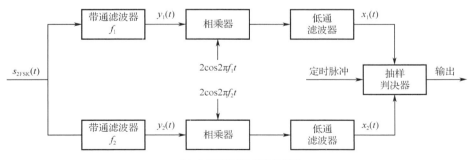

(b) 2FSK 系统的接收端框图

图 6-34 2ASK、2FSK 及 2PSK 系统的接收框图

表 6-2　采用相干接收时的误比特率

| 调 制 方 式 | 误比特率 $P_b$ |
|---|---|
| 2ASK | $P_b = Q\left(\sqrt{\dfrac{a^2}{4\sigma_n^2}}\right) = Q\left(\sqrt{\dfrac{r}{2}}\right)$ |
| 2FSK | $P_b = Q\left(\sqrt{\dfrac{a^2}{2\sigma_n^2}}\right) = Q(\sqrt{r})$ |
| 2PSK | $P_b = Q\left(\sqrt{\dfrac{a^2}{\sigma_n^2}}\right) = Q(\sqrt{2r})$ |

**解：**（1）2ASK 系统

2ASK 接收机的噪声功率为

$$\sigma_n^2 = N_0 B_{2ASK} = 10^{-8} \times 4000 = 4 \times 10^{-5}\,\text{W}$$

采用相干解调时，系统的误比特率为

$$P_b = Q\left(\sqrt{\frac{a^2}{4\sigma_n^2}}\right)$$

要求误比特率 $P_b \leqslant 10^{-5}$ 时，查询 $Q$ 函数表可得

$$\sqrt{\frac{a^2}{4\sigma_n^2}} \geqslant 4.265$$

则

$$a^2 = 2.91 \times 10^{-3}$$

所以信道衰减为

$$10\lg\frac{A^2}{a^2} = 45.4\text{dB}$$

故 2ASK 传输方式的最大传输距离为 45.4km。

（2）2FSK 系统

设 2FSK 信号的两个载频之差 $|f_1 - f_2| = 2R_b$，则 2FSK 信号带宽为

$$B_{2FSK} = |f_1 - f_2| + 2R_s = 4R_s$$

2FSK 接收机的噪声功率为

$$\sigma_n^2 = N_0 \cdot 2R_s = N_0\frac{B_{2FSK}}{2} = 10^{-8} \times 2000 = 2 \times 10^{-5}\,\text{W}$$

采用相干解调时，系统的误比特率为

$$P_b = Q\left(\sqrt{\frac{a^2}{2\sigma_n^2}}\right)$$

要求误比特率 $P_b \leqslant 10^{-5}$ 时，查询 $Q$ 函数表可得

$$\sqrt{\frac{a^2}{2\sigma_n^2}} \geqslant 4.265$$

则

$$a^2 = 1.455 \times 10^{-3}$$

所以信道衰减为

$$10\lg\frac{A^2}{a^2} = 51.4\text{dB}$$

故 2FSK 传输方式的最大传输距离为 51.4km。

（3）2PSK 系统

2PSK 接收机的噪声功率为

$$\sigma_n^2 = N_0 B_{2PSK} = 10^{-8} \times 4000 = 4 \times 10^{-5} \, \text{W}$$

采用相干解调时，系统的误比特率为

$$P_b = Q\left(\sqrt{\frac{a^2}{\sigma_n^2}}\right)$$

要求误比特率 $P_b \leq 10^{-5}$ 时，查询 $Q$ 函数表可得

$$\sqrt{\frac{a^2}{\sigma_n^2}} \geq 4.265$$

则

$$a^2 = 1.455 \times 10^{-3}$$

所以信道衰减为

$$10 \lg \frac{A^2}{a^2} = 51.4 \text{dB}$$

故 2PSK 传输方式的最大传输距离为 51.4km。

6-21  采用 OOK 方式传送"1"和"0"等概率的二进制数字信息，已知符号速率 $R_s = 2 \times 10^6 \, \text{Baud}$，发送信号幅度 $A = 40 \text{mV}$，信道衰减为 60dB，信道输出端高斯白噪声的单边功率谱密度为 $N_0 = 6 \times 10^{-18} \, \text{W/Hz}$。若采用包络解调方式，误比特率公式为 $P_b \approx \frac{1}{2} e^{-a^2/8\sigma^2}$。试计算系统的误比特率。

**解：** 发送信号幅度 $A = 40 \text{mV}$，信道衰减为 60dB，即 $20 \lg \frac{A}{a} = 60$。所以接收端解调器输入信号的幅度为

$$a = \frac{40 \text{mV}}{1000} = 40 \mu\text{V}$$

因为接收机的噪声功率为

$$\sigma_n^2 = N_0 B_{OOK} = 6 \times 10^{-18} \times 4 \times 10^6 = 2.4 \times 10^{-11} \, \text{W}$$

所以系统的误比特率为

$$P_b \approx \frac{1}{2} e^{-a^2/8\sigma^2} = \frac{1}{2} e^{-\frac{1600 \times 10^{-12}}{8 \times 2.4 \times 10^{-11}}} \approx 1.2 \times 10^{-4}$$

6-22  数字通信系统的信息传输速率 $R_b = 10^6 \, \text{bit/s}$。为了在带限信道中无码间干扰进行传输，采用滚降系数 $\alpha = 0.25$ 的根号升余弦滤波器生成基带信号。

（1）采用二进制基带传输，计算传输带宽。

（2）分别采用 2PSK、16ASK、16PSK、16QAM 等频带传输方式，计算传输带宽。

**解：**

（1）因为二进制 $R_s = R_b$，数字基带信号的频带利用率 $\frac{R_s}{B} = \frac{2}{1+\alpha}$，所以传输带宽为

$$B = (1+\alpha) R_s / 2 = (1+\alpha) R_b / 2 = 6.25 \times 10^5 \, \text{Hz}$$

（2）因为 PSK、ASK 和 QAM 信号频带利用率都可以表示为 $\frac{R_s}{B} = \frac{1}{1+\alpha}$，所以

$$\frac{R_b}{B} = \frac{1}{1+\alpha} \log_2 M$$

当 $R_b = 10^6$ bit/s，滚降系数 $\alpha = 0.25$ 时，2PSK 信号传输带宽为

$$B = (1+\alpha)R_b / \log_2 M = (1+0.25) \times 10^6 = 1.25 \times 10^6 \text{Hz}$$

16ASK 信号传输带宽为

$$B = (1+\alpha)R_b / \log_2 M = (1+0.25) \times 10^6 / 4 = 3.125 \times 10^5 \text{Hz}$$

16PSK 信号传输带宽为

$$B = (1+\alpha)R_b / \log_2 M = (1+0.25) \times 10^6 / 4 = 3.125 \times 10^5 \text{Hz}$$

16QAM 信号传输带宽为

$$B = (1+\alpha)R_b / \log_2 M = (1+0.25) \times 10^6 / 4 = 3.125 \times 10^5 \text{Hz}$$

6-23  已知 4ASK 的误符号率 $P_{M-4ASK} = \dfrac{2(M-1)}{M} Q\left( \sqrt{\dfrac{6}{(M^2-1)} \cdot \dfrac{E_s}{N_0}} \right)$，其中 $M=4$。试推导矩形星座的 16QAM 的误符号率公式。如果信号矢量与二进制符号之间符合格雷码编码关系，写出 16QAM 的误比特率公式。

**解**：16QAM 的误符号率取决于同相支路和正交支路 4ASK 的误符号率。设 4ASK 的误符号率为 $P_{4ASK}$，则同相支路和正交支路都正确判决的概率为 $(1-P_{4ASK})^2$，所以 16QAM 的误符号率为

$$P_{M-16QAM} = 1 - (1-P_{4ASK})^2$$

因为 4ASK 的误符号率为 $P_{M-4ASK} = \dfrac{3}{2} Q\left( \sqrt{\dfrac{2}{5} \cdot \dfrac{E_s}{N_0}} \right) = \dfrac{3}{2} Q\left( \sqrt{\dfrac{4}{5} \cdot \dfrac{E_b}{N_0}} \right)$，所以 16QAM 的误符号率为

$$P_{M-16QAM} = 1 - (1-P_{4ASK})^2 = 2P_{4ASK} - P_{4ASK}^2 \approx 2P_{4ASK} = 3Q\left( \sqrt{\dfrac{4}{5} \cdot \dfrac{E_b}{N_0}} \right)$$

当采用格雷码时，如果 $E_b/N_0$ 较大，由于噪声引起的错判最有可能出现在相邻信号点，即在 4 个比特中仅错 1 比特。此时，误比特率近似等于误符号率除以 $\log_2 M$，即

$$P_{b-16QAM} \approx \dfrac{P_{M-16QAM}}{\log_2 M} = \dfrac{P_{M-16QAM}}{4} \approx \dfrac{3}{4} Q\left( \sqrt{\dfrac{4}{5} \cdot \dfrac{E_b}{N_0}} \right)$$

16QAM 的误比特率公式也可以这样得到。因为在接收端同相支路及正交支路的解调输出经过并串变换后得到的二进制序列的平均误比特率与同相支路及正交支路的平均误比特率相同，即 16QAM 的误比特率和 4ASK 的误比特率相同，所以

$$P_{b-16QAM} = P_{b-4ASK} \approx \dfrac{P_{M-4ASK}}{2} = \dfrac{3}{4} Q\left( \sqrt{\dfrac{4}{5} \cdot \dfrac{E_b}{N_0}} \right)$$

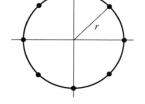

图 6-35  题 6-24 图

6-24  图 6-35 为 8PSK 星座图，假设星座图中的信号点最小距离为 $d_{min}$。

（1）如果各信号点等概率出现，计算平均符号能量；

（2）如果信息速率为 30Mbit/s，计算符号速率；

（3）试采用格雷码编码方案，给信号星座图的每点分配 3 个二进制码元，使得相邻点只差 1 个码元。

**解**：

（1）8PSK 信号星座图上信号点间的最小距离为

$$d_{min} = 2\sin\left( \dfrac{\pi}{M} \right) r = 2r\sin\dfrac{\pi}{8} = 0.7654r$$

所以 8PSK 星座图中的半径为

$$r = 1.3066d_{min}$$

平均符号能量为

$$E_s = \frac{1}{M} \sum_{n=1}^{M} (X_n^2 + Y_n^2) = r^2 = 1.7072 d_{\min}^2$$

（2）因为 8PSK 的信息速率为

$$R_b = 30 \text{Mbit/s}$$

所以符号速率为

$$R_s = \frac{R_b}{\log_2 8} = 10 \text{MBaud}$$

（3）采用格雷码进行编码，相邻码字之间只差 1 个码元。3 个二进制码元组成的格雷码为 000,001,011,010,110,111,101,100。采用格雷码的 8PSK 星座图如图 6-36 所示。

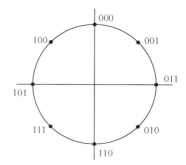

图 6-36　采用格雷码的 8PSK 星座图

6-25　图 6-37 为两种 8QAM 信号的星座图，相邻点的最短距离为 2，假设各信号点是等概的。

（1）计算两种 8QAM 信号的平均符号能量。并说明哪个星座的功率有效性更好。

（2）如果调制器输入的信息速率 $R_b = 30 \text{Mbit/s}$，试计算 8QAM 信号的符号速率。

（3）假设图 6-37（a）所示的 8QAM 信号受到 AWGN 信道干扰，试画出最佳判决区域。

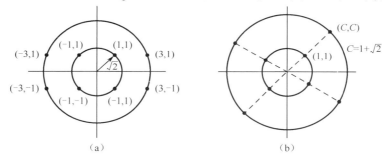

图 6-37　题 6-25 图

**解：**

（1）若所有信号点等概率出现，则平均符号能量为

$$P_s = \frac{1}{M} \sum_{n=1}^{M} (X_n^2 + Y_n^2)$$

图 6-37（a）中的信号的平均符号能量为

$$P_s = \frac{1}{M} \sum_{n=1}^{M} (X_n^2 + Y_n^2) = \frac{1}{8}[4 \times 2 + 4 \times 10] = 6$$

图 6-37（b）中的信号平均符号能量为

$$P_s = \frac{1}{M} \sum_{n=1}^{M} (X_n^2 + Y_n^2) = \frac{1}{8}\{4 \times 2 + 4 \times [(1+\sqrt{2})^2 + (1+\sqrt{2})^2]\} = 4 + 2\sqrt{2}$$

因为各星座的相邻点的最小距离均为 2，而图 6-37（a）中的信号平均功率更小，所以图 6-37（a）星座的功率更有效。

（2）因为信息速率 $R_b = 30 \text{Mbit/s}$，则 8QAM 信号的符号速率为

$$R_s = \frac{R_b}{\log_2 M} = 10 \text{MBaud}$$

（3）根据最小欧氏距离判决准则，画出相邻信号点的中垂线，得到最佳判决区域如图 6-38 所示。比如，若接收

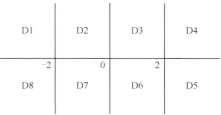

图 6-38　最佳判决区域

信号点落在 D1 区域，则判决发送信号是坐标为（-3，1）所对应的信号点，其他类推。

**注意**：可以通过信号星座图来定性分析相同进制数的数字通信系统的抗噪声性能：星座图中各信号的平均符号能量相同时，信号点的最小距离越大，抗噪声性能越强，误符号率越小。换一个角度来看，当信号星座图信号点的最小距离相同时，平均符号能量越小，功率有效性越好。

6-26  已知数字信息（绝对码）为 01011，码元速率为 1200Baud，基带信号采用矩形不归零脉冲，载波频率为 2400Hz。

（1）试分别画出 2PSK、2DPSK 及相对码的波形；

（2）求 2PSK、2DPSK 信号的频带宽度。

**解**：（1）2PSK、2DPSK 及相对码的波形如图 6-39 所示。

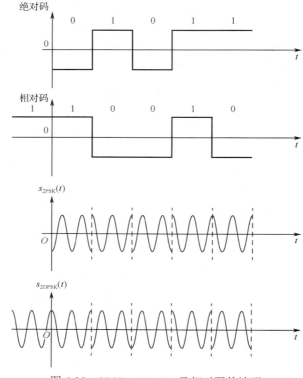

图 6-39  2PSK、2DPSK 及相对码的波形

（2）信号的频带宽度为

$$B_{2PSK} = B_{2DPSK} = 2R_s = 2400Hz$$

6-27  假设在某 2DPSK 系统中，载波频率为 2400Hz，码元速率为 1200Baud，已知相对码序列为 1100010111。相对码的编码规则是：绝对码中的"1"表示相对码的相邻码元发生改变。

（1）试画出 2DPSK 信号波形；

（2）若采用差分相干解调法接收该信号，试画出解调系统的各点波形。

**解**：（1）2DPSK 信号波形如图 6-40 所示。

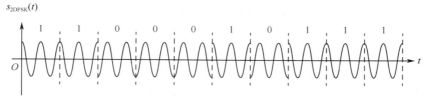

图 6-40  2DPSK 信号波形

（2）解调系统的各点波形如图 6-41 所示。

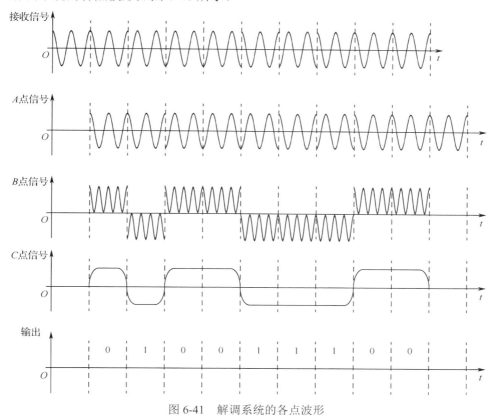

图 6-41　解调系统的各点波形

6-28　已知发送数字信息序列为 110010110010，双比特码元与载波相位差的关系为 $11 \rightarrow 0, 01 \rightarrow \pi/2, 00 \rightarrow \pi, 10 \rightarrow 3\pi/2$。已知双比特码组的宽度为 $T_s$，载波周期也为 $T_s$。设基带信号 $g(t)$ 波形为不归零矩形脉冲，试画出 4PSK 及 4DPSK 信号波形。

**解：**4PSK 及 4DPSK 信号波形如图 6-42 所示。

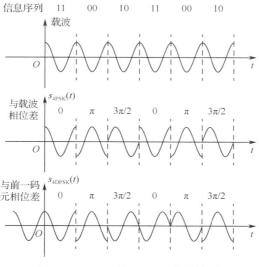

图 6-42　4PSK 及 4DPSK 信号波形

6-29　设计一个数字通信系统，如果信息速率为 14400bit/s，经过 MQAM 调制以 2400Baud

的符号速率在300～3300Hz的电话信道中进行传输。

（1）试确定进制数 $M$、载波频率 $f_\text{c}$、滚降系数 $\alpha$；

（2）画出限带 AWGN 信道条件下的最佳频带传输系统框图；

（3）画出信道中所传 QAM 信号的功率谱密度示意图。

**解：**（1）因为 $R_\text{b} = R_\text{s} \log_2 M$，则进制数为

$$M = 64$$

频带范围为(300，3300)，所以载波频率为

$$f_\text{c} = \frac{300 + 3300}{2} = 1800\text{Hz}$$

带通信道的可用带宽为 $B = 3300 - 300 = 3000\text{Hz}$，因为 QAM 的信息频带利用率为 $\eta = \dfrac{R_\text{b}}{B} = \dfrac{\log_2 M}{1 + \alpha}$，所以滚降系数为

$$\alpha = 0.25$$

（2）最佳频带传输系统框图如图 6-43 所示，图中 $K = \log_2 M = 6$，发送端的成形滤波器和接收端的接收滤波器均采用 $\alpha = 0.25$ 的根升余弦滤波器。

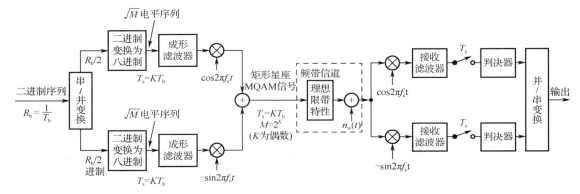

图 6-43　最佳频带传输系统框图

（3）QAM 信号的功率谱密度示意图如图 6-44 所示。

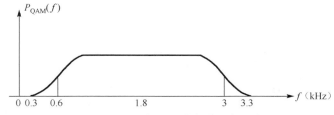

图 6-44　QAM 信号的功率谱密度示意图

6-30　某三次群的数字微波通信系统，信息速率 $R_\text{b} = 34.368 \times 10^6$ bit/s，载波频率为 6GHz，信道带宽为 25.776MHz，试设计在 AWGN 噪声干扰下的无码间干扰的最佳 QPSK 频带传输系统。

**解：** QPSK 符号速率为

$$R_\text{s} = \frac{R_\text{b}}{2} = 17.184\text{MBaud}$$

因为 $\dfrac{R_\text{s}}{B_\text{PSK}} = \dfrac{1}{1 + \alpha}$，信道带宽为 25.776MHz，所以滚降系数 $\alpha = 0.5$。无码间干扰的最佳 QPSK 频带传输系统如图 6-45 所示，其中 $f_\text{c} = 6\text{GHz}$。

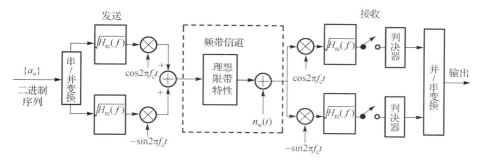

图 6-45  最佳 QPSK 频带传输系统

6-31  对一路最高频率为 4MHz 的模拟信号进行线性 PCM 编码，采用奈奎斯特抽样频率，采用 $A$ 律 13 折线编码方法，PCM 编码信号先通过 $\alpha = 0.2$ 的升余弦滚降滤波器处理，再对载波进行调制。

（1）采用 2PSK 调制，求占用信道带宽和频带利用率。

（2）将调制方式改为 256QAM，求占用信道带宽和频带利用率。

**解：**

（1）信息速率为

$$R_b = l \cdot f_s = 8 \times 8 = 64\text{Mbit/s}$$

基带信号采用 $\alpha = 0.2$ 的升余弦滚降特性，所以基带信号带宽为

$$B_{基带} = (1 + \alpha)R_s / 2 = 38.4 \text{ MHz}$$

因为 PSK 信号的带宽是基带信号带宽的 2 倍，所以

$$B_{\text{PSK}} = 2B_{基带} = 76.8 \text{ MHz}$$

频带利用率为

$$\frac{R_b}{B_{\text{PSK}}} = \frac{1}{1 + \alpha} \log_2 M = \frac{5}{6} \text{ bps/Hz}$$

（2）256QAM 信号的频带利用率为

$$\eta_b = \frac{R_b}{B_{\text{QAM}}} = \frac{1}{1 + \alpha} \log_2 M = \frac{20}{3} \text{ bps/Hz}$$

所以 256QAM 信号的带宽为

$$B_{\text{QAM}} = R_b / \eta_b = 64 \times \frac{3}{20} = 9.6 \text{ MHz}$$

6-32  对 30 路最高频率为 4000Hz 的模拟信号以奈奎斯特速率进行抽样，并采用 $A$ 律 13 折线编码，然后将这 30 路 PCM 信号与一路 160kbit/s 的数据进行时分多路复用得到信息速率为 $R_b$ 的二进制序列，并对它进行 BPSK 调制，已知基带信号采用不归零矩形脉冲。

（1）计算信息速率 $R_b$；

（2）计算 PSK 信号的主瓣宽度。

**解：**

（1）信息速率为

$$R_b = n \cdot l \cdot f_s + 160 \times 10^3 = 30 \times 8 \times 8000 + 160 \times 10^3 = 2.08 \times 10^6 \text{ bit/s}$$

（2）基带信号采用不归零矩形脉冲，所以基带信号功率谱的主瓣带宽为

$$B_{基带} = \frac{1}{T_s} = R_s = R_b = 2.08 \times 10^6 \text{ Hz}$$

因为 PSK 信号的带宽是基带信号带宽的 2 倍，所以
$$B_{\text{PSK}} = 2B_{\text{基带}} = 4.16 \times 10^6 \, \text{Hz}$$

6-33 已知信息速率为 $R_b$，计算下列二进制信号的平均功率和平均比特能量。

（1）单极性基带信号，矩形不归零脉冲，幅度等概率取 $a$ 和 0；

（2）双极性基带信号，矩形不归零脉冲，幅度等概率取 $a$ 和 $-a$；

（3）2ASK 信号，一个码元间隔内的波形等概率取 $a\cos 2\pi f_c t$ 和 0；

（4）2PSK 信号，一个码元间隔内的波形等概率取 $a\cos 2\pi f_c t$ 和 $-a\cos 2\pi f_c t$；

（5）2FSK 信号，一个码元间隔内的波形等概率取 $a\cos 2\pi f_1 t$ 和 $a\cos 2\pi f_2 t$。

**解：**

（1）平均比特能量 $E_b = \dfrac{E_1 + E_2}{2} = \dfrac{a^2 T_b + 0}{2} = \dfrac{a^2}{2R_b}$，平均功率 $P = \dfrac{E_b}{T_b} = \dfrac{a^2}{2}$。

（2）平均比特能量 $E_b = \dfrac{E_1 + E_2}{2} = \dfrac{a^2 T_b + a^2 T_b}{2} = \dfrac{a^2}{R_b}$，平均功率 $P = \dfrac{E_b}{T_b} = a^2$。

（3）平均比特能量 $E_b = \dfrac{E_1 + E_2}{2} = \dfrac{\dfrac{a^2 T_b}{2} + 0}{2} = \dfrac{a^2}{4R_b}$，平均功率 $P = \dfrac{E_b}{T_b} = \dfrac{a^2}{4}$。

（4）平均比特能量 $E_b = \dfrac{E_1 + E_2}{2} = \dfrac{\dfrac{a^2 T_b}{2} + \dfrac{a^2 T_b}{2}}{2} = \dfrac{a^2}{2R_b}$，平均功率 $P = \dfrac{E_b}{T_b} = \dfrac{a^2}{2}$。

（5）平均比特能量 $E_b = \dfrac{E_1 + E_2}{2} = \dfrac{\dfrac{a^2 T_b}{2} + \dfrac{a^2 T_b}{2}}{2} = \dfrac{a^2}{2R_b}$，平均功率 $P = \dfrac{E_b}{T_b} = \dfrac{a^2}{2}$。

6-34 某 BPSK 调制的数字调制系统的信道噪声为 AWGN，接收功率与单边噪声功率谱之比 $P_r/N_0 = 10000\text{Hz}$，数据速率 $R_b = 2000\text{bit/s}$。不考虑信道编码，试计算比特错误概率。

**解：** 比特信噪比为
$$\frac{E_b}{N_0} = \frac{P_r}{N_0}\left(\frac{1}{R_b}\right) = 5$$

则误比特率为
$$P_b = Q\left(\sqrt{\frac{2E_b}{N_0}}\right) = Q(\sqrt{10}) \approx 7.83 \times 10^{-4}$$

6-35 AWGN 信道可用带宽为 4kHz，链路预算限制 $P_r/N_0 = 60\text{dB}\cdot\text{Hz}$，要求信息速率 $R_b = 12.8\text{kbit/s}$，误比特率 $P_b \leqslant 10^{-6}$，不考虑信道编码，试在 PSK 和 FSK 这两种数字调制技术中选择符合性能要求的调制方式，并说明理由。

**解：** 因为频带利用率至少为
$$\frac{R_b}{B} = \frac{12.8}{4} = 3.2\text{bps/Hz}$$

所以需要选择带限信号。为了节省功率，需要选择满足带宽要求的最小进制数的 16PSK。现在来验证 16PSK 是否满足误比特率要求。

由 $\dfrac{P_r}{N_0} = \dfrac{E_b R_b}{N_0}$，可得比特信噪比为
$$E_b/N_0 = 78.125$$

由 MPSK 系统误符号率公式

$$P_M \approx 2Q\left(\sqrt{\frac{2E_s}{N_0}}\sin\frac{\pi}{M}\right) = 2Q\left(\sqrt{\frac{2KE_b}{N_0}}\sin\frac{\pi}{M}\right)$$

其中，$K = \log_2 M$。

可得 16PSK 解调器输出的误符号率为

$$P_M \approx 2Q(4.875) \approx 1.076 \times 10^{-6}$$

则解调器输出的误比特率为

$$P_b \approx \frac{P_M}{\log_2 M} \approx 2.69 \times 10^{-7}$$

可见，不需要通过信道编码，16PSK 调制方式可以满足性能指标要求。

**注意**：数字调制系统可以分为两大类，一类是带限系统，以满足低带宽需求为主要特征。另一类是功限系统，以满足低功率需求为主要特征。ASK、PSK 和 QAM 信号为带限信号，随着进制数 $M$ 的增加，信息频带利用率将增加，但同样的误符号率需要的 $E_b/N_0$ 将增大；正交 FSK 信号为功限信号，$M$ 增加，同样的误符号率需要的 $E_b/N_0$ 将降低，但以增加信号的频带宽度为代价。

6-36    AWGN 信道可用带宽为 30kHz，链路预算限制 $P_r/N_0 = 49.83\text{dB}\cdot\text{Hz}$，要求信息速率 $R_b = 9.6\text{kbit/s}$，不考虑信道编码，采用正交 8FSK 调制方式。

（1）信道带宽是否满足要求？

（2）已知 MFSK 系统的误符号率公式为 $P_M \leqslant (M-1)Q\left(\sqrt{\frac{E_s}{N_0}}\right)$，计算误比特率。

**解**：（1）正交 8FSK 调制信号的频带利用率为

$$\frac{R_b}{B} \approx \frac{2\log_2 M}{M} = \frac{6}{8} = 0.75\text{bps/Hz}$$

当 $R_b = 9.6\text{kbit/s}$ 时，采用 8FSK 需要的传输带宽 $B = 12.8\text{kHz}$，而 AWGN 信道可用带宽为 30kHz，所以满足可用带宽要求。

（2）比特信噪比为

$$\frac{E_b}{N_0} = \frac{P_r}{N_0}\left(\frac{1}{R_b}\right)$$

符号信噪比为

$$\frac{E_s}{N_0} = \log_2 M \frac{E_b}{N_0} = 30.05$$

误符号率为

$$P_M \leqslant (M-1)Q\left(\sqrt{\frac{E_s}{N_0}}\right) = 7Q(\sqrt{30.05}) \approx 1.474 \times 10^{-7}$$

误比特率为

$$P_b = \frac{2^{K-1}}{2^K - 1}P_M = \frac{4}{7} \times P_M \leqslant 0.8423 \times 10^{-7}$$

# 第7章 扩频调制与多载波调制

7-1 两个4级反馈移位寄存器如图7-1所示。若寄存器的初始状态均为1000，写出它们的输出序列，并给出序列的一个周期，说明周期的长度。

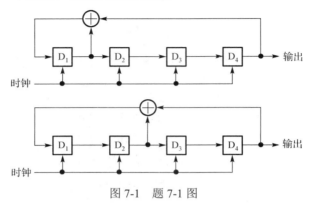

图7-1 题7-1图

**解**：对于上面一种反馈移位寄存器，寄存器的状态迁移过程为

$1000 \rightarrow 1100 \rightarrow 1110 \rightarrow 1111 \rightarrow 0111 \rightarrow 1011 \rightarrow 0101 \rightarrow 1010 \rightarrow 1101 \rightarrow 0110 \rightarrow 0011 \rightarrow 1001 \rightarrow 0100 \rightarrow 0010 \rightarrow 0001 \rightarrow 1000 \cdots\cdots$

输出为 000111101011001 000111101011001 $\cdots\cdots$

序列的一个周期为 000111101011001，周期长度为 $2^4-1=15$。

对于下面一种反馈移位寄存器，寄存器的状态迁移过程为

$1000 \rightarrow 0100 \rightarrow 1010 \rightarrow 0101 \rightarrow 0010 \rightarrow 0001 \rightarrow 1000 \rightarrow 0100 \cdots\cdots$

输出为 000101 000101 $\cdots\cdots$

序列的一个周期为 000101 ，周期长度为6。

7-2 画出产生周期为 $N=63$ 的 m 序列的移位寄存器图。

**解**：$m = \log_2(N+1) = \log_2 64 = 6$。当抽头位置为[1,6] [1,2,5,6]和[2,3,5,6]时，对应的三种移位寄存器产生电路如图7-2所示。

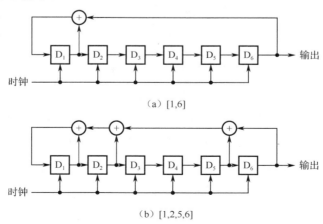

（a）[1,6]

（b）[1,2,5,6]

图7-2 三种移位寄存器产生电路

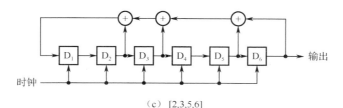

（c）[2,3,5,6]

图 7-2　三种移位寄存器产生电路（续）

7-3　采用 BPSK 的直扩系统中，伪随机码为 m 序列，由一个 8 级的反馈移位寄存器产生，码片速率为 $5.1 \times 10^7$ 码片/秒。试求：（1）数据的传输速率；（2）系统的处理增益。

**解：** m 序列的周期为 $N = 2^m - 1 = 255$。

（1）
$$R_b = \frac{R_c}{N} = \frac{5.1 \times 10^7}{255} = 2 \times 10^5 \, \text{bit/s}$$

（2）处理增益为
$$G_p = N = 255 = 24.07 \text{dB}$$

7-4　采用 2FSK 的慢跳频系统，符号速率为 $R_s = 1000$Buad，跳频速率为 $R_h = 250$ 跳/秒，伪随机码采用周期为 511 的 m 序列，控制频率合成器的比特数为 7。试求：

（1）系统的带宽；

（2）系统的扩频增益。

**解：**（1）跳频数量为 $2^7 = 128$。

码片速率为
$$R_c = R_s = 1000 \text{chip/s}$$

非相干 2FSK 载频的最小间隔为 $R_s$，2FSK 信号的带宽为
$$B_{2FSK} = \Delta f + 2R_s = 3R_s = 3000 \text{Hz}$$

系统带宽为
$$128 B_{2FSK} = 3.84 \times 10^5 \, \text{Hz} = 384 \text{kHz}$$

（2）系统的扩频增益为 128。

7-5　某 OFDM 系统，传输带宽为 10.24MHz，子信道数量为 256，其中用于数据传输的子信道数目为 192，其他子信道用于传输导频和作为防卫带。抽样频率为 10.24MHz，循环前缀长度为子信道带宽的倒数的 1/16。纠错编码码率为 1/2，调制方式采用 BPSK、QPSK、16QAM、64QAM 和 256QAM。试求：

（1）子信道的带宽；

（2）循环前缀的长度；

（3）OFDM 符号的长度；

（4）不同调制方式的数据传输速率。

**解：**（1）子信道的带宽为
$$\Delta f = \frac{10240}{256} = 40 \text{kHz}$$

（2）循环前缀的长度为
$$T_{cp} = \frac{1}{16 \Delta f} = \frac{1}{16 \times 40 \times 10^3} = 1.5625 \times 10^{-6} \, \text{s}$$

（3）OFDM 符号的长度为
$$T_{OFDM} = \frac{256}{f_s} + T_{cp} = \frac{256}{10.24 \times 10^6} + 1.5625 \times 10^{-6} = 2.6563 \times 10^{-5} \, \text{s}$$

（4）一个 OFDM 符号中的调制符号为 192，由于信道编码码率为 1/2，则采用 $M$ 进制调制时，

一个 OFDM 符号中的信息比特数为 $\dfrac{192\log_2 M}{2}=96\log_2 M$bit，故信息传输速率为 $R_\text{b}=\dfrac{96\log_2 M}{T_\text{OFDM}}=$

$\dfrac{96\log_2 M}{2.6563\times10^{-5}}$bit/s 。各种调制方式的信息传输速率为

    BPSK：$3.614\times10^6$bit/s=3.614Mbit/s

    QPSK：$7.228\times10^6$bit/s=7.228Mbit/s

    16QAM：$14.456\times10^6$bit/s=14.456Mbit/s

    64QAM：$21.685\times10^6$bit/s=21.685Mbit/s

    256QAM：$28.913\times10^6$bit/s=28.913Mbit/s

# 第8章 信息论基础

说明：第8章习题主要参考于秀兰等老师编著的《信息论基础》（电子工业出版社出版）。

**8-1** 如何理解消息、信号和信息之间的关系？

答：消息一般用语音、文字、图像、数据等能够被人们感觉器官所感知的形式表示。信息指消息的具体内容和意义，消息是信息的载体，同样的信息可用不同的消息形式来载荷。在通信系统中，信号是消息的载荷者，可以通过信道将载荷消息的物理信号从发送端传送到接收端。

**8-2** 如何理解信息量和不确定性之间的关系？

答：可以从信源和信宿两个方面来理解。

信源输出的消息出现的概率越小，出现之后提供的信息量就越大。出现之前，猜测它是否出现的不确定性越大。

信宿收到的信息量就是收到消息前后的不确定性减少量 $I(a_i) - I(a_i | b_j)$，等于信源提供的信息量和信道传输损失的信息量之差。

**8-3** 如何理解信源输出的信息量、信道传输过程中损失的信息量和信宿收到的信息量？

答：假设信源输出的消息为 $a_i$，信宿收到的消息为 $b_j$，先验概率为 $P(a_i)$，后验概率为 $P(a_i | b_j)$。信源输出 $a_i$ 提供的信息量为 $I(a_i) = -\log P(a_i)$，信道损失的信息量为 $I(a_i | b_j) = -\log P(a_i | b_j)$，信宿收到的信息量为 $I(a_i; b_j) = I(a_i) - I(a_i | b_j)$。

**8-4** 某事件 $X$ 发生之前知道它有 3 种可能的试验结果 $a_1, a_2, a_3$，如果出现概率分别为 $P(a_1) = 0.5, P(a_2) = 0.25, P(a_3) = 0.25$。

（1）计算出现 $a_1$ 的不确定性；

（2）计算出现 $a_3$ 时提供的信息量。

**解**：（1）出现 $a_1$ 的不确定性为

$$I(a_1) = -\log P(a_1) = 1\text{bit}$$

（2）出现 $a_3$ 时提供的信息量为

$$I(a_3) = -\log P(a_3) = 2\text{bit}$$

**8-5** 掷两粒骰子，当其向上的面的小圆点数之和是 2 时，该消息所包含的信息量是多少？当小圆点数之和是 5 时，该消息所包含的信息量是多少？

**解**：因为"小圆点数之和是 2"出现的概率为 1/36，所以该消息所包含的信息量为

$$I_1 = -\log_2(1/36) = 5.1699\text{bit}$$

因为"小圆点数之和是 5"出现的概率为 1/9，所以该消息所包含的信息量为

$$I_2 = -\log_2(1/9) = 3.1699\text{bit}$$

**8-6** 已知离散信源 $X$ 的概率空间为 $\begin{bmatrix} X \\ P(x) \end{bmatrix} = \begin{bmatrix} a_1 & a_2 \\ 0.4 & 0.6 \end{bmatrix}$，信道的转移概率矩阵

$$\boldsymbol{P} = \begin{bmatrix} P(b_1 | a_1) & P(b_2 | a_1) \\ P(b_1 | a_2) & P(b_2 | a_2) \end{bmatrix} = \begin{bmatrix} 0.9 & 0.1 \\ 0.2 & 0.8 \end{bmatrix}$$

求联合概率 $P(xy)$、信宿接收信号的概率 $P(y)$、信源符号的后验概率 $P(x | y)$。

**解**：由离散信源的概率空间、信道的转移概率 $P(y | x)$ 可得联合概率 $P(xy)$，如表 8-1 所示。

表 8-1　联合概率 P(xy)

| x | 联合概率 P(xy) | |
| --- | --- | --- |
| | $y_1 = 0$ | $y_2 = 1$ |
| $x_1 = 0$ | 0.36 | 0.04 |
| $x_2 = 1$ | 0.12 | 0.48 |

可得信宿接收信号的概率。

$$P(y_1 = 0) = 0.48 , \quad P(y_2 = 1) = 0.52$$

已知联合概率 $P(xy)$ 和信宿接收信号的概率 $P(y)$，由 $P(x \mid y) = \dfrac{P(xy)}{P(y)}$ 可得信源符号的后验概率 $P(x \mid y)$，如表 8-2 所示。

表 8-2　后验概率 P(x | y)

| x | 后验概率 P(x \| y) | |
| --- | --- | --- |
| | $y_1 = 0$ | $y_2 = 1$ |
| $x_1 = 0$ | 3/4 | 1/13 |
| $x_2 = 1$ | 1/4 | 12/13 |

8-7　设有一离散无记忆信源，其概率空间为 $\begin{bmatrix} X \\ P(x) \end{bmatrix} = \begin{bmatrix} a_1 & a_2 \\ 0.6 & 0.4 \end{bmatrix}$，它们通过干扰信道，信道输出端的接收符号集为 $Y = [b_1, b_2]$，信道转移概率如图 8-1 所示。

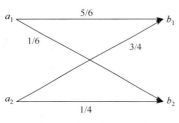

图 8-1　信道转移概率

（1）计算联合概率 $P(a_i b_j)$；

（2）计算信宿接收信号的概率 $P(b_j)$；

（3）计算信源符号的后验概率 $P(a_i \mid b_j)$；

（4）计算自信息 $I(a_1)$ 和互信息 $I(a_1; b_1)$。

**解：**（1）由信源概率空间、信道转移概率可得联合概率 $P(a_i b_j)$，如表 8-3 所示。

表 8-3　联合概率 P(aᵢbⱼ)

| $a_i$ | 联合概率 P(aᵢbⱼ) | |
| --- | --- | --- |
| | $b_1 = 0$ | $b_2 = 1$ |
| $a_1 = 0$ | 0.5 | 0.1 |
| $a_2 = 1$ | 0.3 | 0.1 |

（2）信宿接收信号的概率为

$$P(b_1 = 0) = 0.8 , \quad P(b_2 = 1) = 0.2$$

（3）已知 $P(a_i b_j)$ 和 $P(b_j)$，可得信源符号的后验概率 $P(a_i \mid b_j)$，如表 8-4 所示。

表 8-4　后验概率 P(aᵢ | bⱼ)

| $a_i$ | 后验概率 P(aᵢ \| bⱼ) | |
| --- | --- | --- |
| | $b_1 = 0$ | $b_2 = 1$ |
| $a_1 = 0$ | 5/8 | 1/2 |
| $a_2 = 1$ | 3/8 | 1/2 |

（4）自信息为

$$I(a_1) = -\log 0.6 = 0.7370\text{bit}$$

互信息为

$$I(a_1;b_1) = I(a_1) - I(a_1 \mid b_1) = \log \frac{5/8}{0.6} = 0.0589\text{bit}$$

8-8  假设二进制对称信道的错误转移概率 $p = 0.1$，采用（5，1）重复码，根据大数法则进行译码，计算译码输出端不能纠错的码字错误概率。

**解：** 如果用作纠错码，（5，1）重复码在信道译码器输出端不能纠正的错误概率为

$$P_\text{E} = P_5(3) + P_5(4) + P_5(5) = C_5^3 \bar{p}^2 p^3 + C_5^4 \bar{p} p^4 + C_5^5 p^5$$

其中，$P_n(k)$ 表示在码长为 $n$ 的码字中发生 $k$ 个错码的概率。

当 $p = 0.1$ 时，错误概率为

$$P_\text{E} = 10\bar{p}^2 p^3 + 5\bar{p} p^4 + p^5 = 0.0086$$

8-9  某无记忆信源发出四个消息 $A$、$B$、$C$、$D$，出现的概率分别为 1/4、1/8、1/8 和 1/2。

（1）计算消息 $B$ 出现的不确定性；

（2）计算信源熵；

（3）计算该信源的剩余度。

**解：**

（1）消息 $B$ 出现的不确定性

$$I(B) = -\log P(B) = 3\text{bit}$$

（2）信源熵

$$H(X) = H\left(\frac{1}{4}, \frac{1}{8}, \frac{1}{8}, \frac{1}{2}\right) = 1.75 \text{ 比特/信源符号}$$

（3）信源的剩余度

$$\xi = 1 - \eta = 1 - \frac{1.75}{\log_2 4} = 0.125$$

8-10  同时掷两个正常的骰子，也就是各面呈现的概率都是 1/6，求：

（1）"2 和 3 同时出现"事件的自信息；

（2）"两个 2 同时出现"事件的自信息；

（3）"其向上的面的小圆点数之和是 5"事件的自信息；

（4）两个点数之和（即 2，3，…，12 构成的子集）的熵；

（5）两个点数中至少有一个是 1 的自信息；

（6）两个点数的各种组合（无序对）的熵或平均信息量。

**解：**

设第一次掷骰子的点数为 $x$，第二次掷骰子的点数为 $y$，则联合概率如表 8-5 所示。

表 8-5  掷两个骰子的联合概率

| $x$ | $P(xy)$ | | | | | |
|---|---|---|---|---|---|---|
| | $y=1$ | $y=2$ | $y=3$ | $y=4$ | $y=5$ | $y=6$ |
| $x=1$ | 1/36 | 1/36 | 1/36 | 1/36 | 1/36 | 1/36 |
| $x=2$ | 1/36 | 1/36 | 1/36 | 1/36 | 1/36 | 1/36 |
| $x=3$ | 1/36 | 1/36 | 1/36 | 1/36 | 1/36 | 1/36 |
| $x=4$ | 1/36 | 1/36 | 1/36 | 1/36 | 1/36 | 1/36 |
| $x=5$ | 1/36 | 1/36 | 1/36 | 1/36 | 1/36 | 1/36 |
| $x=6$ | 1/36 | 1/36 | 1/36 | 1/36 | 1/36 | 1/36 |

（1）"2 和 3 同时出现"的概率为 $\frac{1}{36}+\frac{1}{36}=\frac{1}{18}$，则事件的自信息为

$$I = \log 18 = 4.1699 \text{bit}$$

（2）"两个 2 同时出现"的概率为 1/36，事件的自信息为

$$I = \log 36 = 5.1699 \text{bit}$$

（3）"其向上的面的小圆点数之和是 5"的概率为 $\frac{1}{36}+\frac{1}{36}+\frac{1}{36}+\frac{1}{36}=\frac{1}{9}$，事件的自信息为

$$I = \log 9 = 3.1699 \text{bit}$$

（4）两个点数之和（即 2，3，…，12 构成的子集）的概率空间为

$$\begin{bmatrix} 2 & 3 & 4 & 5 & 6 & 7 & 8 & 9 & 10 & 11 & 12 \\ \frac{1}{36} & \frac{2}{36} & \frac{3}{36} & \frac{4}{36} & \frac{5}{36} & \frac{6}{36} & \frac{5}{36} & \frac{4}{36} & \frac{3}{36} & \frac{2}{36} & \frac{1}{36} \end{bmatrix}$$

则熵为

$$H(X) = H\left(\frac{1}{36},\frac{2}{36},\frac{3}{36},\frac{4}{36},\frac{5}{36},\frac{6}{36},\frac{5}{36},\frac{4}{36},\frac{3}{36},\frac{2}{36},\frac{1}{36}\right) = 3.2744 \text{比特/符号}$$

（5）"两个点数中至少有一个是 1"的概率为 11/36，则自信息为

$$I = \log \frac{36}{11} = 1.7105 \text{bit}$$

（6）两个点数的各种组合（无序对）的熵或平均信息量为

$$H(X) = H\left(\underbrace{\frac{1}{36},\cdots,\frac{1}{36}}_{\text{共6个}},\underbrace{\frac{1}{18},\cdots,\frac{1}{18}}_{\text{共15个}}\right) = 4.3366 \text{比特/符号}$$

8-11　纸盒中有 90 个红球，10 个黄球，计算：

（1）随机取出一个球，事件"取出一个黄球"的不确定性；

（2）随机取出一个球，事件"取出一个红球"所提供的信息量；

（3）随机取出两个球，事件"两个球都是红球"的不确定性；

（4）随机取出两个球，事件"在第一个球是红球的条件下，第二个球是黄球"所提供的信息量。

**解**：（1）事件"取出一个黄球"的概率为 1/10，对应的不确定性为

$$I_1 = \log 10 = 3.3219 \text{bit}$$

（2）事件"取出一个红球"的概率为 9/10，提供的信息量为

$$I_2 = \log \frac{10}{9} = 0.1520 \text{bit}$$

（3）事件"两个球都是红球"的概率 90/100×89/99，对应的不确定性为

$$I_3 = -\log\left(\frac{90}{100}\times\frac{89}{99}\right) = 0.3056 \text{bit}$$

（4）事件"在第一个球是红球的条件下，第二个球是黄球"的条件概率为 10/99，提供的信息量为

$$I_3 = \log \frac{99}{10} = 3.3074 \text{bit}$$

8-12　设离散无记忆信源的概率空间为

$$\begin{bmatrix} X \\ P(x) \end{bmatrix} = \begin{bmatrix} a_1 & a_2 & a_3 & a_4 & a_5 & a_6 \\ 0.16 & 0.17 & 0.17 & 0.18 & 0.19 & 0.2 \end{bmatrix}$$

试计算信息熵，并解释是否满足信息熵的极值性，并解释原因。

**解**：该 6 进制信源的信息熵为
$$H(X) = H(0.16, 0.17, 0.17, 0.18, 0.19, 0.2) = 2.6571 \text{ 比特/符号}$$

6 进制信源的最大熵为
$$H_{\max}(X) = \log_2 6 = 2.5850 \text{ 比特/符号}$$

对照 $H(X)$ 和 $H_{\max}(X)$，信息熵似乎不满足信息熵的极值性，这是不可能的。究其原因，$\sum_{i=1}^{6} P(a_i) = 1.07 \neq 1$，这是不可能的，可见题目已知条件有误。

8-13 如果你在不知道今天是星期几的情况下问你的朋友"明天是星期几"，则答案中含有多少信息量？如果你在知道今天是星期一的情况下提出同样的问题，则答案中你能获得多少信息量？

**解**：不知道今天是星期几的情况下，猜测明天是星期一、二、三、四、五、六、日的概率均为 1/7，所以该答案含有的信息量为
$$I = \log 7 = 2.8074 \text{bit}$$

在知道今天是星期一的情况下，明天是星期二的概率为 1，所以答案含有的信息量为
$$I = \log 1 = 0 \text{bit}$$

8-14 某帧电视图像由 $3 \times 10^5$ 个像素组成，假定所有的像素独立变化，且每一像素取 128 个不同的亮度电平，问该帧图像含有多少信息量？若现有一个广播员在约 10000 个汉字中选取 1000 个字来口述该电视图像，试问该广播员提供多少信息量？

**解**：每一像素取 128 个不同的亮度电平，不考虑色彩度，则该帧图像含有的信息量为
$$I = 3 \times 10^5 \times \log 128 = 2.1 \times 10^6 \text{bit}$$

在约 10000 个汉字中选取 1000 个字来口述该电视图像，广播员提供的信息量为
$$I = 1000 \times \log 10000 = 1.32877 \times 10^4 \text{bit}$$

8-15 有 12 枚金币，其中一枚为假币。假币和真币的外形完全一样，只知道假币和真币重量不同，但不知是重还是轻，为了在天枰上称出哪一枚是假币，问至少需要称几次才能鉴别出假币并判断出轻重？（假设天枰没有砝码。）

**解**：根据熵函数的可加性，一个复合事件集合的不确定性可以通过多次实验逐步解除。如果能够使得每次实验所获得的信息量最大，那么所需要的实验次数就最少。

无砝码天枰的一次称重有 3 种结果：平衡、左倾和右倾，即得到的信息量最大为 $\log 3 \text{bit}$，$k$ 次称重所得的信息量为 $k \log 3 \text{bit}$。从含一枚假币的 12 枚金币中鉴别出其中的假币及其轻重所需的信息为 $\log 24 \text{bit}$。因为 $2 < \dfrac{\log 24}{\log 3} < 3$。所以理论上至少 3 次称重才能够鉴别出假币并判断其轻重。

8-16 设随机变量 $X$ 和 $Y$ 的联合概率分布如表 8-6 所示。

表 8-6 随机变量 $X$ 和 $Y$ 的联合概率分布

| $a_i$ | $P(a_ib_j)$ | |
|---|---|---|
| | $b_1=0$ | $b_2=1$ |
| $a_1=0$ | 1/3 | 1/3 |
| $a_2=1$ | 0 | 1/3 |

已知随机变量 $Z = X \oplus Y$，试计算：
（1） $P(z)$，$P(xz)$，$P(yz)$，$P(xyz)$；
（2） $H(X)$，$H(Y)$，$H(Z)$；

（3）$H(XY)$，$H(XZ)$，$H(YZ)$，$H(XYZ)$；

（4）$H(X|Y)$，$H(Y|X)$，$H(X|Z)$；

（5）$H(Z|XY)$，$H(X|ZY)$；

（6）$I(X;Y)$，$I(Y;Z)$，$I(X;Z)$；

（7）$I(X;Y|Z)$、$I(X;YZ)$ 和 $I(Z;XY)$。

**解：**（1）由已知条件可得到 $XY$ 和 $Z$ 的关系及其概率分布如表 8-7 所示。

表 8-7　随机变量 $XY$ 和 $Z$ 的关系及其概率分布

| $xy$ | $P(xy)$ | $Z = X \oplus Y$ |
|---|---|---|
| $xy$=00 | 1/3 | 0 |
| $xy$=01 | 1/3 | 1 |
| $xy$=10 | 0 | 1 |
| $xy$=11 | 1/3 | 0 |

所以 $Z$ 的概率 $P(z)$ 如表 8-8 所示。

表 8-8　随机变量 $Z$ 的概率

| $z$ | $P(z)$ |
|---|---|
| $z$=0 | 2/3 |
| $z$=1 | 1/3 |

联合概率 $P(xz)$，$P(yz)$，$P(xyz)$ 分别如表 8-9、表 8-10 和表 8-11 所示。

表 8-9　联合概率 $P(xz)$

| $xz$ | $P(xz)$ |
|---|---|
| $xz$=00 | 1/3 |
| $xz$=01 | 1/3 |
| $xz$=10 | 1/3 |
| $xz$=11 | 0 |

表 8-10　联合概率 $P(yz)$

| $yz$ | $P(yz)$ |
|---|---|
| $yz$=00 | 1/3 |
| $yz$=01 | 0 |
| $yz$=10 | 1/3 |
| $yz$=11 | 1/3 |

表 8-11　联合概率 $P(xyz)$

| $xy$ | $P(xyz)$ | |
|---|---|---|
|  | $z$=0 | $z$=1 |
| $xy$=00 | 1/3 | 0 |
| $xy$=01 | 0 | 1/3 |
| $xy$=10 | 0 | 0 |
| $xy$=11 | 1/3 | 0 |

（2）$H(X) = H\left(\dfrac{2}{3}, \dfrac{1}{3}\right) = 0.918$ 比特/符号

$$H(Y) = H\left(\frac{1}{3}, \frac{2}{3}\right) = 0.918 \text{ 比特/符号}$$

$$H(Z) = H\left(\frac{2}{3}, \frac{1}{3}\right) = 0.918 \text{ 比特/符号}$$

（3）$H(XY) = H\left(\frac{1}{3}, \frac{1}{3}, 0, \frac{1}{3}\right) = 1.585 \text{ 比特/二个符号}$

$$H(XZ) = H\left(\frac{1}{3}, \frac{1}{3}, \frac{1}{3}, 0\right) = 1.585 \text{ 比特/二个符号}$$

$$H(YZ) = H\left(\frac{1}{3}, 0, \frac{1}{3}, \frac{1}{3}\right) = 1.585 \text{ 比特/二个符号}$$

$$H(XYZ) = H\left(\frac{1}{3}, \frac{1}{3}, \frac{1}{3}, 0, 0, 0, 0, 0\right) = 1.585 \text{ 比特/三个符号}$$

（4）$H(X|Y) = H(XY) - H(Y) = 0.667 \text{ 比特/符号}$
$H(Y|X) = H(XY) - H(X) = 0.667 \text{ 比特/符号}$
$H(X|Z) = H(XZ) - H(Z) = 0.667 \text{ 比特/符号}$

（5）$H(Z|XY) = H(XYZ) - H(XY) = 0$
$H(X|ZY) = H(XYZ) - H(ZY) = 0$

需要说明的是，$H(Z|XY) = 0$ 可以这样理解：当 $X$ 和 $Y$ 已知时，$Z$ 是确知的，所以不确定性为 0。

（6）$I(X;Y) = H(X) + H(Y) - H(XY) = 0.251 \text{ 比特/符号}$
$I(X;Z) = H(X) + H(Z) - H(XZ) = 0.251 \text{ 比特/符号}$
$I(Y;Z) = H(Y) + H(Z) - H(YZ) = 0.251 \text{ 比特/符号}$

（7）$I(X;Y|Z) = H(X|Z) - H(X|YZ) = \left[H(XZ) - H(Z)\right] - \left[H(XYZ) - H(YZ)\right]$
$\qquad\qquad = (1.585 - 0.918) - (1.585 - 1.585) = 0.667 \text{ 比特/符号}$

$\qquad I(X;YZ) = H(X) - H(X|YZ) = 0.918 \text{ 比特/符号}$

$\qquad I(Z;XY) = H(Z) - H(Z|XY) = 0.918 \text{ 比特/符号}$

$\qquad I(X;YZ)$ 也可以由 $I(X;YZ) = I(X;Z) + I(X;Y|Z)$ 计算得到。

8-17 两个实验 $X$ 和 $Y$，$X = \{a_1, a_2, a_3\}$，$Y = \{b_1, b_2, b_3\}$，联合概率 $P(a_i b_j) = p_{ij}$ 为

$$\begin{bmatrix} p_{11} & p_{12} & p_{13} \\ p_{21} & p_{22} & p_{23} \\ p_{31} & p_{32} & p_{33} \end{bmatrix} = \begin{bmatrix} 7/24 & 1/24 & 0 \\ 1/24 & 1/4 & 1/24 \\ 0 & 1/24 & 7/24 \end{bmatrix}$$

（1）如果有人告诉你 $X$ 和 $Y$ 的实验结果，你得到的平均信息量是多少？

（2）如果有人告诉你 $Y$ 的实验结果，你得到的平均信息量是多少？

（3）在已知 $Y$ 的实验结果的情况下，告诉你 $X$ 的实验结果，你得到的平均信息量是多少？

**解：**（1）$H(XY) = H\left(\frac{7}{24}, \frac{7}{24}, \frac{1}{24}, \frac{1}{24}, \frac{1}{24}, \frac{1}{24}, \frac{1}{4}\right) = 2.3011 \text{ 比特/符号对}$

（2）$H(Y) = H\left(\frac{1}{3}, \frac{1}{3}, \frac{1}{3}\right) = 1.5850 \text{ 比特/符号}$

（3）$H(X|Y) = H(XY) - H(Y) = 0.7161 \text{ 比特/符号}$

8-18 已知两个独立的随机变量 $X$、$Y$ 的分布律如表 8-12 和表 8-13 所示。

表 8-12　X 的分布律

| $x$ | $P(x)$ |
|---|---|
| $x=0$ | 0.3 |
| $x=1$ | 0.7 |

表 8-13　Y 的分布律

| $y$ | $P(y)$ |
|---|---|
| $y=0$ | 0.6 |
| $y=1$ | 0.4 |

设随机变量 $Z=XY$，计算：

（1）$H(X)$，$H(Y)$，$H(Z)$；

（2）$H(XY)$，$H(XZ)$，$H(YZ)$，$H(XYZ)$；

（3）$H(X|Y)$，$H(Y|X)$，$H(X|Z)$；

（4）$H(Z|XY)$，$H(X|ZY)$。

**解：**（1）$H(X)=H(0.3,0.7)=0.8813$ 比特/符号

$H(Y)=H(0.6,0.4)=0.9710$ 比特/符号

由已知条件可得到 $XY$ 和 $Z$ 的关系及其概率分布如表 8-14 所示。

表 8-14　随机变量 XY 和 Z 的关系及其概率分布

| $xy$ | $P(xy)$ | $Z=XY$ |
|---|---|---|
| $xy=00$ | 0.18 | 0 |
| $xy=01$ | 0.12 | 0 |
| $xy=10$ | 0.42 | 0 |
| $xy=11$ | 0.28 | 1 |

由表 8-14 可见 $Z$ 取 0 和 1 的概率分别为 0.72 和 0.28，则

$H(Z)=H(0.72,0.28)=0.8555$ 比特/符号

（2）$H(XY)=H(X)+H(Y)=1.8523$ 比特/符号对

$H(XYZ)=H(XY)+H(Z|XY)=H(XY)=1.8523$ 比特/三个符号

需要说明的是，$H(Z|XY)=0$ 可以这样理解：当 $X$ 和 $Y$ 已知时，$Z$ 是确知的，所以不确定性为 0。

联合概率 $P(xz),P(yz)$ 分别如表 8-15 和表 8-16 所示。

表 8-15　联合概率 $P(xz)$

| $xz$ | $P(xz)$ |
|---|---|
| $xz=00$ | 0.3 |
| $xz=01$ | 0 |
| $xz=10$ | 0.42 |
| $xz=11$ | 0.28 |

表 8-16　联合概率 $P(xz)$

| $yz$ | $P(yz)$ |
|---|---|
| $yz=00$ | 0.6 |
| $yz=01$ | 0 |
| $yz=10$ | 0.12 |
| $yz=11$ | 0.28 |

$$H(XZ) = H(0.3, 0, 0.42, 0.28) = 1.5610 \text{比特/符号对}$$
$$H(YZ) = H(0.6, 0, 0.12, 0.28) = 1.3235 \text{比特/符号对}$$

（3）$H(X \mid Y) = H(X) = 0.8813 \text{比特/符号}$

$\quad\quad H(Y \mid X) = H(Y) = 0.9710 \text{比特/符号}$

$\quad\quad H(X \mid Z) = H(XZ) - H(Z) = 0.7055 \text{比特/符号}$

（4）$H(Z \mid XY) = 0$

$\quad\quad H(X \mid ZY) = H(XYZ) - H(ZY) = 0.5288 \text{比特/符号}$

8-19　有两个离散随机变量 $X$ 和 $Y$，其和为 $Z = X + Y$，且 $X$ 与 $Y$ 相互独立。求证：

（1）$H(X) \leqslant H(Z)$；

（2）$H(Y) \leqslant H(Z)$；

（3）$H(XY) \geqslant H(Z)$。

证明：（1）
$$P(z) = \sum_Y P(y, z) = \sum_Y P(y, z = x + y)$$
$$= \sum_Y P(y, x = z - y) = \sum_Y P(y, x)$$

因为 $X$ 与 $Y$ 相互独立，所以
$$P(z) = \sum_Y P(y, x) = \sum_Y P(y)P(x), \quad z = x + y$$

因为 $P(z) = \sum_Y P(y)P(z \mid y)$，对照可得
$$P(z \mid y) = \begin{cases} P(x), & z = x + y \\ 0, & z \neq x + y \end{cases}$$

因为
$$H(Z \mid Y) = -\sum_Z \sum_Y P(y)P(z \mid y) \log P(z \mid y)$$
$$= -\sum_{Z = X + Y} \sum_Y P(y)P(x) \log P(x)$$
$$= -\sum_X \sum_Y P(y)P(x) \log P(x)$$
$$= -\sum_X P(x) \log P(x)$$

所以
$$H(Z \mid Y) = H(X)$$

又因为
$$I(Z; Y) = H(Z) - H(Z \mid Y) = H(Z) - H(X) \geqslant 0$$

所以
$$H(X) \leqslant H(Z)$$

（2）类似（1）的证明思路，同理可得
$$P(z) = \sum_X P(y, x) = \sum_X P(y)P(x), \quad z = x + y$$
$$P(z \mid x) = \begin{cases} P(y), & z = x + y \\ 0, & z \neq x + y \end{cases}$$

可证得
$$H(Z \mid X) = H(Y)$$

因为

$$I(Z;X) = H(Z) - H(Z \mid X) = H(Z) - H(Y) \geqslant 0$$

所以
$$H(Y) \leqslant H(Z)$$

（3）因为 $z = x + y$，即已知 $x, y$ 可确知 $z$，所以
$$P(z \mid xy) = \begin{cases} 1, & z = x + y \\ 0, & z \neq x + y \end{cases}$$

所以 $\qquad\qquad H(Z \mid XY) = 0$

因为 $\qquad I(XY;Z) = H(Z) - H(Z \mid XY) = H(XY) - H(XY \mid Z)$

又因为 $\qquad H(XY \mid Z) \geqslant 0$， $H(Z \mid XY) = 0$

所以 $\qquad H(Z) = H(XY) - H(XY \mid Z) \leqslant H(XY)$

证得 $\qquad\qquad H(XY) \geqslant H(Z)$

8-20 有一个二进制信源 $X$ 发出符号集$\{0, 1\}$， $P(a_1 = 0) = \dfrac{2}{3}$，经过离散无记忆信道传输，信道输出用 $Y$ 表示。由于信道中存在噪声，信道转移概率矩阵为

$$\boldsymbol{P} = [P(b_j \mid a_i)] = \begin{bmatrix} \dfrac{3}{4} & \dfrac{1}{4} & 0 \\ 0 & \dfrac{1}{2} & \dfrac{1}{2} \end{bmatrix}$$

（1）计算 $H(X)$、 $H(Y)$；

（2）计算 $H(Y \mid a_1)$、 $H(Y \mid a_2)$；

（3）计算 $H(Y \mid X)$。

**解：**（1） $H(X) = H\left(\dfrac{2}{3}, \dfrac{1}{3}\right) = 0.9183$ 比特/符号

由已知条件可得到 $XY$ 的联合概率如表 8-17 所示。

表 8-17 联合概率 $P(xy)$

| $x_i$ | 联合概率 $P(xy)$ | | |
|---|---|---|---|
| | $y_1$ | $y_2$ | $y_3$ |
| $x_1 = 0$ | 1/2 | 1/6 | 0 |
| $x_2 = 1$ | 0 | 1/6 | 1/6 |

可见 $\qquad P(y_1) = \dfrac{1}{2}, P(y_2) = \dfrac{1}{3}, P(y_3) = \dfrac{1}{6}$

$$H(Y) = H\left(\dfrac{1}{2}, \dfrac{1}{3}, \dfrac{1}{6}\right) = 1.4591$$ 比特/符号

（2） $H(Y \mid a_1) = H\left(\dfrac{3}{4}, \dfrac{1}{4}, 0\right) = 0.8113$ 比特/符号

$$H(Y \mid a_2) = H\left(0, \dfrac{1}{2}, \dfrac{1}{2}\right) = 1$$ 比特/符号

（3） $H(Y \mid X) = P(a_1)H(Y \mid a_1) + P(a_2)H(Y \mid a_2) = \dfrac{2}{3}H\left(\dfrac{3}{4}, \dfrac{1}{4}, 0\right) + \dfrac{1}{3}H\left(0, \dfrac{1}{2}, \dfrac{1}{2}\right) = 0.8742$ 比特/符号

8-21 某离散信源的单符号概率空间为
$$\begin{bmatrix} X \\ P(x) \end{bmatrix} = \begin{bmatrix} 0 & 1 \\ 0.3 & 0.7 \end{bmatrix}$$

（1）假设该离散信源为无记忆信源，写出二次扩展信源的概率空间，并计算扩展信源的熵和平均符号熵。

（2）假设该信源每两个符号组成一个序列，序列与序列之间相互独立，序列中第 2 个符号与第 1 个符号之间的条件概率 $P(x_2 \mid x_1)$ 如表 8-18 所示。

表 8-18　条件概率 $P(x_2 \mid x_1)$

| $x_1$ | $P(x_2\mid x_1)$ | |
| --- | --- | --- |
| | $x_2=0$ | $x_2=1$ |
| $x_1=0$ | 1/3 | 2/3 |
| $x_1=1$ | 2/7 | 5/7 |

写出二次扩展信源的数学模型，并计算扩展信源的熵和平均符号熵。

**解：**（1）该信源无记忆时，二次扩展信源的数学模型为

$$\begin{bmatrix} X^2 \\ P(\alpha) \end{bmatrix} = \begin{bmatrix} \alpha_1=00 & \alpha_2=01 & \alpha_3=10 & \alpha_4=11 \\ 0.09 & 0.21 & 0.21 & 0.49 \end{bmatrix}$$

扩展信源的熵　　$H(X^2)=H(0.09,0.21,0.21,0.49)=1.7626$ 比特/扩展信源符号

可以验证　　$H(X^2)=2H(0.3,0.7)=1.7626$ 比特/扩展信源符号

平均符号熵　　$H_2(X^2)=H(0.3,0.7)=0.8813$ 比特/信源符号

（2）信源的二次扩展信源的数学模型为

$$\begin{bmatrix} X^2 \\ P(\alpha) \end{bmatrix} = \begin{bmatrix} \alpha_1=00 & \alpha_2=01 & \alpha_3=10 & \alpha_4=11 \\ 0.1 & 0.2 & 0.2 & 0.5 \end{bmatrix}$$

扩展信源的熵　　$H(X^2)=H(0.1,0.2,0.2,0.5)=1.7610$ 比特/扩展信源符号

平均符号熵　　$H_2(X^2)=H(0.1,0.2,0.2,0.5)/2=0.8805$ 比特/信源符号

**8-22**　某一无记忆信源的符号集为 $\{0,1\}$，已知 $P(0)=1/4$，$P(1)=3/4$。

（1）求信源符号的平均信息量；

（2）由 100 个符号构成的序列，求某一特定序列（如有 $m$ 个 0 和 $100-m$ 个 1）的信息量；

（3）设 100 个符号构成一个序列，求序列熵。

**解：**（1）因为信源是无记忆信源，所以符号的平均熵为

$$H(X)=H\left(\frac{1}{4},\frac{3}{4}\right)=0.8113 比特/符号$$

（2）某一特定序列（例如，$m$ 个 0 和 $100-m$ 个 1）出现的概率为

$$P(X^{100})=P(X_1,X_2,\cdots,X_{100})=[P(0)]^m[P(1)]^{100-m}=\left(\frac{1}{4}\right)^m\left(\frac{3}{4}\right)^{100-m}$$

所以，自信息量为

$$I(X_1,X_2,\cdots,X_{100})=-\log P(X^{100})=-\log\left\{\left(\frac{1}{4}\right)^m\left(\frac{3}{4}\right)^{100-m}\right\}$$

$$=200-(100-m)\log_2 3\text{bit}$$

（3）序列熵可以对（2）小题的自信息求数学期望得到。显然，这里的序列熵直接利用结论"无记忆信源序列熵等于序列长度乘以单符号熵"更简单，即

$$H(X^{100})=100H(X)=81.13 比特/序列$$

**8-23**　设有一个信源，它产生 0，1 序列的消息。它在任意时间而且无论以前发出过什么符号，

均按照 $P(0) = 0.2$，$P(1) = 0.8$ 的概率发出符号。

（1）试问该信源是否平稳？

（2）试计算 $H(X)$、$H(X^2)$、$H(X_3 | X_1X_2)$、$H_\infty$。

**解：**（1）因为该信源在任意时间而且无论以前发出过什么符号，均按照 $P(0) = 0.2$，$P(1) = 0.8$ 的概率发出符号，所以它是离散平稳信源，而且是无记忆信源。

（2）因为该信源是平稳的无记忆信源，所以

$$H(X) = H(0.2, 0.8) = 0.7219 \text{ 比特/符号}$$

$$H(X^2) = 2H(X) = 1.4438 \text{ 比特/扩展符号}$$

$$H(X_3 | X_1X_2) = H(X_3) = H(X) = 0.7219 \text{ 比特/符号}$$

$$H_\infty = H(X) = 0.7219 \text{ 比特/符号}$$

8-24  设有一个二维离散平稳信源 $X$，单符号信源的概率空间为

$$\begin{bmatrix} X \\ P(x) \end{bmatrix} = \begin{bmatrix} 0 & 1 \\ \dfrac{2}{3} & \dfrac{1}{3} \end{bmatrix}$$

已知条件概率 $P(x_2 | x_1)$ 如表 8-19 所示。试计算：

（1）条件熵 $H(X_2 | X_1)$、$H(X_3 | X_2X_1)$ 和 $H(X_4 | X_1X_2X_3)$；

（2）计算极限熵 $H_\infty$，并计算该信源的剩余度；

（3）比较该二维离散平稳信源的极限熵和单符号信源的熵，并说明其物理意义。

表 8-19  条件概率 $P(x_2 | x_1)$

| $x_1$ | $P(x_2 | x_1)$ | |
| --- | --- | --- |
| | $x_2 = 0$ | $x_2 = 1$ |
| $x_1 = 0$ | 0.9 | 0.1 |
| $x_1 = 1$ | 0.2 | 0.8 |

**解：**（1）$H(X_2 | X_1) = \dfrac{2}{3} H(0.9, 0.1) + \dfrac{1}{3} H(0.2, 0.8) = 0.5533 \text{ 比特/符号}$

$$H(X_4 | X_1X_2X_3) = H(X_3 | X_2X_1) = H(X_2 | X_1) = 0.5533 \text{ 比特/符号}$$

（2）$H_\infty = H(X_2 | X_1) = \dfrac{2}{3} H(0.9, 0.1) + \dfrac{1}{3} H(0.2, 0.8) = 0.5533 \text{ 比特/符号}$

信源的剩余度为

$$\xi = 1 - \frac{H_\infty}{H_0} = 0.4467$$

（3）单符号信源的熵  $H_1 = H\left(\dfrac{2}{3}, \dfrac{1}{3}\right) = 0.9183 \text{ 比特/符号}$

可见，二维离散平稳信源的极限熵小于单符号信源的熵，因为单符号信源的熵对应于无记忆信源的平均符号熵，符号之间的依赖关系会造成熵减小。

8-25  一阶马尔可夫信源的符号集为 $\{0,1,2\}$，其状态转移图如图 8-2 所示。

（1）求平稳后的信源符号的概率分布；

（2）求信源的熵 $H_\infty$；

（3）求当 $p = 0$ 或 $p = 1$ 时信源的熵，并说明理由。

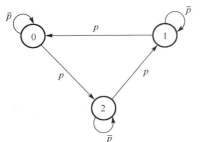

图 8-2  题 8-25 图

**解：**（1）设 $E_1=0, E_2=1, E_3=2$。因为一阶马尔可夫信源，则符号条件概率矩阵和状态转移矩阵均为

$$\boldsymbol{P}=\begin{bmatrix}\overline{p} & 0 & p \\ p & \overline{p} & 0 \\ 0 & p & \overline{p}\end{bmatrix}$$

所以

$$\begin{cases}\overline{p}P(E_1)+pP(E_2)=P(E_1) \\ \overline{p}P(E_2)+pP(E_3)=P(E_2) \\ pP(E_1)+\overline{p}P(E_3)=P(E_3) \\ P(E_1)+P(E_2)+P(E_3)=1\end{cases}$$

可得状态极限概率为

$$P(E_1)=P(E_2)=P(E_2)=1/3$$

即平稳后的信源符号的概率分布为

$$P(0)=P(1)=P(2)=1/3$$

（2）因为条件熵函数

$$H(X|E_1)=H(\overline{p},0,p), \quad H(X|E_2)=H(p,\overline{p},0), \quad H(X|E_3)=H(0,p,\overline{p})$$

所以信源的极限熵为

$$H_\infty=\sum_i P(E_i)H(X|E_i)$$
$$=H(p,\overline{p},0)=-\overline{p}\log\overline{p}-p\log p=H(p)$$

（3）当 $p=0$ 或 $p=1$ 时，信源的熵 $H_\infty=0$。这是因为信源熵表示平均不确定性，而当 $p=0$ 或 $p=1$ 时表明信源从某状态到另一状态的情况是一定发生或者一定不发生。比如，当 $p=1$ 时，0 状态一定转移到 2 状态，2 状态一定转移到 1 状态，1 状态一定转移到 0 状态。所以无论初始状态如何，信源一定输出…021021…序列；当 $p=0$ 时，0 状态永远处于 0 状态，1 状态永远处于 1 状态，2 状态永远处于 2 状态，即信源输出序列也是确定的。因此当 $p=0$ 或 $p=1$ 时信源输出什么符号不存在不确定性，信源熵 $H_\infty=0$。

8-26  一阶马尔可夫链 $X_1, X_2, \cdots, X_r, \cdots$，各 $X_r$ 取值于集 $A=\{1,2,3\}$，已知起始概率为 $P(x_1=1)=\dfrac{1}{2}, P(x_1=2)=\dfrac{1}{4}, P(x_1=3)=\dfrac{1}{4}$，其状态转移概率如表 8-20 所示。

表 8-20  状态转移概率 $P(x_{i+1}|x_i)$

| $x_i$ | $P(x_{i+1}\|x_i)$ | | |
|---|---|---|---|
| | $x_{i+1}=1$ | $x_{i+1}=2$ | $x_{i+1}=3$ |
| $x_i=1$ | 1/2 | 1/4 | 1/4 |
| $x_i=2$ | 2/3 | 0 | 1/3 |
| $x_i=3$ | 2/3 | 1/3 | 0 |

（1）该信源是否为齐次遍历马尔可夫信源？
（2）该马尔可夫信源是否为离散平稳信源？
（3）在什么情况下，该信源可以看作离散平稳信源？
（4）求该信源的极限熵；
（5）求 $H_0$、$H_1$、$H_2$ 和 $H_3$，并计算它们对应的剩余度。

**解：**（1）因为马尔可夫信源的状态转移概率具有时间推移的不变性，所以是齐次的。

又因为转移概率矩阵 $\boldsymbol{P}^2 = \begin{bmatrix} 0.5833 & 0.2083 & 0.2083 \\ 0.5556 & 0.2778 & 0.1667 \\ 0.5556 & 0.1667 & 0.2778 \end{bmatrix}$ 无零元，所以该齐次马尔可夫信源是遍历

的。

（2）设该马尔可夫信源的稳态概率分别为 $P(E_1 = 1), P(E_2 = 2), P(E_3 = 3)$，解下列方程组

$$\begin{cases} \dfrac{1}{2}P(E_1) + \dfrac{2}{3}P(E_2) + \dfrac{2}{3}P(E_3) = P(E_1) \\ \dfrac{1}{4}P(E_1) + \dfrac{1}{3}P(E_3) = P(E_2) \\ P(E_1) + P(E_2) + P(E_3) = 1 \end{cases}$$

可得状态极限概率为

$$P(E_1) = 4/7, \quad P(E_2) = 3/14, \quad P(E_2) = 3/14$$

对于一阶马尔可夫信源，状态极限概率就是信源符号的极限概率。对照符号的极限概率和起始概率可知，该马尔可夫信源尚未达到稳态，所以不是离散平稳信源。

（3）该信源为齐次遍历马尔可夫信源，当转移步数足够大时，可以达到平稳分布。到达稳态后可以看作离散平稳信源。

（4）信源的极限熵为

$$\begin{aligned} H_\infty &= \sum_i P(E_i)H(X \mid E_i) \\ &= \frac{4}{7}H\left(\frac{1}{2}, \frac{1}{4}, \frac{1}{4}\right) + \frac{1}{3}H\left(\frac{2}{3}, 0, \frac{1}{3}\right) + \frac{1}{6}H\left(\frac{2}{3}, \frac{1}{3}, 0\right) \\ &= 1.251 \text{比特/符号} \end{aligned}$$

（5）$H_0$、$H_1$、$H_2$ 和 $H_3$ 分别为

$$H_0 = \log 3 = 1.585 \text{ 比特/符号}$$

$$H_1 = H\left(\frac{4}{7}, \frac{3}{14}, \frac{3}{14}\right) = 1.414 \text{比特/符号}$$

$$H_2 = H_3 = H_\infty = 1.251 \text{比特/符号}$$

对应的剩余度分别为

$$\gamma_0 = 1 - \frac{H_0}{H_0} = 0$$

$$\gamma_1 = 1 - \frac{H_1}{H_0} = 0.054$$

$$\gamma_2 = 1 - \frac{H_2}{H_0} = 0.145$$

8-27　一阶齐次马尔可夫信源，信源开始时以 $P(x_1 = a_1) = P(x_1 = a_2) = \dfrac{1}{2}$ 的概率输出符号 $X_1$。

已知转移概率为

$$P(E_1 \mid E_1) = \frac{2}{3}, \quad P(E_2 \mid E_1) = \frac{1}{3}, \quad P(E_1 \mid E_2) = 1, \quad P(E_2 \mid E_2) = 0$$

（1）该齐次马尔可夫信源是否具有遍历性？

（2）计算该信源的极限熵。

**解：**（1）由题目已知条件可得转移概率矩阵为 $\boldsymbol{P}=\begin{bmatrix} \dfrac{2}{3} & \dfrac{1}{3} \\ 1 & 0 \end{bmatrix}$。

因为转移概率矩阵 $\boldsymbol{P}^2=\begin{bmatrix} \dfrac{7}{9} & \dfrac{2}{9} \\ \dfrac{2}{3} & \dfrac{1}{3} \end{bmatrix}$ 无零元，所以该齐次马尔可夫信源是遍历的。

（2）解下列方程组

$$\begin{cases} \dfrac{2}{3}P(E_1) + P(E_2) = P(E_1) \\ \dfrac{1}{3}P(E_1) = P(E_2) \\ P(E_1) + P(E_2) = 1 \end{cases}$$

可得状态极限概率为

$$P(E_1) = \frac{3}{4}, \quad P(E_2) = \frac{1}{4}$$

信源的极限熵为

$$H_\infty(X) = \sum_i P(E_i)H(X \mid E_i)$$
$$= \frac{3}{4}H\left(\frac{2}{3}, \frac{1}{3}\right) + \frac{1}{4}H(1,0)$$
$$= 0.689 \text{比特/符号}$$

**8-28** 有一个二元二阶马尔可夫信源，其信源符号集为 $\{0,1\}$，在初始时刻，信源符号的概率为 $P(0) = \dfrac{1}{3}$，$P(1) = \dfrac{2}{3}$。条件概率为

$$P(0 \mid 00) = P(1 \mid 11) = 0.8, \quad P(1 \mid 00) = P(0 \mid 11) = 0.2$$
$$P(0 \mid 01) = P(0 \mid 10) = P(1 \mid 01) = P(1 \mid 10) = 0.5$$

即 4 种状态为 00、01、10、11，假定分别用 $E_1$、$E_2$、$E_3$、$E_4$ 符号表示。

（1）画出状态转移图，写出该信源的状态转移矩阵；
（2）计算达到稳定状态后的极限概率；
（3）计算该马尔可夫信源的极限熵 $H_\infty$；
（4）计算达到稳定状态后符号 0 和 1 的概率分布；
（5）初始时刻，该马尔可夫信源是否为平稳信源？

**解：**

（1）状态转移图如图 8-3 所示。
该马尔可夫信源的状态转移概率矩阵为

$$[P(E_j \mid E_i)] = \begin{bmatrix} 0.8 & 0.2 & 0 & 0 \\ 0 & 0 & 0.5 & 0.5 \\ 0.5 & 0.5 & 0 & 0 \\ 0 & 0 & 0.2 & 0.8 \end{bmatrix}$$

符号条件概率矩阵为

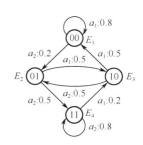

图 8-3　状态转移图

$$[P(a_k \mid E_i)] = \begin{bmatrix} 0.8 & 0.2 \\ 0.5 & 0.5 \\ 0.5 & 0.5 \\ 0.2 & 0.8 \end{bmatrix}$$

（2）解方程组

$$\begin{cases} 0.8P(E_1) + 0.5P(E_3) = P(E_1) \\ 0.2P(E_1) + 0.5P(E_3) = P(E_2) \\ 0.5P(E_2) + 0.2P(E_4) = P(E_3) \\ P(E_1) + P(E_2) + P(E_3) + P(E_4) = 1 \end{cases}$$

因此稳态的状态概率为

$$P(E_1) = \frac{5}{14}; \quad P(E_2) = \frac{1}{7}; \quad P(E_3) = \frac{1}{7}; \quad P(E_4) = \frac{5}{14}$$

（3）马尔可夫信源的极限熵为

$$\begin{aligned} H_\infty &= \sum_i P(E_i) H(X \mid E_i) \\ &= \frac{5}{14} H(0.8, 0.2) + \frac{1}{7} H(0.5, 0.5) + \frac{1}{7} H(0.5, 0.5) + \frac{5}{14} H(0.2, 0.8) \\ &= 0.801 \text{比特/符号} \end{aligned}$$

（4）由马尔可夫信源的符号条件概率矩阵和稳态的状态概率，可得稳态的符号概率为

$$P(a_k = 0) = \sum_i P(a_k \mid E_i) P(E_i) = 0.8 \times \frac{5}{14} + 0.5 \times \frac{1}{7} + 0.5 \times \frac{1}{7} + 0.2 \times \frac{5}{14} = 0.5$$

$$P(a_k = 1) = 1 - 0.5 = 0.5$$

（5）初始时刻，该马尔可夫信源符号概率不等于稳态的符号概率，所以不是平稳信源。

8-29　有一个二元马尔可夫信源，其状态转移概率如图 8-4 所示，求各状态的稳定概率、符号稳态概率和信源的极根熵。

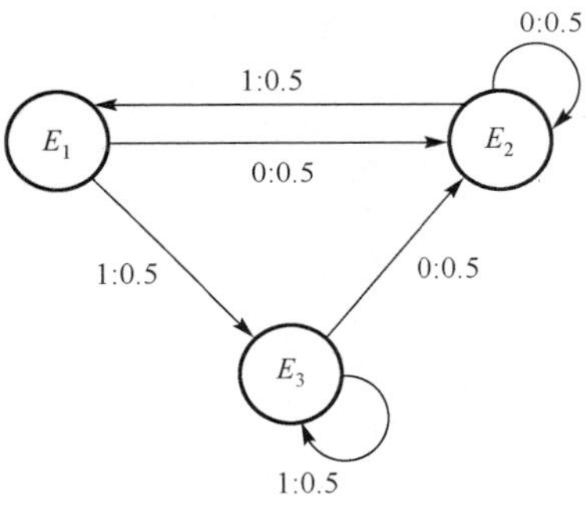

**解：** 该马尔可夫信源的状态转移概率矩阵为

$$[P(E_j \mid E_i)] = \begin{bmatrix} 0 & 0.5 & 0.5 \\ 0.5 & 0.5 & 0 \\ 0 & 0.5 & 0.5 \end{bmatrix}$$

符号条件概率矩阵为

$$[P(a_k \mid E_i)] = \begin{bmatrix} 0.5 & 0.5 \\ 0.5 & 0.5 \\ 0.5 & 0.5 \end{bmatrix}$$

图 8-4　题 8-29 图

根据状态转移概率矩阵，列出方程组

$$\begin{cases} 0.5P(E_2) = P(E_1) \\ 0.5P(E_1) + 0.5P(E_3) = P(E_3) \\ P(E_1) + P(E_2) + P(E_3) = 1 \end{cases}$$

解方程组得到状态的稳定概率为

$$P(E_1) = 0.25, \quad P(E_2) = 0.5, \quad P(E_3) = 0.25$$

根据符号条件概率矩阵，由 $P(a_k) = \sum_i P(a_k \mid E_i) P(E_i)$ 得到符号的稳态概率

$$P(a_1 = 0) = \sum_i P(E_i) P(a_1 \mid E_i) = 0.25 \times 0.5 + 0.5 \times 0.5 + 0.25 \times 0.5 = 0.5$$

$$P(a_2 = 1) = \sum_i P(E_i) P(a_2 \mid E_i) = 0.25 \times 0.5 + 0.5 \times 0.5 + 0.25 \times 0.5 = 0.5$$

根据状态的稳定概率和符号条件概率矩阵，可得极限熵为

$$H_\infty = \sum_i P(E_i) H(X \mid E_i)$$

$$= 0.25 H(0.5, 0.5) + 0.5 H(0.5, 0.5) + 0.25 H(0.5, 0.5)$$

$$= 1 比特/符号$$

8-30 一阶马尔可夫的状态转移图如图 8-5 所示。求：

（1）稳态下状态的概率分布；

（2）信源的极限熵。

**解：**（1）因为是一阶马尔可夫信源，所以状态转移矩阵和符号条件概率矩阵为

$$[P(E_j \mid E_i)] = \begin{bmatrix} \dfrac{3}{4} & \dfrac{1}{4} & 0 \\[2mm] 0 & \dfrac{2}{3} & \dfrac{1}{3} \\[2mm] \dfrac{1}{4} & 0 & \dfrac{3}{4} \end{bmatrix}$$

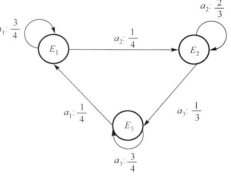

图 8-5 题 8-30 图

根据状态转移概率矩阵，列出方程组

$$\begin{cases} \dfrac{3}{4} P(E_1) + \dfrac{1}{4} P(E_3) = P(E_1) \\[2mm] \dfrac{1}{4} P(E_1) + \dfrac{2}{3} P(E_2) = P(E_2) \\[2mm] P(E_1) + P(E_2) + P(E_3) = 1 \end{cases}$$

解方程组得到状态的稳定概率为

$$P(E_1) = \frac{4}{11}, \quad P(E_2) = \frac{3}{11}, \quad P(E_3) = \frac{4}{11}$$

（2）根据状态的稳定概率和符号条件概率矩阵，可得极限熵为

$$H_\infty = \sum_i P(E_i) H(X \mid E_i)$$

$$= \frac{4}{11} H\left(\frac{3}{4}, \frac{1}{4}, 0\right) + \frac{3}{11} H\left(0, \frac{2}{3}, \frac{1}{3}\right) + \frac{4}{11} H\left(\frac{1}{4}, 0, \frac{3}{4}\right)$$

$$= 0.8405 比特/符号$$

8-31 设有一信源，它在开始时以 $P(a) = 0.6, P(b) = 0.3, P(c) = 0.1$ 的概率发出 $X_1$，当 $X_1$ 为 $a$ 时，$X_2$ 为 $a, b, c$ 的概率为 $\dfrac{1}{3}$；当 $X_1$ 为 $b$ 时，$X_2$ 为 $a, b, c$ 的概率为 $\dfrac{1}{3}$；当 $X_1$ 为 $c$ 时，$X_2$ 为 $a, b$ 的概率为 $\dfrac{1}{2}$，为 $c$ 的概率为 0。而且后面发出 $X_i$ 的概率只与 $X_{i-1}$ 有关。有 $P(X_i \mid X_{i-1}) = P(X_2 \mid X_1)$，$i \geqslant 3$。

（1）写出该信源的状态转移矩阵；

（2）计算稳态下状态的概率分布；

（3）计算信源的熵 $H_\infty$。

**解：**（1）由题目已知条件可得状态转移矩阵为

$$\boldsymbol{P}=\begin{bmatrix} \dfrac{1}{3} & \dfrac{1}{3} & \dfrac{1}{3} \\[2mm] \dfrac{1}{3} & \dfrac{1}{3} & \dfrac{1}{3} \\[2mm] \dfrac{1}{2} & \dfrac{1}{2} & 0 \end{bmatrix}$$

（2）设该马尔可夫信源的稳态概率分别为 $P(E_1=a),P(E_2=b),P(E_3=c)$，解下列方程组

$$\begin{cases} \dfrac{1}{3}P(E_1)+\dfrac{1}{3}P(E_2)+\dfrac{1}{2}P(E_3)=P(E_1) \\[2mm] \dfrac{1}{3}P(E_1)+\dfrac{1}{3}P(E_2)+\dfrac{1}{2}P(E_3)=P(E_2) \\[2mm] \dfrac{1}{3}P(E_1)+\dfrac{1}{3}P(E_2)=P(E_3) \\[2mm] P(E_1)+P(E_2)+P(E_3)=1 \end{cases}$$

可得状态极限概率为

$$P(E_1)=3/8,\quad P(E_2)=3/8,\quad P(E_2)=1/4$$

（3）信源的极限熵为

$$H_\infty(X)=\sum_i P(E_i)H(X\mid E_i)$$
$$=\frac{3}{8}H\left(\frac{1}{3},\frac{1}{3},\frac{1}{3}\right)+\frac{3}{8}H\left(\frac{1}{3},\frac{1}{3},\frac{1}{3}\right)+\frac{1}{4}H\left(\frac{1}{2},\frac{1}{2},0\right)$$
$$=1.439\text{比特/符号}$$

8-32　两个同时出现的单符号离散信源，第一个信源 $X$ 输出 $a_1$，$a_2$ 两个可能符号之一，第二个信源 $Y$ 输出 $b_1$，$b_2$，$b_3$ 三个可能符号之一。已知第一个信源符号出现的概率 $P(a_1)=P(a_2)=\dfrac{1}{2}$，条件概率 $P(b_j\mid a_i)$ 如表 8-21 所示。试计算 $H(X)$，$H(Y)$，$H(Y\mid X)$，$H(XY)$。

表 8-21　条件概率 $P(b_j\mid a_i)$

| $a_i$ | $P(b_j\mid a_i)$ | | |
|---|---|---|---|
| | $b_1$ | $b_2$ | $b_3$ |
| $a_1$ | 1/2 | 1/2 | 0 |
| $a_2$ | 1/2 | 1/4 | 1/4 |

**解：** $H(X)=H\left(\dfrac{1}{2},\dfrac{1}{2}\right)=1$ 比特/符号

$$H(Y\mid X)=\frac{1}{2}H\left(\frac{1}{2},\frac{1}{2},0\right)+\frac{1}{2}H\left(\frac{1}{2},\frac{1}{4},\frac{1}{4}\right)=1.25\text{比特/符号}$$

已知概率 $P(a_i)$ 和条件概率 $P(b_j\mid a_i)$ 容易得到联合概率 $P(a_ib_j)$，如表 8-22 所示。

表 8-22　联合概率 $P(a_ib_j)$

| $a_i$ | $P(a_ib_j)$ | | |
|---|---|---|---|
| | $b_1$ | $b_2$ | $b_3$ |
| $a_1$ | 1/4 | 1/4 | 0 |
| $a_2$ | 1/4 | 1/8 | 1/8 |

可得第二个信源 $Y$ 输出 $b_1, b_2, b_3$ 的概率为

$$P(b_1) = \frac{1}{2}, \quad P(b_2) = \frac{3}{8}, \quad P(b_3) = \frac{1}{8}$$

所以

$$H(Y) = H\left(\frac{1}{2}, \frac{3}{8}, \frac{1}{8}\right) = 1.4056 \text{ 比特/符号}$$

由表 8-22 中的联合概率,容易得到

$$H(XY) = H\left(\frac{1}{4}, \frac{1}{4}, 0, \frac{1}{4}, \frac{1}{8}, \frac{1}{8}\right) = 2.25 \text{ 比特/符号对}$$

或者

$$H(XY) = H(X) + H(Y \mid X) = 2.25 \text{ 比特/符号对}$$

8-33　设有离散信源 $X$,取值于集 $A = \{a_1, a_2, a_3\}$,假设信源输出的符号只与前一个符号有关,其条件概率 $P(x_{l+1} \mid x_l)$ $(l = 1, 2, \cdots)$ 具有时间推移的不变性,如表 8-23 所示。已知起始概率为 $P(x_1 = a_1) = \frac{1}{2}, P(x_1 = a_2) = \frac{1}{4}, P(x_1 = a_3) = \frac{1}{4}$,试问:

(1) 该信源是否为一阶马尔可夫信源?是否可能达到平稳?

(2) 初始时刻,该信源是否为二维离散平稳信源?

表 8-23　条件概率 $P(x_{l+1} \mid x_l)$

| $x_l$ | $P(x_{l+1}\mid x_l)$ | | |
|---|---|---|---|
| | $x_{l+1} = a_1$ | $x_{l+1} = a_2$ | $x_{l+1} = a_3$ |
| $a_1$ | 1/2 | 1/2 | 0 |
| $a_2$ | 3/4 | 1/8 | 1/8 |
| $a_3$ | 0 | 1/4 | 3/4 |

**解:**(1) 根据马尔可夫信源的定义,该信源为一阶齐次马尔可夫信源。该信源的符号条件概率矩阵和状态转移矩阵均为

$$\boldsymbol{P} = \begin{bmatrix} 1/2 & 1/2 & 0 \\ 3/4 & 1/8 & 1/8 \\ 0 & 1/4 & 3/4 \end{bmatrix}$$

因为

$$\boldsymbol{P}^2 = \begin{bmatrix} 5/8 & 5/16 & 1/16 \\ 15/32 & 27/64 & 7/64 \\ 3/16 & 7/32 & 19/32 \end{bmatrix}$$

即转移概率矩阵 $\boldsymbol{P}^2$ 无零元,所以该齐次马尔可夫信源是遍历的。足够长的时间后,齐次遍历的马尔可夫信源可以到达平稳,达到平稳时,可以看作二维离散平稳信源。

(2) 方法一:当 $l = 1$ 时,条件概率 $P(x_{l+1} \mid x_l) = P(x_2 \mid x_1)$。根据起始概率 $P(x_1)$,可得联合概率 $P(x_1 x_2) = P(x_1)P(x_2 \mid x_1)$ 如表 8-24 所示。

表 8-24　联合概率 $P(x_1 x_2)$

| $x_1$ | $P(x_1 x_2)$ | | |
|---|---|---|---|
| | $x_2 = a_1$ | $x_2 = a_2$ | $x_2 = a_3$ |
| $a_1$ | 1/4 | 1/4 | 0 |
| $a_2$ | 3/16 | 1/32 | 1/32 |
| $a_3$ | 0 | 1/16 | 3/16 |

所以有

$$P(x_2 = a_1) = \frac{7}{16}, P(x_2 = a_2) = \frac{11}{32}, P(x_2 = a_3) = \frac{7}{32}$$

和初始概率相比，可知该信源不是平稳信源，当然也不是二维离散平稳信源。

方法二：解方程组

$$\begin{cases} \dfrac{1}{2}P(a_1) + \dfrac{3}{4}P(a_2) = P(a_1) \\ \dfrac{1}{2}P(a_1) + \dfrac{1}{8}P(a_2) + \dfrac{1}{4}P(a_3) = P(a_2) \\ \dfrac{1}{8}P(a_2) + \dfrac{3}{4}P(a_3) = P(a_3) \\ P(a_1) + P(a_2) + P(a_3) = 1 \end{cases}$$

可得符号的稳态概率为

$$P(a_1) = 1/2, \quad P(a_2) = 1/3, \quad P(a_3) = 1/6$$

比较符号的初始概率和稳态概率，可知信源在初始时刻尚未达到平稳，不是二维平稳信源。

8-34 一个齐次遍历的马尔可夫信源的符号集为 $X = \{a_1, a_2, a_3\}$，状态集合为 $\{E_1, E_2, E_3\}$。该信源的状态转移图如图 8-6 所示，在某状态 $E_i(i=1,2,3)$ 下发出符号 $a_k(k=1,2,3)$ 的概率 $p(a_k|E_i)(i=1,2,3;k=1,2,3)$ 标在相应的线段旁。

（1）计算状态极限概率；

（2）计算符号的极限概率；

（3）计算信源处在 $E_j(j=1,2,3)$ 状态下输出符号的条件熵 $H(X|E_j)$；

（4）求信源的极限熵 $H_\infty$。

**解：**

由题目已知条件，写出状态转移概率矩阵

$$[P(E_j|E_i)] = \begin{bmatrix} 0 & \dfrac{3}{4} & \dfrac{1}{4} \\ 0 & \dfrac{1}{2} & \dfrac{1}{2} \\ 1 & 0 & 0 \end{bmatrix}$$

该马尔可夫信源的符号条件概率矩阵为

$$[P(a_k|E_i)] = \begin{bmatrix} \dfrac{1}{2} & \dfrac{1}{4} & \dfrac{1}{4} \\ 0 & \dfrac{1}{2} & \dfrac{1}{2} \\ 1 & 0 & 0 \end{bmatrix}$$

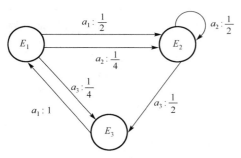

图 8-6 马尔可夫信源的状态转移图

（1）根据状态转移概率矩阵，列出方程组

$$\begin{cases} P(E_3) = P(E_1) \\ \dfrac{3}{4}P(E_1) + \dfrac{1}{2}P(E_2) = P(E_2) \\ \dfrac{1}{4}P(E_1) + \dfrac{1}{2}P(E_2) = P(E_3) \\ P(E_1) + P(E_2) + P(E_3) = 1 \end{cases}$$

得到状态极限概率为

$$P(E_1) = \frac{2}{7}, \quad P(E_2) = \frac{3}{7}, \quad P(E_3) = \frac{2}{7}$$

（2）根据符号条件概率矩阵，由 $P(a_k) = \sum_i P(a_k \mid E_i)P(E_i)$ 得到

$$P(a_1) = \sum_i P(E_i)P(a_1 \mid E_i) = \frac{2}{7} \times \frac{1}{2} + \frac{2}{7} \times 1 = \frac{3}{7}$$

$$P(a_2) = \sum_i P(E_i)P(a_2 \mid E_i) = \frac{2}{7} \times \frac{1}{4} + \frac{3}{7} \times \frac{1}{2} = \frac{2}{7}$$

$$P(a_3) = \sum_i P(E_i)P(a_3 \mid E_i) = \frac{2}{7} \times \frac{1}{4} + \frac{3}{7} \times \frac{1}{2} = \frac{2}{7}$$

可见，平稳后符号的极限概率和状态的极限概率不相等，该信源不是一阶马尔可夫信源。

（3）根据符号条件概率矩阵，可得

$$H(X \mid E_1) = H\left(\frac{1}{2}, \frac{1}{4}, \frac{1}{4}\right) = 1.5 \text{ 比特/符号}$$

$$H(X \mid E_2) = H\left(0, \frac{1}{2}, \frac{1}{2}\right) = 1 \text{ 比特/符号}$$

$$H(X \mid E_3) = H(1, 0, 0) = 0 \text{ 比特/符号}$$

（4）极限熵为

$$H_\infty = \sum_i P(E_i)H(X \mid E_i) = \frac{2}{7} \times 1.5 + \frac{3}{7} \times 1 + 0 = \frac{6}{7} \text{ 比特/符号}$$

8-35　设信源 $X$ 的概率空间为

$$\begin{bmatrix} X \\ P(x) \end{bmatrix} = \begin{bmatrix} 0 & 1 & 2 \\ 1/4 & 1/4 & 1/2 \end{bmatrix}$$

每个信源符号通过两条相互独立的信道同时传输，输出分别为 $Y$ 和 $Z$，两个信道的转移概率模型如图 8-7 所示。计算

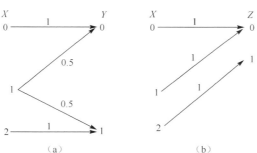

（a）　　　　　　　　　　　（b）

图 8-7　题 8-35 图

（1）$H(Y)$，$H(Z)$；
（2）$H(XY)$，$H(XZ)$，$H(YZ)$，$H(XYZ)$；
（3）$I(X;Y)$，$I(X;Z)$，$I(Y;Z)$；
（4）$I(X;Y \mid Z)$，$I(X;YZ)$。

**解**：（1）由图可知两条信道对应的信道矩阵分别为

$$[P(y \mid x)] = \begin{bmatrix} 1 & 0 \\ 0.5 & 0.5 \\ 0 & 1 \end{bmatrix}, \qquad [P(z \mid x)] = \begin{bmatrix} 1 & 0 \\ 1 & 0 \\ 0 & 1 \end{bmatrix}$$

由 $P(xy) = P(x)P(y|x)$ 得到联合概率 $P(xy)$，如表 8-25 所示。

表 8-25　联合概率 $P(xy)$

| x | 联合概率 $P(xy)$ | |
|---|---|---|
| | $y = 0$ | $y = 1$ |
| $x = 0$ | 1/4 | 0 |
| $x = 1$ | 1/8 | 1/8 |
| $x = 2$ | 0 | 1/2 |

可得信宿接收信号的概率为

$$P(y=0) = 3/8, \quad P(y=1) = 5/8$$

所以　　　　　　　　　　$H(Y) = H\left(\dfrac{3}{8}, \dfrac{5}{8}\right) = 0.955$ 比特/符号

因为 $P(xz) = P(x)P(z|x)$，所以联合概率 $P(xz)$ 如表 8-26 所示。

表 8-26　联合概率 $P(xz)$

| x | 联合概率 $P(xz)$ | |
|---|---|---|
| | $z = 0$ | $z = 1$ |
| $x = 0$ | 1/4 | 0 |
| $x = 1$ | 1/4 | 0 |
| $x = 2$ | 0 | 1/2 |

可得信宿接收信号的概率为

$$P(z=0) = 1/2, \quad P(z=1) = 1/2$$

所以　　　　　　　　　　$H(Z) = H\left(\dfrac{1}{2}, \dfrac{1}{2}\right) = 1$ 比特/符号

（2）$H(XY) = H\left(\dfrac{1}{4}, \dfrac{1}{8}, \dfrac{1}{8}, \dfrac{1}{2}, 0, 0\right) = 1.75$ 比特/符号对

$$H(XZ) = H\left(\dfrac{1}{4}, \dfrac{1}{4}, \dfrac{1}{2}, 0, 0, 0\right) = 1.5$$ 比特/符号对

当 $X$ 已知时，$Y$ 和 $Z$ 相互独立，即 $P(yz|x) = P(y|x)P(z|x)$，所以

$$P(xyz) = P(x)P(yz|x) = P(x)P(y|x)P(z|x)$$

联合概率 $P(xyz)$ 如表 8-27 所示。

表 8-27　联合概率 $P(xyz)$

| xy | 联合概率 $P(xyz)$ | |
|---|---|---|
| | $z = 0$ | $z = 1$ |
| $xy = 00$ | 1/4 | 0 |
| $xy = 01$ | 0 | 0 |
| $xy = 10$ | 1/8 | 0 |
| $xy = 11$ | 1/8 | 0 |
| $xy = 20$ | 0 | 0 |
| $xy = 21$ | 0 | 1/2 |

因为 $P(yz) = \sum_X P(xyz)$，所以 $P(yz)$ 如表 8-28 所示。

表 8-28　联合概率 $P(yz)$

| $y$ | 联合概率 $P(yz)$ | |
|---|---|---|
| | $z = 0$ | $z = 1$ |
| $y = 0$ | 3/8 | 0 |
| $y = 1$ | 1/8 | 1/2 |

所以

$$H(XYZ) = H\left(\frac{1}{4}, \frac{1}{8}, \frac{1}{8}, \frac{1}{2}, 0, 0, 0, 0, 0, 0, 0, 0\right) = 1.75 \text{ 比特/三个符号}$$

$$H(YZ) = H\left(\frac{3}{8}, \frac{1}{8}, \frac{1}{2}, 0\right) = 1.406 \text{ 比特/符号对}$$

（3）$H(X) = H\left(\frac{1}{4}, \frac{1}{4}, \frac{1}{2}\right) = 1.5 \text{ 比特/符号}$

$\quad I(X;Y) = H(X) + H(Y) - H(XY) = 0.705 \text{ 比特/符号}$

$\quad I(X;Z) = H(X) + H(Z) - H(XZ) = 1 \text{ 比特/符号}$

$\quad I(Y;Z) = H(Y) + H(Z) - H(YZ) = 0.549 \text{ 比特/符号}$

（4）

$\quad I(X;Y \mid Z) = H(X \mid Z) - H(X \mid YZ) = H(XZ) - H(Z) - [H(XYZ) - H(YZ)] = 0.156 \text{ 比特/符号}$

$\quad I(X;YZ) = H(X) - H(X \mid YZ) = H(X) - [H(XYZ) - H(YZ)] = 1.156 \text{ 比特/符号}$

8-36　设 $X$ 和 $Y$ 的联合分布 $P(xy)$ 为

$$P(0,0) = \frac{1}{4}, \quad P(0,1) = \frac{1}{4}, \quad P(1,0) = \frac{1}{2}, \quad P(1,1) = 0$$

试计算：

（1）$H(X)$，$H(Y)$；

（2）$H(X \mid Y)$，$H(Y \mid X)$；

（3）$I(X;Y)$；

（4）画出各信息量之间关系的维拉图。

**解：**

（1）$H(X) = H\left(\frac{1}{2}, \frac{1}{2}\right) = 1 \text{ 比特/符号}$

由已知条件得到联合概率 $P(xy)$，如表 8-29 所示。

表 8-29　联合概率 $P(xy)$

| $x$ | 联合概率 $P(xy)$ | |
|---|---|---|
| | $y = 0$ | $y = 1$ |
| $x = 0$ | 1/4 | 1/4 |
| $x = 1$ | 1/2 | 0 |

所以
$$P(y_1 = 0) = 3/4, \quad P(y_2 = 1) = 1/4$$

$$H(Y) = H\left(\frac{3}{4}, \frac{1}{4}\right) = 0.8113 \text{ 比特/符号}$$

（2） $H(X|Y) = H(XY) - H(Y) = H\left(\frac{1}{4}, \frac{1}{4}, \frac{1}{2}, 0\right) - H(Y) = 0.6887$ 比特/符号

$$H(Y|X) = H(XY) - H(X) = H\left(\frac{1}{4}, \frac{1}{4}, \frac{1}{2}, 0\right) - H(X) = 0.5$$ 比特/符号

（3） $I(X;Y) = H(X) - H(X|Y) = 0.3113$ 比特/符号

（4）表征各信息量之间关系的维拉图如图 8-8 所示。

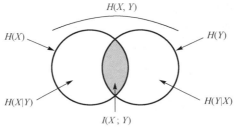

图 8-8　维拉图

8-37　甲在一个 $16 \times 16$ 的方格棋盘上随意放一枚棋子，在乙看来棋子放入哪一个位置是不确定的。如果甲告知乙棋子放入棋盘的行号，这时乙获得了多少信息量？

**解：** 棋子放入 $16 \times 16$ 方格棋盘的任一方格的概率为

$$P(a_i) = 1/256$$

则放入 $16 \times 16$ 方格棋盘的任一方格的不确定性为

$$I(a_i) = -\log P(a_i) = 8\text{bit}$$

如果告知棋子放入棋盘的行号 $b_j$，则棋子放入棋盘的某一方格的概率为

$$P(a_i | b_j) = 1/16$$

则仍然存在的不确定性为

$$I(a_i | b_j) = -\log P(a_i | b_j) = 4\text{bit}$$

如果甲告知乙棋子放入棋盘的行号，这时乙获得的信息量为

$$I(a_i; b_j) = I(a_i) - I(a_i | b_j) = 4\text{bit}$$

8-38　某离散无记忆信源的概率空间为 $\begin{bmatrix} X \\ P(x) \end{bmatrix} = \begin{bmatrix} a_1 & a_2 \\ 0.6 & 0.4 \end{bmatrix}$，它们通过干扰信道，信道输出端的接收符号集为 $Y = [b_1, b_2]$，信道传输概率如图 8-9 所示。

（1）信源 $X$ 中事件 $a_1$ 和 $a_2$ 分别含有的自信息量；

（2）计算自信息 $I(a_i), i = 1, 2$ 和互信息 $I(a_i; b_j), i, j = 1, 2$；

（3）计算 $H(X), H(Y), H(XY)$；

（4）计算信道疑义度 $H(X|Y)$；

（5）计算噪声熵 $H(Y|X)$；

（6）求收到消息 $Y$ 后获得的平均互信息量。

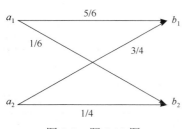

图 8-9　题 8-38 图

**解：**

（1）信源 $X$ 中事件 $a_1$ 和 $a_2$ 分别含有的自信息量为

$$I(a_1) = -\log 0.6 = 0.7370\,\text{bit}$$

$$I(a_2) = -\log 0.4 = 1.3219\,\text{bit}$$

（2）由信源概率空间和信道传输概率可得信宿接收信号的概率为

$$P(b_1 = 0) = 0.8 , \quad P(b_2 = 1) = 0.2$$

收到信息 $b_j(j=1,2)$ 后，获得的关于 $a_i(i=1,2)$ 的信息量，即互信息为

$$I(a_1;b_1) = I(b_1) - I(b_1 \mid a_1) = \log\frac{5/6}{0.8} = 0.0589 \text{ bit}$$

$$I(a_1;b_2) = I(b_2) - I(b_2 \mid a_1) = \log\frac{1/6}{0.2} = -0.2630 \text{ bit}$$

$$I(a_2;b_1) = I(b_1) - I(b_1 \mid a_2) = \log\frac{3/4}{0.8} = -0.0931 \text{ bit}$$

$$I(a_2;b_2) = I(b_2) - I(b_2 \mid a_2) = \log\frac{1/4}{0.2} = 0.3219 \text{ bit}$$

（3） $H(X), H(Y), H(XY)$ 分别为

$$H(X) = H(0.6, 0.4) = 0.9710 \text{ 比特/符号}$$

$$H(Y) = H(0.8, 0.2) = 0.7219 \text{ 比特/符号}$$

$$H(XY) = H(0.5, 0.1, 0.3, 0.1) = 1.6855 \text{ 比特/符号对}$$

（4）信道疑义度为

$$H(X \mid Y) = H(XY) - H(Y) = 0.9636 \text{ 比特/符号}$$

（5）噪声熵为

$$H(Y \mid X) = H(XY) - H(X) = 0.7145 \text{ 比特/符号}$$

（6）收到消息 $Y$ 后获得的平均互信息量为

$$I(X;Y) = H(X) - H(X \mid Y) = 0.0074 \text{ 比特/符号}$$

8-39　有一个四进制信源，每个符号发生的概率分别为 $P(a_1) = 1/2$ ， $P(a_2) = 1/4$ ， $P(a_3) = P(a_4) = 1/8$ 。试计算：

（1）信源中每个符号平均包含的信息量；

（2）信源每分钟输出 6000 个符号，计算信源每秒钟输出的信息速率；

（3）通过无噪声干扰信道传输，计算信宿每秒钟接收的信息速率；

（4）如果信道损失为 0.5 比特/符号，计算信宿每秒钟接收的信息速率。

**解：**

（1）信源中每个符号平均包含的信息量，即信源熵为

$$H(X) = H\left(\frac{1}{2}, \frac{1}{4}, \frac{1}{8}, \frac{1}{8}\right) = 1.75 \text{ 比特/符号}$$

（2）信源每秒钟输出的信息量，即信源输出信息速率为

$$R_s H(X) = 100 H(X) = 175 \text{ bit/s}$$

（3）通过无噪声干扰信道传输，即信道损失 $H(X \mid Y) = 0$ ，则信宿每秒钟接收到的信息量即信道的信息传输速率为

$$R_s[H(X) - H(X \mid Y)] = 175 \text{ bit/s}$$

（4）如果信道损失为 0.5 比特/符号，则信宿每秒钟接收到的信息速率为

$$R_s[H(X) - H(X \mid Y)] = 100 \times (1.75 - 0.5) = 125 \text{ bit/s}$$

8-40　在一个二进制信道中，信源消息集 $X = \{0, 1\}$ ，且 $P(0) = P(1)$ ，信宿消息集 $Y = \{0, 1\}$ ，信道传输概率 $P(0 \mid 1) = \frac{1}{8}$ ， $P(1 \mid 0) = \frac{1}{4}$ 。求：

（1）该情况所能提供的平均信息量 $I(X;Y)$ ；

（2）在接收端收到 $y_1 = 0$ 后，所提供的关于传输消息 $x_1 = 0$ 的互信息量 $I(x_1;y_1)$ 。

**解**：已知先验概率和信道转移概率，可得联合概率 $P(a_ib_j)$ 如表 8-30 所示。

表 8-30　联合概率 $P(x_iy_j)$

| $x_i$ | 联合概率 $P(x_iy_j)$ | |
|---|---|---|
| | $y_1 = 0$ | $y_2 = 1$ |
| $x_1 = 0$ | 3/8 | 1/8 |
| $x_2 = 1$ | 1/16 | 7/16 |

信宿接收信号的概率为

$$P(y_1 = 0) = 7/16, \quad P(y_2 = 1) = 9/16$$

（1）$I(X;Y) = H(X) + H(Y) - H(XY)$

$$= H\left(\frac{1}{2}, \frac{1}{2}\right) + H\left(\frac{7}{16}, \frac{9}{16}\right) - H\left(\frac{3}{8}, \frac{1}{8}, \frac{1}{16}, \frac{7}{16}\right) = 0.665 \text{bit}$$

（2）$I(x_1; y_1) = I(x_1) - I(x_1 \mid y_1) = I(y_1) - I(y_1 \mid x_1) = \log \dfrac{3/4}{7/16} = 0.778 \text{bit}$

8-41　假设 $a_1$ 表示"下雨"，$a_2$ 表示"无雨"；$b_1$ 表示"空中有乌云"，$b_2$ 表示"没有乌云"，得到的调查结果为 $P(a_1) = 0.1$，$P(a_1 \mid b_1) = 0.8$。计算：

（1）事件"下雨"的自信息；

（2）在"空中有乌云"条件下，事件"下雨"的自信息；

（3）"下雨"和"空中有乌云"的互信息；

（4）"无雨"和"空中有乌云"的互信息。

**解**：（1）$I(a_1) = -\log 0.1 = \log 10 = 3.32 \text{bit}$

（2）$I(a_1 \mid b_1) = -\log 0.8 = 0.32 \text{bit}$

（3）$I(a_1; b_1) = I(a_1) - I(a_1 \mid b_1) = 3 \text{bit}$

（4）$P(a_2) = 0.9$，$P(a_2 \mid b_1) = 0.2$

$$I(a_2; b_1) = I(a_2) - I(a_2 \mid b_1) = -\log 0.9 - (-\log 0.2) = \log \frac{0.2}{0.9} = -2.17 \text{bit}$$

8-42　设随机变量 $X$ 和 $Y$ 的联合概率分布为

$$[P(a_ib_j)] = \begin{bmatrix} \dfrac{1}{2} & 0 \\ \dfrac{1}{4} & \dfrac{1}{4} \end{bmatrix}$$

其中 $X$ 取自符号集 $\{a_1 = 0, a_2 = 1\}$，$Y$ 取自符号集 $\{b_1 = 0, b_2 = 1\}$，已知随机变量 $Z = X + Y$，试计算：

（1）$H(X)$，$H(Y)$，$H(Z)$；

（2）$H(XY)$，$H(XZ)$，$H(YZ)$，$H(XYZ)$；

（3）$H(X \mid Y)$，$H(Y \mid X)$，$H(X \mid Z)$；

（4）$I(X;Y)$，$I(X;Z)$，$I(Y;Z)$。

**解**：由随机变量 $X$ 和 $Y$ 的联合概率分布可得

$$P(a_1) = 1/2, \quad P(a_2) = 1/2$$
$$P(b_1) = 3/4, \quad P(b_2) = 1/4$$

由已知条件可得到 $XY$ 和 $Z$ 的关系及其概率分布如表 8-31 所示。

表 8-31　随机变量 XY 和 Z 的关系及其概率分布

| xy | P(xy) | Z = X + Y |
|---|---|---|
| xy=00 | 1/2 | 0 |
| xy=01 | 0 | 1 |
| xy=10 | 1/4 | 1 |
| xy=11 | 1/4 | 2 |

所以 Z 的概率 $P(z)$ 如表 8-32 所示。

表 8-32　随机变量 Z 的概率

| z | P(z) |
|---|---|
| z=0 | 1/2 |
| z=1 | 1/4 |
| z=2 | 1/4 |

联合概率 $P(xz), P(yz), P(xyz)$ 分别如表 8-33、表 8-34 和表 8-35 所示。

表 8-33　联合概率 P(xz)

| xz | P(xz) |
|---|---|
| xz=00 | 1/2 |
| xz=01 | 0 |
| xz=11 | 1/4 |
| xz=12 | 1/4 |

表 8-34　联合概率 P(yz)

| yz | P(yz) |
|---|---|
| yz=00 | 1/2 |
| yz=11 | 0 |
| yz=01 | 1/4 |
| yz=12 | 1/4 |

表 8-35　联合概率 P(xyz)

| xy | P(xyz) | | |
|---|---|---|---|
| | z=0 | z=1 | z=2 |
| xy=00 | 1/2 | 0 | 0 |
| xy=01 | 0 | 0 | 0 |
| xy=10 | 0 | 1/4 | 0 |
| xy=11 | 0 | 0 | 1/4 |

（1）$H(X) = H\left(\dfrac{1}{2}, \dfrac{1}{2}\right) = 1$ 比特/符号

$H(Y) = H\left(\dfrac{3}{4}, \dfrac{1}{4}\right) = 0.8113$ 比特/符号

$$H(Z) = H\left(\frac{1}{2}, \frac{1}{4}, \frac{1}{4}\right) = 1.5 \text{ 比特/符号}$$

（2）
$$H(XY) = H\left(\frac{1}{2}, 0, \frac{1}{4}, \frac{1}{4}\right) = 1.5 \text{ 比特/二个符号}$$

$$H(XZ) = H\left(\frac{1}{2}, 0, \frac{1}{4}, \frac{1}{4}\right) = 1.5 \text{ 比特/二个符号}$$

$$H(YZ) = H\left(\frac{1}{2}, 0, \frac{1}{4}, \frac{1}{4}\right) = 1.5 \text{ 比特/二个符号}$$

$$H(XYZ) = H\left(\frac{1}{2}, \frac{1}{4}, \frac{1}{4}\right) = 1.5 \text{ 比特/三个符号}$$

（3）$H(X|Y) = H(XY) - H(Y) = 1.5 - 0.8113 = 0.6887$ 比特/符号

$H(Y|X) = H(XY) - H(X) = 0.5$ 比特/符号

$H(X|Z) = H(XZ) - H(Z) = 0$ 比特/符号

（4）$I(X;Y) = H(X) + H(Y) - H(XY) = 0.251$ 比特/符号

$I(X;Z) = H(X) + H(Z) - H(XZ) = 1$ 比特/符号

$I(Y;Z) = H(Y) + H(Z) - H(YZ) = 0.8113$ 比特/符号

8-43 已知二进制对称信道转移概率矩阵为

$$\boldsymbol{P} = \begin{bmatrix} \dfrac{2}{3} & \dfrac{1}{3} \\ \dfrac{1}{3} & \dfrac{2}{3} \end{bmatrix}$$

（1）若信道输入符号 $P(0) = 3/4, P(1) = 1/4$，求信源熵、信道疑义度、噪声熵和平均互信息 $I(X;Y)$；

（2）求该信道的信道容量及达到信道容量的最佳输入概率分布；

（3）如果信道输入符号 $P(0) = 3/4, P(1) = 1/4$，计算信道剩余度。

**解：**（1）已知先验概率和信道转移概率，可得联合概率 $P(xy)$ 如表 8-36 所示。

表 8-36 联合概率 $P(xy)$

| $x$ | 联合概率 $P(xy)$ | |
|---|---|---|
| | $y = b_1$ | $y = b_2$ |
| $x = a_1$ | 1/2 | 1/4 |
| $x = a_2$ | 1/12 | 1/6 |

信宿接收信号的概率为

$$P(b_1) = 7/12, \quad P(b_2) = 5/12$$

得到信源熵为

$$H(X) = H\left(\frac{3}{4}, \frac{1}{4}\right) = 0.8113 \text{ 比特/符号}$$

$$H(Y) = H\left(\frac{7}{12}, \frac{5}{12}\right) = 0.9799 \text{ 比特/符号}$$

$$H(XY) = H\left(\frac{1}{2}, \frac{1}{4}, \frac{1}{12}, \frac{1}{6}\right) = 1.7296 \text{ 比特/符号对}$$

信道疑义度为 $\qquad H(X|Y) = H(XY) - H(Y) = 0.7497$ 比特/符号

噪声熵为 $\qquad H(Y|X) = H(XY) - H(X) = 0.9183$ 比特/符号

平均互信息为 $\qquad I(X;Y) = H(X) + H(Y) - H(XY) = 0.0616$ 比特/符号

（2）该信道为对称信道，信道容量为

$$C = \log s - H(p_1', p_2', \cdots, p_s') = \log_2 2 - H\left(\frac{2}{3}, \frac{1}{3}\right) = 1 - 0.9183 = 0.0817$$ 比特/符号

达到信道容量的最佳输入概率分布为信道输入符号等概率，即

$$P(a_1 = 0) = 1/2, \quad P(a_2 = 1) = 1/2$$

（3）信道剩余度 $= 1 - \dfrac{I(X;Y)}{C} = 0.2460$

8-44　在一个二元对称离散信道上传输符号 0 和 1，在传输过程中平均每 100 个符号发生 1 个错误。已知 $P(0) = P(1) = \dfrac{1}{2}$，信源每秒发出 1000 个符号，求此信道的信道容量。

**解：** 由已知条件可得二元对称信道的转移概率矩阵为

$$[P(y|x)] = \begin{bmatrix} 0.99 & 0.01 \\ 0.01 & 0.99 \end{bmatrix}$$

此信道的信道容量为

$$C = \log_2 s - H(0.99, 0.01) = 1 - H(0.99, 0.01) = 1 - 0.0808 = 0.9192$$ 比特/符号

$$C_t = R_s C = 919.2 \text{ bit/s}$$

8-45　设某对称离散信道的信道矩阵为

$$\boldsymbol{P} = \begin{bmatrix} 0 & 0.5 & 0.5 & 0 \\ 0 & 0 & 0.5 & 0.5 \\ 0.5 & 0 & 0 & 0.5 \\ 0.5 & 0.5 & 0 & 0 \end{bmatrix}$$

求其信道容量。

**解：** 因为是对称信道，所以信道容量为

$$C = \log s - H(\boldsymbol{P} \text{的行矢量}) = \log 4 - H(0, 0.5, 0.5, 0) = 1$$ 比特/符号

8-46　设某信道的转移矩阵为

$$\boldsymbol{P} = \begin{bmatrix} 1-p-q & q & p \\ p & q & 1-p-q \end{bmatrix}$$

求其信道容量。

**解：** 该信道为一个准对称信道，将 $\boldsymbol{P} = \begin{bmatrix} 1-p-q & q & p \\ p & q & 1-p-q \end{bmatrix}$ 划分成两个对称的子矩阵

$$\boldsymbol{P}_1 = \begin{bmatrix} 1-p-q & p \\ p & 1-p-q \end{bmatrix}, \qquad \boldsymbol{P}_2 = \begin{bmatrix} q \\ q \end{bmatrix}$$

因为

$$r = 2, N_1 = 1-q, M_1 = 1-q$$
$$N_2 = q, M_2 = 2q, n = 2$$

所以该准对称离散信道的信道容量为

$$C = \log r - \sum_{k=1}^{n} N_k \log M_k - H(p_1', p_2', \cdots, p_s')$$
$$= \log 2 - [(1-q)\log(1-q) + q\log 2q] - H(1-p-q, q, p)$$

8-47  求下列两个信道的信道容量，并加以比较。

（1） $\boldsymbol{P}_1 = \begin{bmatrix} \overline{p}-\varepsilon & p-\varepsilon & 2\varepsilon \\ p-\varepsilon & \overline{p}-\varepsilon & 2\varepsilon \end{bmatrix}$    （2） $\boldsymbol{P}_2 = \begin{bmatrix} \overline{p}-\varepsilon & p-\varepsilon & 2\varepsilon & 0 \\ p-\varepsilon & \overline{p}-\varepsilon & 0 & 2\varepsilon \end{bmatrix}$

式中， $p+\overline{p}=1$ 。

**解：**这两个信道均为准对称信道，可以采用两种方法来求。方法一是利用准对称信道容量公式直接计算，方法二是计算输入等概分布时的平均互信息即信道容量。

方法一：

（1）将准对称信道的信道矩阵 $\boldsymbol{P}_1$ 划分成两个互不相交的子集：

$$\begin{bmatrix} 1-p-\varepsilon & p-\varepsilon \\ p-\varepsilon & 1-p-\varepsilon \end{bmatrix}, \quad \begin{bmatrix} 2\varepsilon \\ 2\varepsilon \end{bmatrix}$$

直接应用准对称信道的信道容量公式计算信道容量

$$C_1 = \log r - H(1-p-\varepsilon, p-\varepsilon, 2\varepsilon) - \sum_{k=1}^{2} N_k \log M_k$$

其中， $r=2, N_1 = M_1 = 1-2\varepsilon, N_2 = 2\varepsilon, M_2 = 4\varepsilon$ ，所以

$$C_1 = \log 2 + (1-p-\varepsilon)\log(1-p-\varepsilon) + (p-\varepsilon)\log(p-\varepsilon) + 2\varepsilon\log 2\varepsilon -$$
$$(1-2\varepsilon)\log(1-2\varepsilon) - 2\varepsilon\log 4\varepsilon$$
$$= (1-2\varepsilon)\log\frac{2}{1-2\varepsilon} + (1-p-\varepsilon)\log(1-p-\varepsilon) + (p-\varepsilon)\log(p-\varepsilon)$$

（2）将准对称信道的信道矩阵 $\boldsymbol{P}_2$ 划分成两个互不相交的子集：

$$\begin{bmatrix} 1-p-\varepsilon & p-\varepsilon \\ p-\varepsilon & 1-p-\varepsilon \end{bmatrix}, \quad \begin{bmatrix} 2\varepsilon & 0 \\ 0 & 2\varepsilon \end{bmatrix}$$

直接应用准对称信道的信道容量公式计算信道容量

$$C_2 = \log r - H(1-p-\varepsilon, p-\varepsilon, 2\varepsilon, 0) - \sum_{k=1}^{2} N_k \log M_k$$
$$= \log 2 + (1-p-\varepsilon)\log(1-p-\varepsilon) + (p-\varepsilon)\log(p-\varepsilon) + 2\varepsilon\log 2\varepsilon -$$
$$(1-2\varepsilon)\log(1-2\varepsilon) - 2\varepsilon\log 2\varepsilon$$
$$= (1-2\varepsilon)\log\frac{2}{1-2\varepsilon} + (1-p-\varepsilon)\log(1-p-\varepsilon) + (p-\varepsilon)\log(p-\varepsilon) + 2\varepsilon\log 2$$
$$= C_1 + 2\varepsilon$$

比较两个信道容量，可知它们之间的关系为

$$C_2 = C_1 + 2\varepsilon$$

方法二：

（1） $\boldsymbol{P}_1$ 信道为准对称信道，当输入等概分布时达到信道容量，即 $C_1 = I(X;Y)$ 。

设信道输入等概率时，信道输出概率为

$$p(b_1) = p(b_2) = \frac{1}{2}(1-2\varepsilon), p(b_3) = 2\varepsilon$$

所以

$$C_1 = I(X;Y) = H(Y) - H(Y\mid X) = H\left(\frac{1-2\varepsilon}{2}, \frac{1-2\varepsilon}{2}, 2\varepsilon\right) - H(\overline{p}-\varepsilon, p-\varepsilon, 2\varepsilon)$$
$$= (1-2\varepsilon)\log\left(\frac{2}{1-2\varepsilon}\right) + (\overline{p}-\varepsilon)\log(\overline{p}-\varepsilon) + (p-\varepsilon)\log(p-\varepsilon)$$

（2）$P_2$ 信道为准对称信道，当输入等概分布时达到信道容量，即 $C_2 = I(X;Y)$。

设信道输入等概率时，信道输出概率为

$$p(b_1) = p(b_2) = \frac{1}{2}(1-2\varepsilon), p(b_3) = p(b_4) = \varepsilon$$

所以

$$C_1 = I(X;Y) = H(Y) - H(Y \mid X) = H\left(\frac{1-2\varepsilon}{2}, \frac{1-2\varepsilon}{2}, \varepsilon, \varepsilon\right) - H(\overline{p} - \varepsilon, p - \varepsilon, 2\varepsilon, 0)$$

$$= (1-2\varepsilon)\log\left(\frac{2}{1-2\varepsilon}\right) - 2\varepsilon\log\varepsilon + (\overline{p} - \varepsilon)\log(\overline{p} - \varepsilon) + (p - \varepsilon)\log(p - \varepsilon) + 2\varepsilon\log 2\varepsilon$$

比较两信道容量，得

$$C_2 = C_1 + 2\varepsilon\log 2 = C_1 + 2\varepsilon$$

8-48　计算信道矩阵分别为 $P_1$、$P_2$、$P_3$ 这三条信道的信道容量，画出对应的信道转移图，并指出损失熵 $H(X \mid Y) = 0$ 或噪声熵 $H(Y \mid X) = 0$ 的信道。$P_1$、$P_2$、$P_3$ 分别为

$$P_1 = \begin{bmatrix} 1 & 0 \\ 1 & 0 \\ 0 & 1 \\ 0 & 1 \end{bmatrix}, \qquad P_2 = \begin{bmatrix} 1 & 0 & 0 & 0 \\ 0 & 1 & 0 & 0 \\ 0 & 0 & 1 & 0 \\ 0 & 0 & 0 & 1 \end{bmatrix}, \qquad P_3 = \begin{bmatrix} \frac{1}{2} & \frac{1}{2} & 0 & 0 & 0 & 0 \\ 0 & 0 & \frac{1}{2} & \frac{1}{2} & 0 & 0 \\ 0 & 0 & 0 & 0 & \frac{1}{2} & \frac{1}{2} \end{bmatrix}$$

**解：** 因为三条信道均为对称信道，所以信道容量分别为

$C_1 = \log s - H(P\text{的行矢量}) = \log 2 - H(0,1) = 1$ 比特/符号

$C_2 = \log s - H(P\text{的行矢量}) = \log 4 - H(1,0,0,0) = 2$ 比特/符号

$C_3 = \log s - H(P\text{的行矢量}) = \log 6 - H\left(0,0,\frac{1}{2},\frac{1}{2},0,0\right) = \log 6 - 1 = 1.585$ 比特/符号

三条信道对应的信道转移图如图 8-10 所示。

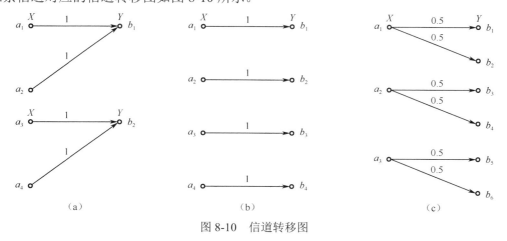

图 8-10　信道转移图

信道矩阵 $P_1$ 的特点是行矢量只有一个元素为 1，其他为 0，噪声熵 $H(Y \mid X) = H(P\text{的行矢量}) = 0$。由转移图可知，当 $X$ 已知时 $Y$ 的不确定性为 0，即噪声熵 $H(Y \mid X) = 0$。

信道 $P_2$ 为无噪一一对应信道，输入 $X$ 和输出 $Y$ 一一对应，此时损失熵 $H(X \mid Y) = 0$，噪声熵 $H(Y \mid X) = 0$。

信道矩阵 $P_3$ 的特点是列矢量只有一个元素不为 0，信道的一个输入 $X$ 值对应多个输出 $Y$ 值，

而且每个 $X$ 对应的 $Y$ 值不重合。当 $Y$ 已知时 $X$ 的不确定性为 0，即损失熵 $H(X|Y)=0$。

**8-49**　已知二元无记忆离散对称信道的信道矩阵为

$$\boldsymbol{P}=\begin{bmatrix}\overline{p} & p \\ p & \overline{p}\end{bmatrix}=\begin{bmatrix}0.8 & 0.2 \\ 0.2 & 0.8\end{bmatrix}$$

计算该信道的三次扩展信道的信道矩阵和信道容量。

**解：** 因为二元对称信道的输入和输出变量 $X$ 和 $Y$ 的取值都是 0 和 1，因此，三次扩展信道的输入符号集为 $X=\{000,001,010,011,100,101,110,111\}$，共有 $2^3=8$ 个扩展符号，分别表示为 $\alpha_1,\alpha_2,\cdots,\alpha_8$。类似地，输出符号集也有 8 个符号，分别表示为 $\beta_1,\beta_2,\cdots,\beta_8$。根据无记忆信道的特性，求得三次扩展信道的转移概率为

$$P(\beta_1|\alpha_1)=P(000|000)=P(0|0)P(0|0)P(0|0)=\overline{p}^3$$
$$P(\beta_2|\alpha_1)=P(001|00)=P(0|0)P(0|0)P(1|0)=\overline{p}^2 p$$

同理，可求得其他转移概率 $P(\beta_h|\alpha_k)$，因此，三次扩展信道的信道矩阵为

$$\boldsymbol{P}_{1,2,3}=\begin{array}{c}\\ \alpha_1 \\ \alpha_2 \\ \alpha_3 \\ \alpha_4 \\ \alpha_5 \\ \alpha_6 \\ \alpha_7 \\ \alpha_8\end{array}\begin{array}{cccccccc}\beta_1 & \beta_2 & \beta_3 & \beta_4 & \beta_5 & \beta_6 & \beta_7 & \beta_8 \\ \begin{bmatrix}\overline{p}^3 & \overline{p}^2 p & \overline{p}^2 p & \overline{p}p^2 & \overline{p}^2 p & \overline{p}p^2 & \overline{p}p^2 & p^3 \\ \overline{p}^2 p & \overline{p}^3 & \overline{p}p^2 & \overline{p}^2 p & \overline{p}p^2 & \overline{p}^2 p & p^3 & \overline{p}p^2 \\ \overline{p}^2 p & \overline{p}p^2 & \overline{p}^3 & \overline{p}^2 p & \overline{p}p^2 & p^3 & \overline{p}^2 p & \overline{p}p^2 \\ \overline{p}p^2 & \overline{p}^2 p & \overline{p}^2 p & \overline{p}^3 & p^3 & \overline{p}p^2 & \overline{p}p^2 & \overline{p}^2 p \\ \overline{p}^2 p & \overline{p}p^2 & \overline{p}p^2 & p^3 & \overline{p}^3 & \overline{p}^2 p & \overline{p}^2 p & \overline{p}p^2 \\ \overline{p}p^2 & \overline{p}^2 p & p^3 & \overline{p}p^2 & \overline{p}^2 p & \overline{p}^3 & \overline{p}p^2 & \overline{p}^2 p \\ \overline{p}p^2 & p^3 & \overline{p}^2 p & \overline{p}p^2 & \overline{p}^2 p & \overline{p}p^2 & \overline{p}^3 & \overline{p}^2 p \\ p^3 & \overline{p}p^2 & \overline{p}p^2 & \overline{p}^2 p & \overline{p}p^2 & \overline{p}^2 p & \overline{p}^2 p & \overline{p}^3\end{bmatrix}\end{array}$$

其中 $p=0.2$。

三次扩展信道的信道矩阵为对称信道矩阵，所以信道容量为

$$C_{\text{三次扩展}}=\log 8-H(\overline{p}^3,\overline{p}^2 p,\overline{p}^2 p,\overline{p}p^2,\overline{p}^2 p,\overline{p}p^2,\overline{p}p^2,p^3)$$
$$=0.8343\text{比特/三次扩展信源符号}$$

可以验证 $C_{\text{三次扩展}}=3C_{\text{单符号信道}}$，这是因为离散平稳无记忆的 $N$ 次扩展信道的信道容量等于原单符号离散信道的信道容量的 $N$ 倍。

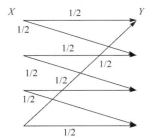

图 8-11　题 8-50 图

**8-50**　设有扰信道的传输情况如图 8-11 所示，试求这种信道的信道容量。

**解：** 信道矩阵为

$$\boldsymbol{P}=\begin{bmatrix}\dfrac{1}{2} & \dfrac{1}{2} & 0 & 0 \\ 0 & \dfrac{1}{2} & \dfrac{1}{2} & 0 \\ 0 & 0 & \dfrac{1}{2} & \dfrac{1}{2} \\ \dfrac{1}{2} & 0 & 0 & \dfrac{1}{2}\end{bmatrix}$$

可见该信道为对称信道，所以信道容量为

$$C=\log s-H(\boldsymbol{P}\text{的行矢量})=\log 4-H\left(\frac{1}{2},\frac{1}{2},0,0\right)=1\text{比特/符号}$$

8-51 若有一离散 $Z$ 形信道，其信道转移概率如图 8-12 所示。试求：

（1）信道容量 $C$；

（2）$\varepsilon = 0$ 和 $\varepsilon = 1$ 时的信道容量。

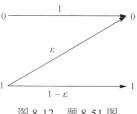

图 8-12 题 8-51 图

**解：**（1）信道矩阵 $\boldsymbol{P} = \begin{bmatrix} 1 & 0 \\ \varepsilon & 1-\varepsilon \end{bmatrix}$。观察该信道转移概率矩阵可知，该信道不是对称信道，也不是准对称信道，不能直接采用公式计算，也难以通过直接观察获得最佳分布。

可以利用 $\sum_{j=1}^{s} P(b_j \mid a_i)\beta_j = \sum_{j=1}^{s} P(b_j \mid a_i)\log P(b_j \mid a_i)$ $(i=1,2,\cdots,r)$ 得到以下方程组

$$\begin{cases} \beta_1 = 0 \\ \varepsilon\beta_1 + (1-\varepsilon)\beta_2 = \varepsilon\log\varepsilon + (1-\varepsilon)\log(1-\varepsilon) = -H(\varepsilon) \end{cases}$$

解方程组得到

$$\beta_1 = 0, \quad \beta_2 = \frac{(1-\varepsilon)\log(1-\varepsilon) + \varepsilon\log\varepsilon}{1-\varepsilon} = \frac{-H(\varepsilon)}{1-\varepsilon}$$

所以信道容量为

$$C = \log\sum_j 2^{\beta_j} = \log\left[2^0 + 2^{\frac{(1-\varepsilon)\log(1-\varepsilon)+\varepsilon\log\varepsilon}{1-\varepsilon}}\right] = \log\left[1 + 2^{\frac{-H(\varepsilon)}{1-\varepsilon}}\right]$$

由 $P(b_j) = 2^{\beta_j - C}$，得

$$P(b_1) = 2^{\beta_1 - C} = \frac{1}{1 + 2^{\frac{-H(\varepsilon)}{1-\varepsilon}}}$$

$$P(b_2) = 2^{\beta_2 - C} = 2^{\frac{-H(\varepsilon)}{1-\varepsilon} - \log\left[1 + 2^{\frac{-H(\varepsilon)}{1-\varepsilon}}\right]} = \frac{2^{\frac{-H(\varepsilon)}{1-\varepsilon}}}{1 + 2^{-H(\varepsilon)/(1-\varepsilon)}} = \frac{1}{1 + 2^{H(\varepsilon)/(1-\varepsilon)}}$$

再根据 $\qquad P(b_j) = \sum_{i=1}^{r} P(a_i)P(b_j \mid a_i), (j = 1, 2, \cdots, s)$

得到

$$\begin{cases} P(b_1) = P(a_1) + \varepsilon P(a_2) \\ P(b_2) = (1-\varepsilon)P(a_2) \end{cases}$$

解出最佳输入分布 $P(a_i)$

$$P(a_2) = \frac{1}{1-\varepsilon}\left[\frac{1}{1 + 2^{H(\varepsilon)/(1-\varepsilon)}}\right]$$

$$P(a_1) = 1 - P(a_2) = 1 - \frac{1}{1-\varepsilon}\left[\frac{1}{1 + 2^{H(\varepsilon)/(1-\varepsilon)}}\right]$$

（2）$\varepsilon = 0$ 时的信道矩阵 $\boldsymbol{P} = \begin{bmatrix} 1 & 0 \\ 0 & 1 \end{bmatrix}$，易得信道容量为 1 比特/符号。

$\varepsilon = 1$ 时的信道矩阵 $\boldsymbol{P} = \begin{bmatrix} 1 & 0 \\ 1 & 0 \end{bmatrix}$，易得信道容量为 0。

8-52 设某信道的信道矩阵为

$$\boldsymbol{P} = \begin{bmatrix} 1 & 0 \\ \dfrac{1}{2} & \dfrac{1}{2} \\ 0 & 1 \end{bmatrix}$$

求其信道容量。

**解：** 根据信道矩阵可知，该信道不是对称信道也不是准对称信道。

设输入符号集为 $\{a_1,a_2,a_3\}$，输出符号集为 $\{b_1,b_2\}$。仔细观察矩阵 $\boldsymbol{P}$，可以发现输入符号 $a_1,a_3$ 与输出符号 $b_1,b_2$ 是一一对应的，而输入符号 $a_2$ 等概地映射到两个输出符号。考虑如果将 $a_2$ 的概率置零，则信道演变为一个理想信道，从而可将 $a_1,a_3$ 设置为等概分布，即

$$P(a_2)=0,\quad P(a_1)=P(a_3)=1/2$$

分别求出所有概率非零的符号对应的互信息为

$$I(x=a_1;Y)=\sum_{j=1}^{2}P(b_j\mid a_1)\log\frac{P(b_j\mid a_1)}{P(b_j)}=\log 2$$

$$I(x=a_2;Y)=\sum_{j=1}^{2}P(b_j\mid a_2)\log\frac{P(b_j\mid a_2)}{P(b_j)}=0$$

$$I(x=a_3;Y)=\sum_{j=1}^{2}P(b_j\mid a_3)\log\frac{P(b_j\mid a_3)}{P(b_j)}=\log 2$$

可见，此分布对应的互信息满足

$$\begin{cases}I(x_i;Y)=\log 2, & p_i\neq 0\\ I(x_i;Y)=0<\log 2, & p_i=0\end{cases}$$

所以，此分布为最佳分布，对应的信道容量为 $C=\log 2=1$ 比特/符号。

8-53 设某离散无记忆信道的输入 $X$ 的符号集为 $\{0,1,2\}$，输出 $Y$ 的符号集为 $\{0,1,2\}$，如图 8-13 所示，求其信道容量及其最佳的输入概率分布。并求当 $\varepsilon=0$ 和 $\varepsilon=1/2$ 时的信道容量 $C$。

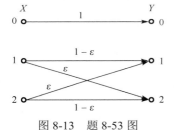

图 8-13 题 8-53 图

**解：** 信道矩阵为 $\begin{bmatrix}1 & 0 & 0\\ 0 & 1-\varepsilon & \varepsilon\\ 0 & \varepsilon & 1-\varepsilon\end{bmatrix}$

观察该信道转移概率矩阵可知，该信道不是对称信道也不是准对称信道，也难以通过直接观察获得最佳分布。

可以利用 $\sum_{j=1}^{s}P(b_j\mid a_i)\beta_j=\sum_{j=1}^{s}P(b_j\mid a_i)\log P(b_j\mid a_i)$ $(i=1,2,\cdots,r)$

得到以下方程组

$$\begin{cases}\beta_1=0\\ (1-\varepsilon)\beta_2+\varepsilon\beta_3=(1-\varepsilon)\log(1-\varepsilon)+\varepsilon\log\varepsilon\\ \varepsilon\beta_2+(1-\varepsilon)\beta_3=\varepsilon\log\varepsilon+(1-\varepsilon)\log(1-\varepsilon)\end{cases}$$

解方程组得到

$$\beta_1=0,\ \beta_2=\beta_3=(1-\varepsilon)\log(1-\varepsilon)+\varepsilon\log\varepsilon=-H(\varepsilon)$$

所以信道容量为

$$C=\log\sum_j 2^{\beta_j}=\log[2^0+2^{(1-\varepsilon)\log(1-\varepsilon)+\varepsilon\log\varepsilon}+2^{(1-\varepsilon)\log(1-\varepsilon)+\varepsilon\log\varepsilon}]$$

$$=\log[1+2^{1-H(\varepsilon)}]=\log[1+2(1-\varepsilon)^{1-\varepsilon}\varepsilon^{\varepsilon}]$$

由 $P(b_j)=2^{\beta_j-C}$，得

$$P(b_1)=2^{\beta_1-C}=\frac{1}{1+2(1-\varepsilon)^{1-\varepsilon}\varepsilon^{\varepsilon}}$$

$$P(b_2)=P(b_3)=2^{\beta_2-C}=\frac{(1-\varepsilon)^{1-\varepsilon}\varepsilon^{\varepsilon}}{1+2(1-\varepsilon)^{1-\varepsilon}\varepsilon^{\varepsilon}}$$

再根据
$$P(b_j) = \sum_{i=1}^{r} P(a_i)P(b_j \mid a_i), (j = 1, 2, \cdots, s)$$

即可解出最佳输入分布 $P(a_i)$

$$P(a_1) = \frac{1}{1 + 2(1-\varepsilon)^{1-\varepsilon} \varepsilon^{\varepsilon}}, \quad P(a_2) = P(a_3) = \frac{(1-\varepsilon)^{1-\varepsilon} \varepsilon^{\varepsilon}}{1 + 2(1-\varepsilon)^{1-\varepsilon} \varepsilon^{\varepsilon}}$$

当 $\varepsilon = 0$ 时，信道为一一对应的无噪信道，此时信道容量 $C = \log 3$ 比特/符号。

当 $\varepsilon = 1/2$ 时，由信道容量公式得 $C = \log 2$ 比特/符号。

**8-54** 两个串联的离散信道如图 8-14 所示，单个信道的信道矩阵都是

$$\boldsymbol{P} = \begin{bmatrix} 0 & 0 & 0 & 1 \\ 0 & 0 & 0 & 1 \\ \frac{1}{2} & \frac{1}{2} & 0 & 0 \\ 0 & 0 & 1 & 0 \end{bmatrix}$$

设第一个信道输入符号 $X = [a_1, a_2, a_3, a_4]$ 是等概分布的，求 $I(X;Z)$ 和 $I(X;Y)$，并加以比较。

**解：**（1）由信道的输入符号 $X = [a_1, a_2, a_3, a_4]$ 等概分布、信道转移概率可得联合概率 $P(a_i b_j)$，如表 8-37 所示。

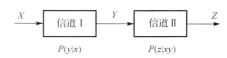

图 8-14  串联信道

表 8-37  联合概率 $P(a_i b_j)$

| $a_i$ | 联合概率 $P(a_i b_j)$ | | | |
|---|---|---|---|---|
| | $b_1$ | $b_2$ | $b_3$ | $b_4$ |
| $a_1$ | 0 | 0 | 0 | 0.25 |
| $a_2$ | 0 | 0 | 0 | 0.25 |
| $a_3$ | 0.125 | 0.125 | 0 | 0 |
| $a_4$ | 0 | 0 | 0.25 | 0 |

第一条信道输出信号的概率为
$$P(b_1) = P(b_2) = 0.125, P(b_3) = 0.25, P(b_4) = 0.5$$

第一条信道输出信号的熵为
$$H(Y) = H(0.125, 0.125, 0.25, 0.5) = 1.75 \text{ 比特/符号}$$

噪声熵为
$$H(Y \mid X) = \frac{1}{4}H(0,0,0,1) + \frac{1}{4}H(0,0,0,1) + \frac{1}{4}H\left(\frac{1}{2}, \frac{1}{2}, 0, 0\right) + \frac{1}{4}H(0,0,1,0)$$
$$= 0.25 \text{ 比特/符号}$$

互信息为
$$I(X;Y) = H(Y) - H(Y \mid X) = 1.5 \text{ 比特/符号}$$

（2）两条信道串接之后的信道矩阵为
$$\boldsymbol{P}_{\text{串}} = \begin{bmatrix} 0 & 0 & 0 & 1 \\ 0 & 0 & 0 & 1 \\ \frac{1}{2} & \frac{1}{2} & 0 & 0 \\ 0 & 0 & 1 & 0 \end{bmatrix} \begin{bmatrix} 0 & 0 & 0 & 1 \\ 0 & 0 & 0 & 1 \\ \frac{1}{2} & \frac{1}{2} & 0 & 0 \\ 0 & 0 & 1 & 0 \end{bmatrix} = \begin{bmatrix} 0 & 0 & 1 & 0 \\ 0 & 0 & 1 & 0 \\ 0 & 0 & 0 & 1 \\ \frac{1}{2} & \frac{1}{2} & 0 & 0 \end{bmatrix}$$

由信道的输入符号 $X = [a_1, a_2, a_3, a_4]$ 等概分布、信道转移概率可得联合概率 $P(a_i c_k)$，如表 8-38 所示。

表 8-38　联合概率 $P(a_i c_k)$

| $a_i$ | 联合概率 $P(a_i c_k)$ | | | |
| --- | --- | --- | --- | --- |
| | $c_1$ | $c_2$ | $c_3$ | $c_4$ |
| $a_1$ | 0 | 0 | 0.25 | 0 |
| $a_2$ | 0 | 0 | 0.25 | 0 |
| $a_3$ | 0 | 0 | 0 | 0.25 |
| $a_4$ | 0.125 | 0.125 | 0 | 0 |

串联信道输出信号的概率为
$$P(c_1) = P(c_2) = 0.125, P(c_3) = 0.5, P(c_4) = 0.25$$
串联信道输出信号的熵为
$$H(Z) = H(0.125, 0.125, 0.5, 0.25) = 1.75 \text{ 比特/符号}$$
噪声熵为
$$H(Z \mid X) = \frac{1}{4} H(0,0,1,0) + \frac{1}{4} H(0,0,1,0) + \frac{1}{4} H(0,0,0,1) + \frac{1}{4} H(0.5,0.5,0,0) = 0.25 \text{ 比特/符号}$$
互信息为
$$I(X;Z) = H(Z) - H(Z \mid X) = 1.5 \text{ 比特/符号}$$
可见
$$I(X;Z) = I(X;Y)$$

8-55　有两个信道的信道矩阵分别为 $\boldsymbol{P}_1 = \begin{bmatrix} \dfrac{1}{3} & \dfrac{1}{3} & \dfrac{1}{3} \\ 0 & \dfrac{1}{2} & \dfrac{1}{2} \end{bmatrix}$ 和 $\boldsymbol{P}_2 = \begin{bmatrix} 1 & 0 & 0 \\ 0 & \dfrac{2}{3} & \dfrac{1}{3} \\ 0 & \dfrac{1}{3} & \dfrac{2}{3} \end{bmatrix}$，它们的串联信道如

图 8-15 所示。求证 $I(X;Z) = I(X;Y)$。

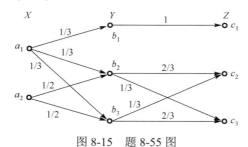

图 8-15　题 8-55 图

**解：** 串联信道矩阵为

$$\boldsymbol{P}_{\text{串}} = \boldsymbol{P}_1 \boldsymbol{P}_2 = \begin{bmatrix} \dfrac{1}{3} & \dfrac{1}{3} & \dfrac{1}{3} \\ 0 & \dfrac{1}{2} & \dfrac{1}{2} \end{bmatrix}$$

可见 $\boldsymbol{P}_{\text{串}} = \boldsymbol{P}_1$，即串联前后的信道矩阵不变，所以 $I(X;Z) = I(X;Y)$。

8-56　把 $n$ 个二元对称信道串接起来，信道的串接如图 8-16 所示。每个二元对称信道的错误转移概率为 $p$，其中 $p < 0.5$，证明这 $n$ 个串接信道可以等效于一个二元对称信道，其错误转移概

率为 $\frac{1}{2}[1-(1-2p)^n]$。证明 $\lim\limits_{n\to\infty} I(X_0; X_n) = 0$，设 $p \neq 0$。

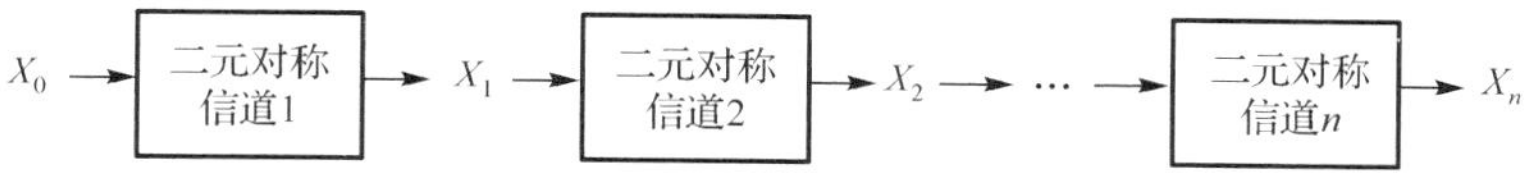

图 8-16　题 8-56 图

**解：** 二元对称信道矩阵为

$$\boldsymbol{P} = \begin{bmatrix} 1-p & p \\ p & 1-p \end{bmatrix}$$

2 个二元对称信道进行串联之后的信道矩阵为

$$\boldsymbol{P}_{串} = \boldsymbol{P}^2 = \begin{bmatrix} 1-p & p \\ p & 1-p \end{bmatrix}^2$$

$$= \begin{bmatrix} (1-p)^2 + p^2 & 2p(1-p) \\ 2p(1-p) & (1-p)^2 + p^2 \end{bmatrix} = \begin{bmatrix} 1-\dfrac{1}{2}[1-(1-2p)^2] & \dfrac{1}{2}[1-(1-2p)^2] \\ \dfrac{1}{2}[1-(1-2p)^2] & 1-\dfrac{1}{2}[1-(1-2p)^2] \end{bmatrix}$$

3 个二元对称信道进行串联之后的信道矩阵为

$$\boldsymbol{P}_{串} = \boldsymbol{P}^3 = \begin{bmatrix} 1-p & p \\ p & 1-p \end{bmatrix}^3 = \begin{bmatrix} 1-\dfrac{1}{2}[1-(1-2p)^3] & \dfrac{1}{2}[1-(1-2p)^3] \\ \dfrac{1}{2}[1-(1-2p)^3] & 1-\dfrac{1}{2}[1-(1-2p)^3] \end{bmatrix}$$

可以证明，$n$ 个二元对称信道进行串联之后的信道矩阵为

$$\boldsymbol{P}_{串} = \boldsymbol{P}^n = \begin{bmatrix} 1-p & p \\ p & 1-p \end{bmatrix}^n = \begin{bmatrix} 1-\dfrac{1}{2}[1-(1-2p)^n] & \dfrac{1}{2}[1-(1-2p)^n] \\ \dfrac{1}{2}[1-(1-2p)^n] & 1-\dfrac{1}{2}[1-(1-2p)^n] \end{bmatrix}$$

可见，这 $n$ 个串接信道可以等效于一个二元对称信道，其错误转移概率为 $\frac{1}{2}[1-(1-2p)^n]$。

因为 $\lim\limits_{n\to\infty} \frac{1}{2}[1-(1-2p)^n] = \frac{1}{2}$，此时 $\boldsymbol{P}_{串} = \begin{bmatrix} \dfrac{1}{2} & \dfrac{1}{2} \\ \dfrac{1}{2} & \dfrac{1}{2} \end{bmatrix}$，所以

$$\lim\limits_{n\to\infty} I(X_0; X_n) = H(Y) - H(Y\,|\,X) = H(0.5, 0.5) - H(0.5, 0.5) = 0$$

**8-57**　证明：对于准对称离散信道，当输入等概率时达到信道容量。写出信道容量的一般表达式。（提示：先证明当输入等概率时 $I(x_i; Y) = C$ （常数），根据定理可知，常数 $C$ 就是所求的信道容量。）

证明：按照准对称信道的定义，准对称信道的信道矩阵 $\boldsymbol{P}$ 可以按列划分成 $n$ 个互不相交的子矩阵 $\boldsymbol{Q}_i$，且每个子矩阵 $\boldsymbol{Q}_i$ 都表示对称信道矩阵，表示为

$$\boldsymbol{P} = [\boldsymbol{Q}_1 \boldsymbol{Q}_2 \cdots \boldsymbol{Q}_n]$$

对应地，输出符号集 $Y$ 分为若干个子集，表示为 $Y = [Y_1 Y_2 \cdots Y_n]$。

设准对称信道的输入符号集为 $X$，$a_i \in X$，有

$$I(a_i;Y) = \sum_{j=1}^{s} P(b_j \mid a_i) \log \frac{P(b_j \mid a_i)}{P(b_j)}$$

$$= \sum_{j=1}^{s} P(b_j \mid a_i) \log P(b_j \mid a_i) - \sum_{j=1}^{s} P(b_j \mid a_i) \log P(b_j)$$

（8-1）

因为准对称信道的信道矩阵 $\boldsymbol{P}$ 的每一行矢量都是相同的，所以式（8-1）中的第一项为

$$\sum_{j=1}^{s} P(b_j \mid a_i) \log P(b_j \mid a_i) = -H(p_1', p_2', \cdots, p_s')$$

其中，$H(p_1', p_2', \cdots, p_s')$ 就是信道矩阵 $\boldsymbol{P}$ 中行元素集合 $\{p_1', p_2', \cdots, p_s'\}$ 的 $s$ 个元素构成的熵函数。

式（8-1）中的第二项为

$$\sum_{j=1}^{s} P(b_j \mid a_i) \log P(b_j)$$

$$= \sum_{Y_1} P(b_j \mid a_i) \log P(b_j) + \sum_{Y_2} P(b_j \mid a_i) \log P(b_j) + \cdots + \sum_{Y_n} P(b_j \mid a_i) \log P(b_j)$$

（8-2）

式（8-2）中的第一项在"准对称信道的信道矩阵 $\boldsymbol{P}$ 第一个子矩阵"中进行运算，设输入等概率，即 $P(a_i) = \dfrac{1}{r}$，则式（8-2）中的第一项为

$$\sum_{Y_1} P(b_j \mid a_i) \log P(b_j) = \sum_{Y_1} P(b_j \mid a_i) \log \sum_{X} P(b_j \mid a_i) P(a_i)$$

$$= \sum_{Y_1} P(b_j \mid a_i) \log \left[ \frac{1}{r} \sum_{X} P(b_j \mid a_i) \right]$$

$$= N_1 \log \left( \frac{1}{r} M_1 \right)$$

其中，$N_1$ 是第 1 个子矩阵中的行元素之和，$M_1$ 是第 1 个子矩阵中的列元素之和。

对式（8-2）其他项类似第一项进行处理，因此式（8-1）中的第二项为

$$\sum_{j=1}^{s} P(b_j \mid a_i) \log P(b_j) = \sum_{k=1}^{n} N_k \log \left( \frac{1}{r} M_k \right) = \sum_{k=1}^{n} N_k \log M_k + \sum_{k=1}^{n} N_k \log \left( \frac{1}{r} \right)$$

$$= \sum_{k=1}^{n} N_k \log M_k - \log r$$

所以 $\qquad I(a_i;Y) = \log r - \sum_{k=1}^{n} N_k \log M_k - H(p_1', p_2', \cdots, p_s')$

因为准对称信道矩阵每一行都是同一符号集诸元素的不同排列，按列划分的每个子矩阵 $\boldsymbol{Q}_i$ 都是对称信道矩阵，所以 $I(a_i;Y) = C$（常数），$i = 1, 2, \cdots, r$。

由离散信道达到信道容量的充要条件可知，当输入等概率时，准对称离散信道达到信道容量，信道容量为

$$C = \log r - \sum_{k=1}^{n} N_k \log M_k - H(p_1', p_2', \cdots, p_s')$$

8-58　有两个信道的信道矩阵分别为 $\boldsymbol{P}_1 = \begin{bmatrix} 0.8 & 0.2 \\ 0.2 & 0.8 \end{bmatrix}$ 和 $\boldsymbol{P}_2 = \begin{bmatrix} \dfrac{3}{4} & \dfrac{1}{4} & 0 \\ 0 & \dfrac{1}{4} & \dfrac{3}{4} \end{bmatrix}$，它们的串联信道如

图 8-14 所示。设第一个信道的输入符号 $X = [a_1, a_2]$ 是等概分布的，求 $I(X;Y)$、$I(Y;Z)$ 和 $I(X;Z)$，并加以比较。

**解：** 信道 1 是对称信道，则

$$I(X;Y) = H(Y) - H(Y \mid X) = H(0.5, 0.5) - H(0.8, 0.2) = 0.28 \text{ 比特/符号}$$

信道 2 是准对称信道，则

$$I(Y;Z) = H(Z) - H(Z \mid Y) = H\left(\frac{3}{8}, \frac{1}{4}, \frac{3}{8}\right) - H\left(\frac{3}{4}, \frac{1}{4}, 0\right) = 0.75 \text{ 比特/符号}$$

串联信道矩阵 $\boldsymbol{P}_{\text{串}} = \boldsymbol{P}_1\boldsymbol{P}_2 = \begin{bmatrix} 0.6 & 0.25 & 0.15 \\ 0.15 & 0.25 & 0.6 \end{bmatrix}$，是准对称信道，则

$$I(X;Z) = H(Z) - H(Z \mid X) = H(0.375, 0.25, 0.375) - H(0.6, 0.25, 0.15) = 0.21 \text{ 比特/符号}$$

可见， $I(X;Y) > I(X;Z), I(Y;Z) > I(X;Z)$ 。

8-59  已知某信道的转移概率矩阵为

$$\boldsymbol{P} = \begin{bmatrix} \dfrac{1}{2} & \dfrac{1}{2} & 0 \\ \dfrac{1}{2} & \dfrac{1}{4} & \dfrac{1}{4} \end{bmatrix}$$

试计算信道容量，并说明达到信道容量的最佳输入分布。

分析：利用公式 $I(X;Y) = H(Y) - H(Y \mid X)$ 计算平均互信息 $I(X;Y)$ ，然后求其最大值，即得信道容量。

**解：** 设信源的概率空间为 $\begin{bmatrix} X \\ P(x) \end{bmatrix} = \begin{bmatrix} a_1 & a_2 \\ \omega & 1-\omega \end{bmatrix}$ ，则信道输入符号和信道输出符号的联合概率 $P(a_ib_j)$ 如表 8-39 所示。

表 8-39  联合概率 $P(a_ib_j)$

| $a_i$ | $P(a_ib_j)$ | | |
|---|---|---|---|
| | $b_1$ | $b_2$ | $b_3$ |
| $a_1$ | $\omega/2$ | $\omega/2$ | 0 |
| $a_2$ | $(1-\omega)/2$ | $(1-\omega)/4$ | $(1-\omega)/4$ |

则信道输出符号的概率为

$$P(b_1) = 1/2, \qquad P(b_2) = (1+\omega)/4, \qquad P(b_3) = (1-\omega)/4$$

所以

$$H(Y) = H\left(\frac{1}{2}, \frac{1+\omega}{4}, \frac{1-\omega}{4}\right)$$

$$= \frac{3}{2} - \frac{1+\omega}{4}\log(1+\omega) - \frac{1-\omega}{4}\log(1-\omega) \text{ 比特/符号}$$

又因为噪声熵

$$H(Y \mid X) = P(a_1)H\left(\frac{1}{2}, \frac{1}{2}, 0\right) + P(a_2)H\left(\frac{1}{2}, \frac{1}{4}, \frac{1}{4}\right)$$

$$= \frac{3}{2} - \frac{\omega}{2} \text{ 比特/符号}$$

所以

$$I(X;Y) = H(Y) - H(Y \mid X)$$

$$= -\frac{1+\omega}{4}\log(1+\omega) - \frac{1-\omega}{4}\log(1-\omega) + \frac{\omega}{2} \text{ 比特/符号}$$

解 $\dfrac{\partial I(X;Y)}{\partial \omega}=0$，即 $\dfrac{1}{2}-\dfrac{1}{4}\log\dfrac{1+\omega}{1-\omega}=0$。

因此当 $\omega=0.6$ 时，平均互信息 $I(X;Y)$ 取最大值，即信道容量为

$$C=\max I(X;Y)=0.16 \text{ 比特/符号}$$

对应的最佳输入分布为

$$\begin{bmatrix} X \\ P(x) \end{bmatrix}=\begin{bmatrix} a_1 & a_2 \\ 0.6 & 0.4 \end{bmatrix}$$

**8-60**　某二元对称信道的错误转移概率 $p=0.01$，假设送入信道的二进制符号等概出现。

（1）计算信道损失 $H(X\,|\,Y)$；

（2）接收端每收到一个符号获得的信息量为多少？

**解：**

（1）由题目已知条件可得二元对称信道的转移概率矩阵为

$$[P(y\,|\,x)]=\begin{bmatrix} 0.99 & 0.01 \\ 0.01 & 0.99 \end{bmatrix}$$

因此噪声熵为

$$H(Y\,|\,X)=H(0.99,0.01)=0.0808 \text{ 比特/符号}$$

当信道输入符号等概时，可得信道输出符号 $P(y_1)=P(y_2)=0.5$，则

$$H(Y)=H(0.5,0.5)=1 \text{ 比特/符号}$$

因为 $I(X;Y)=H(X)-H(X\,|\,Y)=H(Y)-H(Y\,|\,X)$，且 $H(X)=H(0.5,0.5)=1$ 比特/符号，所以等概率输入时的二元对称信道的信道损失为

$$H(X\,|\,Y)=H(Y\,|\,X)=H(0.99,0.01)=0.0808 \text{ 比特/符号}$$

（2）接收端每收到一个符号获得的信息量，即平均互信息为

$$I(X;Y)=H(X)-H(X\,|\,Y)=0.9292 \text{ 比特/符号}$$

**8-61**　某带宽为 4000Hz 的无噪信道传送 16 进制符号，该无噪信道每秒钟最多能传输多少信息量？

**解：** 根据奈奎斯特第一准则，为了满足无码间干扰条件，最大频带利用率为

$$(R_s/B)_{\max}=2\text{Baud/Hz}$$

则带宽为 4000Hz 的信道传输符号速率的最大值为

$$(R_s)_{\max}=8000\text{Baud}$$

16 进制无噪信道容量为

$$C=4 \text{ 比特/符号}$$

则该无噪信道的每秒钟最多能传送的信息量

$$C_t=(R_s)_{\max}C=8000\times 4=32000 \text{ bit/s}$$

**8-62**　已知二元无记忆离散对称信道的信道矩阵为

$$\boldsymbol{P}=\begin{bmatrix} \overline{p} & p \\ p & \overline{p} \end{bmatrix}$$

（1）计算该信道的二次扩展信道的信道容量。

（2）两个这样的二元无记忆离散对称信道组成串联信道，计算串联信道的信道容量。

**解：**（1）因为二元对称信道的输入和输出变量 $X$ 和 $Y$ 的取值都是 0 和 1，因此，二次扩展信道的输入符号集为 $X=\{00,01,10,11\}$，共有 $2^2=4$ 个扩展符号，分别表示为 $\alpha_1,\alpha_2,\alpha_3,\alpha_4$。类似地，输出符号集也有 4 个符号，分别表示为 $\beta_1,\beta_2,\beta_3,\beta_4$。根据无记忆信道的特性，求得二次扩展信道

的转移概率为

$$P(\beta_1 \mid \alpha_1) = P(00 \mid 00) = P(0 \mid 0)P(0 \mid 0) = \bar{p}^2$$
$$P(\beta_2 \mid \alpha_1) = P(01 \mid 00) = P(0 \mid 0)P(1 \mid 0) = \bar{p}p$$

同理，可求得其他转移概率 $P(\beta_h \mid \alpha_k)$，因此，二次扩展信道的信道矩阵为

$$\boldsymbol{P}_{1,2} = \begin{array}{c} \\ \alpha_1 \\ \alpha_2 \\ \alpha_3 \\ \alpha_4 \end{array} \begin{matrix} \beta_1 & \beta_2 & \beta_3 & \beta_4 \\ \begin{bmatrix} \bar{p}^2 & \bar{p}p & p\bar{p} & p^2 \\ \bar{p}p & \bar{p}^2 & p^2 & p\bar{p} \\ p\bar{p} & p^2 & \bar{p}^2 & \bar{p}p \\ p^2 & p\bar{p} & \bar{p}p & \bar{p}^2 \end{bmatrix} \end{matrix}$$

因为该二次扩展信道矩阵仍是对称信道，可知信道容量

$$C_{1,2} = \log 4 - H(\bar{p}^2, \bar{p}p, p\bar{p}, p^2)$$

当 $p = 0.1$ 时，单符号二元对称信道的信道容量 $C = 1 - H(0.1) = 0.531$ 比特/符号，二次扩展信道的信道容量为 $C_{1,2} = 1.062$ 比特/序列。二次扩展信道的信道容量是单符号二元对称信道的信道容量的 2 倍。

（2）两个二元对称信道的信道矩阵均为

$$\boldsymbol{P}_1 = \boldsymbol{P}_2 = \begin{bmatrix} 1-p & p \\ p & 1-p \end{bmatrix}$$

由于 $X$、$Y$ 和 $Z$ 组成马尔可夫链，则串联信道的信道矩阵为

$$\boldsymbol{P}_{\text{串}} = \boldsymbol{P}_1\boldsymbol{P}_2 = \begin{bmatrix} 1-p & p \\ p & 1-p \end{bmatrix}^2 = \begin{bmatrix} (1-p)^2 + p^2 & 2p(1-p) \\ 2p(1-p) & (1-p)^2 + p^2 \end{bmatrix}$$

因此该串联信道仍然是一个二元对称信道。则串联信道的信道容量为

$$C_{\text{串}} = 1 - H[2p(1-p)]$$

当 $p = 0.1$ 时，单符号二元对称信道的信道容量 $C = 1 - H(0.1) = 0.531$ 比特/符号，串联信道的信道容量 $C_{\text{串}} = 1 - H(0.18) = 0.3199$ 比特/符号，可见串联信道的信道容量小于单符号二元对称信道的信道容量。

8-63　两个一维随机变量的概率分布密度函数分别如图 8-17（a）和图 8-17（b）所示。问哪一个相对熵大？绝对熵为多大？

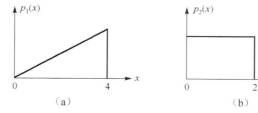

图 8-17　题 8-63 图

**解**：图 8-17（a）所示的随机变量的相对熵为

$$h(X) = -\int_{-\infty}^{\infty} p_1(x)\log p_1(x)\mathrm{d}x = -\int_0^4 \frac{x}{8}\log\frac{x}{8}\mathrm{d}x = 1.72 \text{ 比特/自由度}$$

图 8-17（b）所示的随机变量的相对熵为

$$h(X) = -\int_{-\infty}^{\infty} p_2(x)\log p_2(x)\mathrm{d}x = \log 2 = 1 \text{ 比特/自由度}$$

可见，图 8-17（a）的相对熵大于图 8-17（b）的相对熵。

因这两个一维随机变量为连续随机变量，所以它们绝对熵均为无穷大。

**8-64** 设有一连续随机变量 $X$，其概率密度函数分别服从指数分布和拉普拉斯分布，即

（1） $p(x) = \lambda e^{-\lambda x} \quad x \geq 0, \quad \lambda > 0$；

（2） $p(x) = \dfrac{1}{2}\lambda e^{-\lambda |x|}, \quad -\infty < x < \infty, \quad \lambda > 0$。

计算该随机变量的熵。

**解：**（1）由概率密度的性质可知

$$\int_0^\infty \lambda e^{-\lambda x} \mathrm{d}x = 1$$

该指数函数的数学期望

$$E(X) = \int_0^\infty x p(x)\mathrm{d}x = \int_0^\infty \lambda x e^{-\lambda x}\mathrm{d}x = \frac{1}{\lambda}$$

连续随机变量 $X$ 的熵为

$$
\begin{aligned}
h(X) &= -\int_0^\infty p(x)\log p(x)\mathrm{d}x \\
&= -\int_0^\infty \lambda e^{-\lambda x}\log(\lambda e^{-\lambda x})\mathrm{d}x \\
&= -\int_0^\infty (\lambda e^{-\lambda x}\log\lambda + \lambda e^{-\lambda x}\log e^{-\lambda x})\mathrm{d}x \\
&= -\log\lambda \int_0^\infty \lambda e^{-\lambda x}\mathrm{d}x - \int_0^\infty \lambda e^{-\lambda x}\log e^{-\lambda x}\mathrm{d}x \\
&= -\log\lambda + \lambda\log e\int_0^\infty \lambda x e^{-\lambda x}\mathrm{d}x \\
&= -\log\lambda + \frac{\lambda\log e}{\lambda} \\
&= \log\frac{e}{\lambda}
\end{aligned}
$$

（2）连续随机变量 $X$ 的熵为

$$
\begin{aligned}
h(X) &= -\int_{-\infty}^\infty p(x)\log p(x)\mathrm{d}x \\
&= -\int_{-\infty}^\infty \frac{1}{2}\lambda e^{-\lambda |x|}\log\left(\frac{1}{2}\lambda e^{-\lambda |x|}\right)\mathrm{d}x \\
&= -\int_{-\infty}^\infty \left(\frac{1}{2}\lambda e^{-\lambda |x|}\log\frac{\lambda}{2} + \frac{1}{2}\lambda e^{-\lambda |x|}\log e^{-\lambda |x|}\right)\mathrm{d}x \\
&= -\log\frac{\lambda}{2}\int_{-\infty}^\infty p(x)\mathrm{d}x + \lambda\log e\int_0^\infty x\lambda e^{-\lambda x}\mathrm{d}x \\
&= -\log\frac{\lambda}{2} + \log e
\end{aligned}
$$

**8-65** 有两个连续随机变量 $X$ 和 $Y$ 的联合概率密度函数为

$$p(xy) = \frac{1}{8\pi}e^{-\frac{(x-1)^2+(y+2)^2}{8}}$$

（1）计算 $h(X), h(Y), h(XY), h(X|Y)$ 和 $I(X;Y)$；

（2）计算 $Z = X + Y$ 的熵 $h(Z)$。

**解：**（1）由 $p(xy)$ 可得

$$p(x) = \int_{-\infty}^\infty p(xy)\mathrm{d}y = \frac{1}{\sqrt{8\pi}}e^{-\frac{(x-1)^2}{8}}$$

$$p(y) = \int_{-\infty}^{\infty} p(xy)\mathrm{d}x = \frac{1}{\sqrt{8\pi}} \mathrm{e}^{-\frac{(y+2)^2}{8}}$$

因为 $p(xy) = p(x)p(y)$，所以连续随机变量 $X$ 和 $Y$ 相互独立。因为 $X$ 和 $Y$ 都是方差为 4 的高斯随机变量，所以

$$h(X) = \log\sqrt{8\pi\mathrm{e}} \text{ 比特/自由度}$$
$$h(Y) = \log\sqrt{8\pi\mathrm{e}} \text{ 比特/自由度}$$
$$h(XY) = h(X) + h(Y) = \log 8\pi\mathrm{e} \text{ 比特/自由度}$$
$$h(X \mid Y) = h(X) = \log\sqrt{8\pi\mathrm{e}} \text{ 比特/自由度}$$
$$h(Y \mid X) = h(Y) = \log\sqrt{8\pi\mathrm{e}} \text{ 比特/自由度}$$
$$I(X;Y) = 0$$

（2）因为 $Z = X + Y$，连续随机变量 $X$ 和 $Y$ 为相互独立的高斯随机变量，所以随机变量 $Z$ 是方差为 8 的高斯随机变量。所以

$$h(Z) = \log\sqrt{16\pi\mathrm{e}} \text{ 比特/自由度}$$

8-66　两个连续随机变量 $X$ 和 $Y$ 的联合概率密度函数为

$$p(xy) = \frac{1}{(a_2 - a_1)(b_2 - b_1)}, \quad x \in [a_1, a_2], \quad y \in [b_1, b_2]$$

计算 $h(X \mid Y)$，$h(XY)$ 和 $I(X;Y)$。

**解：** 随机变量 $X$ 和 $Y$ 的概率密度 $p(x)$ 和 $p(y)$ 分别为

$$p(x) = \int_{-\infty}^{\infty} p(xy)\mathrm{d}y = \frac{1}{a_2 - a_1}, \quad x \in [a_1, a_2]$$

$$p(y) = \int_{-\infty}^{\infty} p(xy)\mathrm{d}x = \frac{1}{b_2 - b_1}, \quad y \in [b_1, b_2]$$

可见，$p(xy) = p(x)p(y)$，所以连续随机变量 $X$ 和 $Y$ 相互独立。因此

$$h(X \mid Y) = h(X) = \log(a_2 - a_1)$$
$$h(XY) = h(X) + h(Y) = \log[(a_2 - a_1)(b_2 - b_1)]$$
$$I(X;Y) = 0$$

8-67　一个连续随机变量 $X \geqslant 0$，数学期望为 $A$，试求在此条件下获得最大熵的最佳分布，并求出最大熵。

**分析：** 该最大熵的问题就在约束条件

$$\int_0^{\infty} p(x)\mathrm{d}x = 1, \quad \int_0^{\infty} xp(x)\mathrm{d}x = A$$

求连续信源熵 $h(X) = -\int_0^{\infty} p(x)\log p(x)\mathrm{d}x$ 的最大值及其 $p(x)$ 的最佳分布。可以先构造函数 $\Phi = -p(x)\log p(x) + \lambda p(x) + \mu x p(x)$，然后对 $\Phi$ 函数关于 $p(x)$ 求偏导并令其等于零，求得待定系数 $\lambda$ 和 $\mu$ 表示的 $p(x)$，代入约束条件求得待定系数 $\lambda$ 和 $\mu$，即可确定 $p(x)$ 以及对应的 $h(X)$。

**解：** 构造函数 $\Phi = -p(x)\log p(x) + \lambda p(x) + \mu x p(x)$，式中 $\lambda$ 和 $\mu$ 表示待定系数。

$\Phi$ 函数关于 $p(x)$ 求偏导并令其等于零

$$\frac{\partial \Phi}{\partial p(x)} = \frac{\partial}{\partial p(x)}[-p(x)\log p(x) + \lambda p(x) + \mu x p(x)] = 0$$

得到

$$p(x) = \mathrm{e}^{(\lambda - 1) + \mu x}$$

代入
$$\int_0^\infty p(x)\mathrm{d}x = 1$$

可得
$$-\mu = \mathrm{e}^{(\lambda-1)}$$

代入
$$\int_0^\infty xp(x)\mathrm{d}x = A$$

即
$$\int_0^\infty xp(x)\mathrm{d}x = \int_0^\infty x\mathrm{e}^{(\lambda-1)+\mu x}\mathrm{d}x = A$$

可得
$$-\mu = \frac{1}{A}$$

所以
$$-\mu = \mathrm{e}^{(\lambda-1)} = \frac{1}{A}$$

此时
$$p(x) = \frac{1}{A}\mathrm{e}^{-\frac{x}{A}}\ x \geq 0, \quad A > 0$$

可见随机变量 $X$ 服从指数分布时取得最大熵

$$h(X) = -\int_0^\infty p(x)\log p(x)\mathrm{d}x = \log A\mathrm{e}$$

**8-68** $X, Y$ 为相互独立的高斯随机变量，其均值和方差分别为 $m_x, m_y$ 和 $\sigma_x^2, \sigma_y^2$，且 $U = X + Y$，$V = X - Y$，计算 $h(UV)$。

**解：**

方法一：$U$ 是均值为 $m_x + m_y$、方差为 $\sigma_x^2 + \sigma_y^2$ 的高斯随机变量，$V$ 是均值为 $m_x - m_y$、方差为 $\sigma_x^2 + \sigma_y^2$ 的高斯随机变量。$U$ 和 $V$ 的相关系数为

$$
\begin{aligned}
\rho_{UV} &= \frac{E(UV) - m_u m_v}{\sigma_u \sigma_v} = \frac{E(X^2 - Y^2) - m_u m_v}{\sigma_u \sigma_v} \\
&= \frac{\sigma_x^2 + m_x^2 - \sigma_y^2 - m_y^2 - (m_x + m_y)(m_x - m_y)}{\sigma_x^2 + \sigma_y^2} = \frac{\sigma_x^2 - \sigma_y^2}{\sigma_x^2 + \sigma_y^2}
\end{aligned}
$$

所以

$$h(UV) = \log(2\pi\mathrm{e}\sigma_u\sigma_v\sqrt{1-\rho^2}) = \log\left[2\pi\mathrm{e}(\sigma_x^2 + \sigma_y^2)\sqrt{1 - \left(\frac{\sigma_x^2 - \sigma_y^2}{\sigma_x^2 + \sigma_y^2}\right)^2}\right] = \log(4\pi\mathrm{e}\sigma_x\sigma_y)$$

方法二：由题意可得

$$
\begin{bmatrix} u \\ v \end{bmatrix} = \begin{bmatrix} 1 & 1 \\ 1 & -1 \end{bmatrix}\begin{bmatrix} x \\ y \end{bmatrix}
$$

根据连续信源熵变换前后的关系式 $h(\boldsymbol{Y}) = h(\boldsymbol{X}) - E[\log|J|]$，可得

$$h(UV) = h(XY) + \log\left|\det\begin{bmatrix} 1 & 1 \\ 1 & -1 \end{bmatrix}\right| = \log(2\pi\mathrm{e}\sigma_x\sigma_y) + \log 2 = \log(4\pi\mathrm{e}\sigma_x\sigma_y)$$

**8-69** 已知 $X$，$Y$ 和 $Z$ 为相互独立的高斯随机变量，均值都为 0，方差分别为 $P$，$Q$ 和 $N$。设随机变量 $U = X + kY, V = X + Y + Z$，其中 $k$ 为常数。计算 $I(U;Y)$ 和 $I(U;V)$。

**解：**

（1）因为 $\begin{bmatrix} u \\ y \end{bmatrix} = \begin{bmatrix} 1 & k \\ 0 & 1 \end{bmatrix}\begin{bmatrix} x \\ y \end{bmatrix}$，所以

$$h(UY) = h(XY) + \log\left|\det\begin{bmatrix} 1 & k \\ 0 & 1 \end{bmatrix}\right| = h(XY) = \log\sqrt{2\pi\mathrm{e}P} + \log\sqrt{2\pi\mathrm{e}Q}$$

$U = X + kY$ 是均值为 0、方差为 $P + k^2Q$ 的高斯随机变量，所以

$$h(U) = \log\sqrt{2\pi e(P + k^2 Q)}$$

因此

$$I(U;Y) = h(U) + h(Y) - h(UY)$$

$$= \log\sqrt{2\pi e(P + k^2 Q)} + \log\sqrt{2\pi e Q} - \left[\log\sqrt{2\pi e P} + \log\sqrt{2\pi e Q}\right]$$

$$= \log\frac{\sqrt{2\pi e(P + k^2 Q)}}{\sqrt{2\pi e P}} = \log\sqrt{\frac{P + k^2 Q}{P}}$$

（2）$U = X + kY$ 是均值为 0、方差为 $P + k^2 Q$ 的高斯随机变量，$V = X + Y + Z$ 是均值为 0、方差为 $P + Q + N$ 的高斯随机变量。$U$ 和 $V$ 的相关系数为

$$\rho_{UV} = \frac{E(UV) - m_u m_v}{\sigma_u \sigma_v} = \frac{E[(X + kY)(X + Y + Z)]}{\sqrt{P + k^2 Q}\sqrt{P + Q + N}}$$

$$= \frac{P + kQ}{\sqrt{P + k^2 Q}\sqrt{P + Q + N}}$$

因此

$$I(U;V) = h(U) + h(V) - h(UV)$$

$$= \log\sqrt{2\pi e(P + k^2 Q)} + \log\sqrt{2\pi e(P + Q + N)} - \log(2\pi e\sigma_u\sigma_v\sqrt{1 - \rho_{UV}^2})$$

$$= \log\sqrt{\frac{(P + k^2 Q)(P + Q + N)}{\sigma_u^2\sigma_v^2(1 - \rho_{UV}^2)}} = \log\sqrt{\frac{(P + k^2 Q)(P + Q + N)}{(P + k^2 Q)(P + Q + N) - (P + kQ)^2}}$$

**8-70** 二维高斯随机变量集合 $XY$，其中 $X, Y$ 的均值和方差分别为 $m_x, m_y$ 和 $\sigma_x^2, \sigma_y^2$，且相关系数为 $\rho$。

（1）写出 $X, Y$ 的联合概率密度函数。并说明当 $\rho = 0$ 时随机变量 $X, Y$ 的关系。

（2）计算 $h(XY)$，$h(X|Y)$，$h(Y|X)$，$I(X;Y)$。

**解：**

（1）$X, Y$ 的协方差行列式为

$$|\boldsymbol{B}| = \begin{vmatrix} \sigma_x^2 & \sigma_x\sigma_y\rho \\ \sigma_x\sigma_y\rho & \sigma_y^2 \end{vmatrix} = \sigma_x^2\sigma_y^2(1 - \rho^2)$$

因为 $\boldsymbol{N}$ 维高斯概率密度函数为

$$p(x_1 x_2 \cdots x_N) = \frac{1}{(2\pi)^{N/2}|\boldsymbol{B}|^{1/2}}\exp\left[-\frac{1}{2|\boldsymbol{B}|}\sum_{j=1}^{N}\sum_{k=1}^{N}|\boldsymbol{B}|_{jk}(x_j - \mu_j)(x_k - \mu_k)\right]$$

所以 $X, Y$ 的联合概率密度函数

$$p(xy) = \frac{1}{(2\pi)\sigma_x\sigma_y\sqrt{1 - \rho^2}}\exp\left\{-\frac{1}{2(1 - \rho^2)}\left[\frac{(x - m_x)^2}{\sigma_x^2} + \frac{(y - m_y)^2}{\sigma_y^2} - \frac{2\rho(x - m_x)(y - m_y)}{\sigma_x\sigma_y}\right]\right\}$$

当 $\rho = 0$ 时，

$$p(xy) = \frac{1}{(2\pi)\sigma_x\sigma_y}\exp\left\{-\frac{1}{2}\left[\frac{(x - m_x)^2}{\sigma_x^2} + \frac{(y - m_y)^2}{\sigma_y^2}\right]\right\}$$

$$= \frac{1}{\sqrt{2\pi}\sigma_x}\exp\left[-\frac{(x - m_x)^2}{2\sigma_x^2}\right]\cdot\frac{1}{\sqrt{2\pi}\sigma_y}\exp\left[-\frac{(y - m_y)^2}{2\sigma_y^2}\right]$$

$$= p(x)p(y)$$

所以当 $\rho = 0$ 时，随机变量 $X, Y$ 相互独立。

（2）因为 $N$ 维高斯信源的熵 $h(\boldsymbol{X}) = \dfrac{1}{2}\log[(2\pi e)^N |\boldsymbol{B}|]$，所以

$$h(XY) = \frac{1}{2}\log[(2\pi e)^2 \sqrt{|\boldsymbol{B}|}] = \log(2\pi e \sigma_x \sigma_y \sqrt{1-\rho^2})$$

因为 $X, Y$ 是均值和方差分别为 $m_x, m_y$ 和 $\sigma_x^2, \sigma_y^2$ 的高斯概率密度，所以

$$h(X) = \log\sqrt{2\pi e \sigma_x^2}$$

$$h(Y) = \log\sqrt{2\pi e \sigma_y^2}$$

$$h(X \mid Y) = h(XY) - h(Y) = \log\sqrt{2\pi e \sigma_x^2(1-\rho^2)}$$

$$h(Y \mid X) = h(XY) - h(X) = \log\sqrt{2\pi e \sigma_y^2(1-\rho^2)}$$

$$I(X;Y) = h(X) + h(Y) - h(XY) = -\log\sqrt{1-\rho^2}$$

8-71  设有一连续随机变量 $X$，其概率密度函数为 $p(x) = \begin{cases} bx^2, & 0 \leqslant x \leqslant a \\ 0, & \text{其他} \end{cases}$，计算该随机变量的熵。若 $Y = X + K$（$K > 0$ 为常数），$Z = 2X$，试分别求出 $Y$ 和 $Z$ 的熵。

**解：** 由概率密度的性质可知 $\int_0^a bx^2 \mathrm{d}x = 1$，计算得到 $b = \dfrac{3}{a^3}$。

连续随机变量 $X$ 的熵为

$$\begin{aligned}
h(X) &= -\int_0^a p(x)\log p(x)\mathrm{d}x \\
&= -\int_0^a bx^2 \log(bx^2)\mathrm{d}x \\
&= -\int_0^a (bx^2 \log b + bx^2 \log x^2)\mathrm{d}x \\
&= -\log b \int_0^a bx^2 \mathrm{d}x - \int_0^a 2bx^2 \log x \mathrm{d}x \\
&= -\log b - 2b\log e \int_0^a x^2 \ln x \, \mathrm{d}x \\
&= \frac{2ba^3}{9}\log e - \frac{2ba^3}{3}\log a - \log b \\
&= \frac{2}{3}\log e + \log a - \log 3
\end{aligned}$$

若 $Y = X + K$，则 $\dfrac{\mathrm{d}X}{\mathrm{d}Y} = 1$，因此

$$h(Y) = h(X) = \frac{2}{3}\log e + \log a - \log 3$$

若 $Z = 2X$，则 $\dfrac{\mathrm{d}X}{\mathrm{d}Z} = \dfrac{1}{2}$，因此

$$h(Z) = h(X) - \log\frac{1}{2} = \frac{2}{3}\log e + \log a - \log\frac{3}{2}$$

8-72  设某连续信道的转移概率密度为

$$p(y \mid x) = \frac{1}{\alpha\sqrt{3\pi}} e^{-(y-0.5x)^2/3\alpha^2}$$

而信道输入变量 $X$ 的概率密度为

$$p(x) = \frac{1}{2\alpha\sqrt{\pi}} e^{-(x^2/4\alpha^2)}$$

试计算信源熵 $h(X)$ 和平均互信息 $I(X;Y)$。

**解**：随机变量 $X$ 是方差为 $2\alpha^2$ 的高斯随机变量，其信源熵为

$$h(X) = -\int_{-\infty}^{\infty} p(x)\log p(x)\mathrm{d}x = \frac{1}{2}\log 4\pi\mathrm{e}\alpha^2$$

因为 $p(xy) = p(x)p(y\,|\,x) = \frac{1}{2\sqrt{3}\pi\alpha^2}\exp\left(-\frac{y^2 - xy + x^2}{3\alpha^2}\right)$，可见 $X, Y$ 的相关系数为 $\rho = 1/2$。

$$p(y) = \int_{-\infty}^{\infty} p(xy)\mathrm{d}x = \frac{1}{2\alpha\sqrt{\pi}}\exp\left(-\frac{y^2}{4\alpha^2}\right)$$

可见，随机变量 $Y$ 是方差为 $2\alpha^2$ 的高斯随机变量，所以

$$h(Y) = \frac{1}{2}\log 4\pi\mathrm{e}\alpha^2$$

随机变量 $X$ 和 $Y$ 的联合熵为

$$h(XY) = \log(2\pi\mathrm{e}\sigma_x\sigma_y\sqrt{1-\rho^2}) = \log\sqrt{12}\pi\mathrm{e}\alpha^2$$

所以平均互信息为

$$I(X;Y) = h(X) + h(Y) - h(XY) = -\log\sqrt{1-\rho^2}$$
$$= \frac{1}{2}\log\frac{4}{3} \approx 0.208\,\text{比特/自由度}$$

**8-73** 具有 6.5MHz 带宽的某高斯信道，若信道中信号功率与噪声功率谱密度之比为 45.5MHz，计算该信道的信道容量。

**解**：噪声功率谱密度一般指的是双边功率谱密度 $N_0/2$，所以

$$C = B \cdot \log_2\left(1 + \frac{S}{N_0 B}\right) = B \cdot \log_2\left(1 + \frac{S}{\frac{N_0}{2}2B}\right)$$
$$= 6.5\times10^6\log_2\left(1 + \frac{45.5}{2\times6.5}\right) \approx 1.41\times10^7\,\text{bit/s}$$

**8-74** 某高斯信道带宽为 6MHz，若信道中信号功率与噪声功率之比为 63，试确定利用该信道的理想通信系统的信息传输速率和差错率。

**解**：理想通信系统是指信息传输速率达到信道容量，差错率为 0 的通信系统。所以信息传输速率为

$$R_{\mathrm{b}} = C_{\mathrm{t}} = B\log_2(1 + \text{SNR}) = 3.6\times10^7\,\text{bit/s}$$

差错率 $P_{\mathrm{E}} = 0$。

**8-75** 计算机终端通过带宽为 3400Hz 的信道传输数据。

（1）如果要求信道的信噪比 $\text{SNR} = 30\text{dB}$，试求该信道的信道容量；

（2）如果线路上的最大信息传输速率为 4800bit/s，那么所需最小信噪比为多少？

**解**：

（1）该信道的信道容量为

$$C_{\mathrm{t}} = B\log_2(1 + \text{SNR}) = 3400\log_2 1001 = 33889\text{bit/s}$$

（2）由 $(R_{\mathrm{b}})_{\max} \leq C_{\mathrm{t}} = B\log_2(1 + \text{SNR})$，可得

$$\text{SNR} \geq 2^{\frac{(R_{\mathrm{b}})_{\max}}{B}} - 1 \approx 1.6606$$

8-76　已知某一 AWGN 信道的信息传输速率为6kbit/s，噪声功率谱$\frac{N_0}{2}=10^{-4}\,\text{W/Hz}$，在带宽为 6kHz 的高斯信道中进行传输。试计算无差错传输需要的最小输入信号功率。当带宽为 6MHz 时，重新计算最小输入信号功率。

**解：** 由香农第二编码定理可知，无差错传输的最大信息速率为信道容量。由香农公式可得

$$R_{\text{b}} \leqslant C = B \cdot \log_2\left(1+\frac{S}{N_0 B}\right)$$

故

$$S \geqslant N_0 B\left(2^{\frac{R_{\text{b}}}{B}}-1\right)$$

当带宽为 6kHz 时，$S \geqslant 1.2\text{W}$。

当带宽为 6MHz 时，$S \geqslant 0.832\text{W}$。

8-77　已知一个平均功率受限的连续信号，通过带宽 $B=1\text{MHz}$ 的高斯白噪声信道，试求：

（1）若信道上的信噪比为 10，则信道容量为多少？

（2）若信道容量不变，信道上的信噪比降为 5，则信道带宽应为多少？

（3）若信道通频带减为 0.5MHz 时，要保持和（1）相同的信道容量，则信道输出的信号与噪声的平均功率比应等于多大？

**解：**

（1）$C_{\text{t}} = B\log_2(1+\text{SNR}) = 1\times10^6 \times \log_2 11 \approx 3.4594\times10^6\,\text{bit/s}$

（2）$B = C_{\text{t}}/\log_2(1+\text{SNR}) \approx 1.3383\times10^6\,\text{Hz}$

（3）$\text{SNR}=2^{\frac{C_{\text{t}}}{B}}-1=120$

8-78　若要保持信道容量 $C_{\text{t}}=12\times10^3\,\text{bit/s}$，当信道带宽从 4000Hz 减小到 3000Hz 时，信噪比如何变化？

**解：** 由香农公式 $C = B \cdot \log_2(1+\text{SNR})$ 可得：

当 $4000 \cdot \log_2(1+\text{SNR}_1)=12000$ 时，$\text{SNR}_1=7$；

当 $3000 \cdot \log_2(1+\text{SNR}_2)=12000$ 时，$\text{SNR}_2=15$。

可见，保持信道容量不变，当信道带宽由宽变窄时，信噪比从小变大。

8-79　某一待传输的图片约含 $2.25\times10^6$ 个像素。为了重现图片，需要 16 个亮度电平。假若所有这些亮度电平等概出现，信道中信噪功率比为 30dB。试计算用 3min 传送一张图片时所需的信道带宽。

**解：** 每像素的平均信息量为

$$I_{\text{p}} = \log_2 16 = 4\text{bit}$$

该图片的信息量为

$$I_{\text{f}} = 2.25\times10^6 \times I_{\text{p}} = 2.25\times10^6 \times 4 = 9\times10^6\,\text{bit}$$

3 分钟传送该图片时的信息传输速率为

$$R_{\text{b}} = 9\times10^6/180 = 5\times10^4\,\text{bit/s}$$

香农第二编码定理指出在噪声背景下可靠通信的极限条件是信息传输速率不大于信道容量，即

$$R_{\text{b}} \leqslant C = B \cdot \log_2(1+\text{SNR}) = B\log_2 1001$$

所以所需的信道带宽

$$B \geqslant \frac{R_{\text{b}}}{\log_2 1001} \approx 5016\text{Hz}$$

8-80　计算机终端发出 A、B、C 三种符号，出现概率分别为 $1/4$，$1/4$，$1/2$。通过一条带宽为 6kHz 的信道传输数据，假设信道输出信噪比为 1023，试计算：

（1）香农信道容量；

（2）无误码传输时允许终端输出的最高符号速率。

**解：**（1）香农信道容量为

$$C_t = B\log_2(1+\text{SNR}) = 6\times10^4\,\text{bit/s}$$

（2）根据香农第二编码定理可知，当信息传输速率小于等于信道容量时，理论上可以找到某种编码方法使得差错率为任意小，即 $R_b \leqslant C_t$，$P_E \to 0$。

信息传输速率（每秒钟传输的信息量）$R_b = R_s H(X)$，其中 $R_s$ 表示符号速率（每秒钟传输的符号数），信源熵 $H(X)=1.5$ 比特/符号。因此允许终端输出的最高符号速率为

$$R_s = C_t/H(X) = 40000\ \text{符号/秒}$$

8-81　某理想通信系统接收设备 $\text{SNR}_i = 10\text{dB}$，如果要求 $\text{SNR}_o = 30\text{dB}$，设原始信号带宽为 1000Hz，计算信道传输带宽为多少？

**解：**理想通信系统的方框图如图 8-18 所示。由题目可知，$\text{SNR}_i = 10\text{dB}$，$\text{SNR}_o = 30\text{dB}$，原始信号带宽 $B_o=1000\text{Hz}$。

图 8-18　理想通信系统的方框图

理想通信系统是指信息传输速率达到信道容量，差错率为 0 的通信系统。此时接收设备的输入信息速率和输出信息速率相同，且都达到信道容量，即

$$B_o\log_2(1+\text{SNR}_o) = B_i\log_2(1+\text{SNR}_i)$$

接收设备的输出信息速率为

$$(C_t)_o = B_o\log_2(1+\text{SNR}_o) = 1000\log_2 1001 \approx 9967\text{bit/s}$$

所以信道传输带宽为

$$B_i = (C_t)_o/\log(1+\text{SNR}_i) = (C_t)_o/\log(1+10)$$
$$= 9967/\log 11$$
$$\approx 2881\text{Hz}$$

8-82　一个平均功率为 11W 的非高斯信源的熵为 $h(X) = \dfrac{1}{2}\log 20\pi\text{e}$ 比特/自由度，计算该信源的熵功率和剩余度。

**解：**一个平均功率为 10W 的高斯信源的熵为

$$h(X) = \frac{1}{2}\log 20\pi\text{e}\ \text{比特/自由度}$$

根据熵功率的定义，可知该非高斯信源的熵功率为

$$\overline{P} = 10\text{W}$$

因此，该信源的剩余度为

$$P - \overline{P} = 11 - 10 = 1\,\text{W}$$

8-83　已知一个在 $(1,3)$ 区间内均匀分布的连续信源通过一个放大倍数为 2 的放大器，比较变换前后连续信源概率分布和相对熵的变化。

**解：**变换前连续信源的概率分布为

$$p(x) = \frac{1}{2}, \quad x \in (1,3)$$

连续信源的相对熵为

$$h(X) = \log 2 = 1 \text{ 比特/自由度}$$

变换后连续信源的概率分布为

$$p(y) = \frac{1}{4}, \quad y \in (2,6)$$

所以通过放大器后输出的相对熵为

$$h(Y) = \log 4 = 2 \text{ 比特/自由度}$$

似乎通过放大器，信息量增加了，这是不可能的，因为相对熵并不表示信源实际输出的信息量，其实变换前后的绝对熵是保持不变的。

8-84　某路模拟信号的最高频率为 3500Hz，以 PCM 方式传输，假设抽样频率为奈奎斯特抽样频率，抽样后按照 256 级量化，并进行二进制编码。送入一条带宽为 4kHz 的 AWGN 信道进行传输，设信道输出的噪声功率为 $2 \times 10^5 \text{W}$，试计算无误差传输时需要的最小信号功率。

**解：** 模拟信源二进制编码后的信息速率为

$$R_b = l \cdot f_s = 8 \times 7000 = 56000 \text{ bit/s}$$

为了无误差传输，要求

$$R_b \leqslant C = B \log_2 \left( 1 + \frac{S}{P_n} \right)$$

所以无误差传输时需要的最小信号功率

$$S = \left( 2^{\frac{5.6 \times 10^4}{4 \times 10^3}} - 1 \right) \times 2 \times 10^{-5} \approx 0.33 \text{ W}$$

8-85　加性高斯白噪声信道带宽分别为 100kHz 和 10kHz，给定比特信噪比 $E_b/N_0 = 25\text{dB}$，是否可以可靠传输信息速率为 1Mbit/s 的数据？

**解：** 由香农公式

$$C_t = B \log \left( 1 + \frac{E_b}{N_0} \cdot \frac{R_b}{B} \right)$$

可靠通信要求信息速率 $R_b \leqslant C_t$，即给定 $\dfrac{E_b}{n_0} \geqslant \dfrac{2^{R_b/B} - 1}{R_b/B}$ 时可以可靠传输。

当信道带宽 B=100kHz 时，有

$$\frac{2^{R_b/B} - 1}{R_b/B} = \frac{2^{10^6/10^5} - 1}{10^6/10^5} = 102.3 = 20.09\text{dB} < 25\text{dB}$$

可见，信道带宽为 100kHz 时，通过适当的编码方式可以实现可靠传输信息。

当信道带宽 B=10kHz 时，有

$$\frac{2^{R_b/B} - 1}{R_b/B} = \frac{2^{10^6/10^4} - 1}{10^6/10^4} \approx 280\text{dB} > 25\text{dB}$$

可见，信道带宽为 10kHz 时，不能实现信息的可靠传输。

8-86　对信源概率空间

$$\begin{bmatrix} S \\ P(s) \end{bmatrix} = \begin{bmatrix} s_1 & s_2 & s_3 & s_4 & s_5 & s_6 & s_7 \\ 0.2 & 0.19 & 0.18 & 0.17 & 0.15 & 0.10 & 0.01 \end{bmatrix}$$

进行二元编码，编码方案如表 8-40 所示。

（1）计算平均码长 $\overline{L}$；

表 8-40　编码方案

| 信 息 符 号 | 码 书 |
|---|---|
| $s_1$ | 000 |
| $s_2$ | 001 |
| $s_3$ | 011 |
| $s_4$ | 100 |
| $s_5$ | 101 |
| $s_6$ | 1110 |
| $s_7$ | 1111 |

（2）编码后信息传输率 $R$ ；

（3）编码后信源信息率 $R'$ ；

（4）编码效率 $\eta$ 。

**解：**（1）平均码长为

$$
\begin{aligned}
\overline{L} &= \sum_{i=1}^{7} p(s_i) L_i \\
&= (0.2 + 0.19 + 0.18 + 0.17 + 0.15) \times 3 + (0.1 + 0.01) \times 4 \\
&= 3.11 \text{ 码元/信源符号}
\end{aligned}
$$

（2）信源熵为

$$
\begin{aligned}
H(S) &= H(0.2, 0.19, 0.18, 0.17, 0.15, 0.1, 0.01) \\
&= 2.6087 \text{ 比特/信源符号}
\end{aligned}
$$

编码后信道的信息传输率为

$$
R = \frac{H(S)}{\overline{L}} = 0.8388 \text{ 比特/码元}
$$

（3）编码后信源信息率为

$$
R' = \overline{L} \log r = 3.11 \text{ 比特/信源符号}
$$

（4）编码效率为 $\eta = \dfrac{H(S)}{\overline{L} \log r} = 0.8388$ 。

8-87  设离散无记忆信源的概率空间为

$$
\begin{bmatrix} S \\ P(s) \end{bmatrix} = \begin{bmatrix} s_1 & s_2 \\ \dfrac{3}{4} & \dfrac{1}{4} \end{bmatrix}
$$

若对信源采取等长二元编码，要求编码效率 $\eta = 0.96$ ，允许译码错误概率 $\delta \leqslant 10^{-5}$ ，试计算需要的信源序列长度 $N$。

**解：** 信源熵为

$$
H(S) = H\left(\frac{3}{4}, \frac{1}{4}\right) = 0.8113 \text{ 比特/信源符号}
$$

自信息量的方差为

$$
\begin{aligned}
D[I(s_i)] &= \sum_{i=1}^{q} p_i (\log p_i)^2 - [H(S)]^2 \\
&= \frac{3}{4}\left(\log \frac{3}{4}\right)^2 + \frac{1}{4}\left(\log \frac{1}{4}\right)^2 - [H(S)]^2 = 0.4710
\end{aligned}
$$

因为编码效率 $\eta = 0.96$ ，可得

$$
\varepsilon = \frac{1-\eta}{\eta} H(S) = 0.0338
$$

可得

$$
N \geqslant \frac{D[I(s_i)]}{\varepsilon^2 \delta} = \frac{0.4710}{0.0338^2 \times 10^{-5}} \approx 4.122 \times 10^7
$$

所以，信源序列长度 $N$ 达到 $4.122 \times 10^7$ 以上，才能实现给定的要求，这在实际中是很难实现的。因此等长编码没有实际意义，实际中一般都采用变长编码。

8-88  某信源概率空间为

$$\begin{bmatrix} S \\ P(s) \end{bmatrix} = \begin{bmatrix} s_1 & s_2 & s_3 & s_4 & s_5 & s_6 \\ 0.3 & 0.25 & 0.2 & 0.15 & 0.06 & 0.04 \end{bmatrix}$$

进行二元编码，5 种不同的编码方案如表 8-41 所示。

表 8-41  5 种不同的编码方案

| 信源符号 | $C_1$ | $C_2$ | $C_3$ | $C_4$ | $C_5$ |
|---|---|---|---|---|---|
| $s_1$ | 000 | 0 | 0 | 0 | 1 |
| $s_2$ | 001 | 01 | 10 | 10 | 000 |
| $s_3$ | 010 | 011 | 110 | 110 | 001 |
| $s_4$ | 011 | 0111 | 1110 | 1001 | 010 |
| $s_5$ | 100 | 01111 | 11110 | 1100 | 110 |
| $s_6$ | 101 | 011111 | 111110 | 1011 | 001 |

（1）这些码中哪些是即时码？

（2）这些码中哪些是唯一可译码？

（3）计算即时码的平均码长和编码效率。

**解**：（1）5 种编码方案中的 $C_1$、$C_3$ 可以用码树表示出来，其他不能，所以 $C_1$、$C_3$ 为即时码。

（2）$C_1$、$C_3$ 为即时码，肯定为唯一可译码。

$C_2$ 是唯一可译码，因为它的任意 $N$ 次扩展码都是非奇异码。

$C_4$ 不是唯一可译码，因为如果接收码元序列为 10110，可以译为 10 和 110，也可以译为 1011 和 0。

$C_5$ 是奇异码，$s_3$ 和 $s_6$ 对应的码字相同，不是唯一可译码。

所以 $C_1$、$C_2$、$C_3$ 为唯一可译码。

（3）$C_1$、$C_3$ 平均码长分别为

$$\overline{L}_{C_1} = 3 \text{ 码元/信源符号}$$

$$\overline{L}_{C_3} = \sum_{i=1}^{6} p(s_i) L_i$$

$$= 0.3 + 0.25 \times 2 + 0.2 \times 3 + 0.15 \times 4 + 0.06 \times 5 + 0.04 \times 6$$

$$= 2.54 \text{ 码元/信源符号}$$

信源熵    $H(S) = H(0.3, 0.25, 0.2, 0.15, 0.06, 0.04) = 2.3253$ 比特/信源符号

因为二元码 $r = 2$，所以编码效率分别为

$$\eta_{C_1} = \frac{H(S)}{\overline{L}_{C_1} \log r} = 0.775$$

$$\eta_{C_3} = \frac{H(S)}{\overline{L}_{C_3} \log r} = 0.915$$

8-89  设一个离散无记忆信源的概率空间为 $\begin{bmatrix} S \\ P(s) \end{bmatrix} = \begin{bmatrix} s_1 & s_2 & s_3 & s_4 \\ \dfrac{1}{8} & \dfrac{1}{8} & \dfrac{1}{4} & \dfrac{1}{2} \end{bmatrix}$，信源编码方案为：$s_1$ 编

为 000，$s_2$ 编为 001，$s_3$ 编为 01，$s_4$ 编为 1。

（1）计算信源符号熵；

（2）计算每个符号所需的平均码长 $\overline{L}$；

（3）如果各消息符号之间相互独立，求编码后对应的二进制码序列中出现"0"和"1"的无条件概率 $P(0)$ 和 $P(1)$，以及码序列中一个二进制码元的熵，并计算相邻码元之间的条件概率 $P(1|0)$、$P(0|0)$、$P(0|1)$ 和 $P(1|1)$。

**解：**

（1）信源符号熵为

$$H(S) = 1.75 \text{ 比特/信源符号}$$

（2）平均码长为

$$\overline{L} = \sum_{i=1}^{q} P(s_i)L_i = 1.75 \text{ 码元/信源符号}$$

（3）因为编码效率 $\eta = \dfrac{H(X)}{\overline{L}} = 1$，根据香农第一编码定理可知，编码输出的二进制码元独立等概，则 $P(0)=P(1)=0.5$，二进制码元的熵 $H(X)=1$ 比特/码元，相邻码元之间的条件概率为

$$P(1|0) = P(0|0) = P(0|1) = P(1|1) = 0.5$$

8-90　设离散无记忆信源的概率空间为

$$\begin{bmatrix} S \\ P(s) \end{bmatrix} = \begin{bmatrix} s_1 & s_2 & s_3 & s_4 & s_5 & s_6 \\ p_1 & p_2 & p_3 & p_4 & p_5 & p_6 \end{bmatrix}, \quad \sum_{i=1}^{6} p_i = 1$$

将此信源编码为 $r$ 元即时码，对应的码长 $L_i$ 为 1,1,2,3,2,3。求 $r$ 值的下限。

**解：** 如果满足克拉夫特不等式 $\sum\limits_{i=1}^{6} r^{-L_i} \leq 1$，则一定存在具有这种码长的即时码。

可以验证，当 $r=2$ 时，$\sum\limits_{i=1}^{6} r^{-L_i} = r^{-1} + r^{-1} + r^{-2} + r^{-3} + r^{-2} + r^{-3} > 1$，不满足克拉夫特不等式。当 $r=3$ 时，满足克拉夫特不等式。所以 $r$ 值的下限为 3。

8-91　根据下列 $r$ 和码长 $L_i$，判断是否存在这样条件的即时码。如果存在，试构造这样码长的即时码。

（1）$r=2$，码长为 $L_i = 1, 3, 3, 3, 4, 4$；

（2）$r=3$，码长为 $L_i = 1, 1, 2, 2, 2, 3$。

**解：**（1）因为

$$\sum_{i=1}^{q} 2^{-L_i} = 2^{-1} + 2^{-3} + 2^{-3} + 2^{-3} + 2^{-4} + 2^{-4} = 1$$

所以满足克拉夫特不等式，则一定存在具有这样码长的即时码。可以采用码树来构造即时码，如图 8-19 所示。构造出的即时码为 {0,100,101,110,1110,1111}

（2）由克拉夫特不等式得到

$$\sum_{i=1}^{q} r^{-L_i} = 3^{-1} + 3^{-1} + 3^{-2} + 3^{-2} + 3^{-2} + 3^{-3} > 1$$

不满足克拉夫特不等式，一定不存在具有这样码长的即时码。

8-92　设离散无记忆信源的概率空间为 $\begin{bmatrix} S \\ P(s) \end{bmatrix} = \begin{bmatrix} s_1 & s_2 \\ 0.9 & 0.1 \end{bmatrix}$，对信源进行 $N$ 次扩展，采用二元霍夫曼编码。当 $N=1$，2，3，$\infty$ 时的平均码长和编码效率为多少？

**解：**

（1）$N=1$ 时，将 $s_1$ 编成 0，$s_2$ 编成 1，则

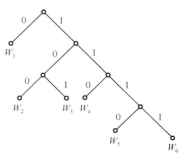

图 8-19　采用码树来构造即时码

$$L_1 = 1$$

又因为信源熵为 $\qquad H(S) = H(0.9, \quad 0.1) = 0.469$ 比特/信源符号

所以，编码效率为 $\qquad \eta_1 = \dfrac{H(S)}{L_1} = 0.469$

（2）如果对长度 $N = 2$ 的信源序列进行霍夫曼编码，编码结果如表 8-42 所示。

表 8-42　$N = 2$ 时的编码结果

| 信源序列 $\alpha_i$ | $P(\alpha_i)$ | 霍 夫 曼 码 |
|:---:|:---:|:---:|
| $s_1 s_1$ | 0.81 | 1 |
| $s_1 s_2$ | 0.09 | 01 |
| $s_2 s_1$ | 0.09 | 001 |
| $s_2 s_2$ | 0.01 | 000 |

此时，信源序列的平均码长
$$\overline{L}_2 = 1 \times 0.81 + 2 \times 0.09 + 3 \times (0.01 + 0.09) = 1.29 \text{ 二元码符号/信源符号序列}$$

则单个符号的平均码长
$$\overline{L} = \frac{\overline{L}_2}{2} = 0.645 \text{ 二元码符号/信源符号}$$

所以对长度为 2 的信源序列进行变长编码，编码后的编码效率为
$$\eta_2 = \frac{H(S)}{\overline{L}} = 0.73$$

（3）用同样的方法进一步将信源序列的长度增加，对 $N = 3$，$N = 4$ 的序列进行最佳编码，可得编码效率为
$$\eta_3 = 0.88, \quad \eta_4 = 0.952$$

可见，随着信源序列长度的增加，编码效率越来越接近 1。

（4）$N = \infty$ 时，由香农第一定理可知，必然存在唯一可译码，使
$$\lim_{N \to \infty} \frac{\overline{L}_N}{N} = H_r(S)$$

而霍夫曼编码为最佳码，即平均码长最短的码，故
$$\lim_{N \to \infty} \eta_N = 1$$

8-93　证明香农编码方法得到的码是即时码，并证明香农编码的平均码长满足
$$H(S) \leqslant \overline{L} < H(S) + 1$$

**证明：**首先将信源发出的 $q$ 个消息按出现概率递减顺序进行排列，其概率分别为 $p_1, p_2, \cdots, p_q$，然后定义第 $i$ 个消息的累积分布函数 $F_i = \sum\limits_{k=1}^{i-1} P(s_k)$，最后将累积分布函数 $F_i$ 变换成二进制数，取 $F_i$ 二进制数的小数点后 $L_i = \left\lceil \log \dfrac{1}{p_i} \right\rceil$ 位作为第 $i$ 个符号的二进制码字 $W_i$。可见，该编码方法中，累积分布函数 $F_i$ 将区间 $[0, 1)$ 分为许多互不重叠的小区间，每个信源符号 $s_i$ 对应的码字 $W_i$ 位于不同区间 $[F_i, F_{i+1})$ 内。

根据二进制小数的特性，在区域 $[0, 1)$ 之间，不重叠区间的二进制小数的前缀部分是不相同的，所以，这样编得的码一定满足异前缀条件，一定是即时码。

因为香农编码时，每个信源符号对应的码字长度 $L_i$ 满足

$$\log\frac{1}{p_i} \le L_i < \log\frac{1}{p_i}+1 \qquad (i=1,2,\cdots,q)$$

$$\sum_{i=1}^{q} p_i \log\frac{1}{p_i} \le \sum_{i=1}^{q} p_i L_i < \sum_{i=1}^{q} p_i \log\frac{1}{p_i} + \sum_{i=1}^{q} p_i$$

可知，香农码的平均码长 $\overline{L}$ 满足

$$H(S) \le \overline{L} < H(S)+1$$

8-94　已知离散无记忆信源的概率空间为

$$\begin{bmatrix} S \\ P(s) \end{bmatrix} = \begin{bmatrix} s_1 & s_2 & s_3 & s_4 & s_5 \\ 0.25 & 0.2 & 0.2 & 0.2 & 0.15 \end{bmatrix}$$

用霍夫曼编码法和费诺编码法编成二进制变长码，计算编码后的信息传输率、平均码长和编码效率。

**解：** 二元霍夫曼编码过程如图 8-20 所示。$s_1 \sim s_5$ 的编码结果为 01,10,11,000,001。

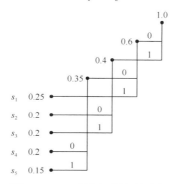

图 8-20　二元霍夫曼编码过程

二元费诺编码如表 8-43 所示。$s_1 \sim s_5$ 的编码结果为 00,01,10,110,111。

表 8-43　费诺编码

| 信源符号 | 概率 | 第一次分组 | 第二次分组 | 第三次分组 | 所得码字 | 码长 |
|---|---|---|---|---|---|---|
| $s_1$ | 0.25 | 0 | 0 | | 00 | 2 |
| $s_2$ | 0.2 | 0 | 1 | | 01 | 2 |
| $s_3$ | 0.2 | 1 | 0 | | 10 | 2 |
| $s_4$ | 0.2 | 1 | 1 | 0 | 110 | 3 |
| $s_5$ | 0.15 | 1 | 1 | 1 | 111 | 3 |

信源熵为

$$H(S) = H(0.25,0.2,0.2,0.2,0.15) = 2.3037 \text{ 比特/信源符号}$$

霍夫曼编码和费诺编码的平均码长均为

$$\overline{L} = \sum_{i=1}^{5} p(s_i)L_i = 2.35 \text{ 码元/信源符号}$$

编码后的信息传输率均为

$$R = \frac{H(S)}{\overline{L}} = 0.9803 \text{ 比特/码元}$$

编码效率均为

$$\eta = \frac{H(S)}{\bar{L}\log r} = \frac{H(S)}{\bar{L}} = 0.9803$$

**8-95** 某离散无记忆信源共有 8 个符号消息，其概率空间为

$$\begin{bmatrix} S \\ P(s) \end{bmatrix} = \begin{bmatrix} s_1 & s_2 & s_3 & s_4 & s_5 & s_6 & s_7 & s_8 \\ 0.22 & 0.2 & 0.18 & 0.15 & 0.1 & 0.08 & 0.05 & 0.02 \end{bmatrix}$$

试进行二元霍夫曼编码和四元霍夫曼编码，计算编码后的信息传输率、编码后的信源信息率和编码效率。

**解：**（1）二元霍夫曼编码

二元霍夫曼编码过程如图 8-21 所示。$s_1 \sim s_8$ 的编码结果为 10,11,000,010,011,0010,00110,00111。

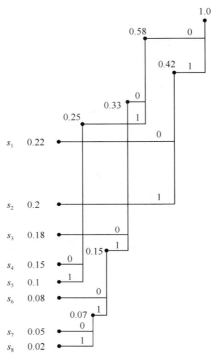

图 8-21 二元霍夫曼编码过程

平均码长为

$$\bar{L} = (0.22 + 0.2) \times 2 + (0.18 + 0.15 + 0.1) \times 3 + 0.08 \times 4 + (0.05 + 0.02) \times 5$$
$$= 2.8 \text{ 二进制码元/信源符号}$$

信源熵为

$$H(S) = H(0.22, 0.2, 0.18, 0.15, 0.1, 0.08, 0.05, 0.02) = 2.7535$$

编码后的信息传输率为

$$R = \frac{H(S)}{\bar{L}} = 0.9834 \text{ 比特/二进制码元}$$

编码后的信源信息率为

$$R' = \bar{L}\log r = 2.8 \text{ 比特/信源符号}$$

编码效率为

$$\eta = \frac{H(S)}{\bar{L}\log r} = 0.9834$$

（2）四元霍夫曼编码

因为 $q=8$，不满足 $q=(r-1)\theta+r$。人为地增加 2 个概率为 0 的符号 $s_9$ 和 $s_{10}$，此时满足 $10=(4-1)\times 2+4$。四元霍夫曼编码过程如图 8-22 所示。$s_1\sim s_8$ 的编码结果为 1,2,3,00,01,02,030,031。

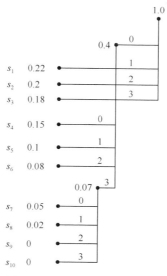

图 8-22　四元霍夫曼编码过程

平均码长为
$$\overline{L}=(0.22+0.2+0.18)\times 1+(0.15+0.1+0.08)\times 2+(0.05+0.02)\times 3$$
$$=1.47\text{四进制码元/信源符号}$$

编码后的信息传输率为
$$R=\frac{H(S)}{\overline{L}}=1.905\text{ 比特/四进制码元}$$

编码后的信源信息率为
$$R'=\overline{L}\log r=2.94\text{ 比特/信源符号}$$

编码效率为
$$\eta=\frac{H(S)}{\overline{L}\log r}=0.9366$$

8-96　已知离散无记忆信源的概率空间为
$$\begin{bmatrix} S \\ P(s) \end{bmatrix}=\begin{bmatrix} s_1 & s_2 & s_3 & s_4 & s_5 & s_6 \\ 0.3 & 0.25 & 0.2 & 0.15 & 0.06 & 0.04 \end{bmatrix}$$

试进行香农编码、费诺编码和香农-费诺-埃利斯编码，并计算编码后的信息传输率和编码效率。

**解：**香农编码如表 8-44 所示。

表 8-44　香农编码

| 信息符号 $s_i$ | 符号概率 $P(s_i)$ | 累积分布函数 $F_i$ | $-\log P(s_i)$ | 码字长度 $L_i$ | 码字 $W_i$ |
|---|---|---|---|---|---|
| $s_1$ | 0.3 | 0 | 1.7370 | 2 | 00 |
| $s_2$ | 0.25 | 0.3 | 2 | 2 | 01 |
| $s_3$ | 0.2 | 0.55 | 2.3219 | 3 | 100 |

| 信息符号 $s_i$ | 符号概率 $P(s_i)$ | 累积分布函数 $F_i$ | $-\log P(s_i)$ | 码字长度 $L_i$ | 码字 $W_i$ |
|---|---|---|---|---|---|
| $s_4$ | 0.15 | 0.75 | 2.7370 | 3 | 110 |
| $s_5$ | 0.06 | 0.9 | 4.0589 | 5 | 11100 |
| $s_6$ | 0.04 | 0.96 | 4.6439 | 5 | 11110 |

信源熵为
$$H(S) = -\sum_{i=1}^{q} P(s_i)\log P(s_i) = 2.3253 \text{ 比特/符号}$$

平均码长为
$$\overline{L} = \sum_{i=1}^{q} P(s_i)L_i = 2 \times 0.55 + 3 \times 0.35 + 5 \times 0.1 = 2.65 \text{ 码元/符号}$$

编码后的信息传输率为
$$R = \frac{H(S)}{\overline{L}} = 0.8775 \text{ 比特/码元}$$

编码效率为
$$\eta = \frac{H(S)}{\overline{L}} = \frac{2.3253}{2.65} = 0.8775$$

费诺编码如表 8-45 所示。

表 8-45　费诺编码

| 信息符号 $s_i$ | 符号概率 $P(s_i)$ | 第一次分组 | 第二次分组 | 第三次分组 | 第四次分组 | 所得码字 | 码长 |
|---|---|---|---|---|---|---|---|
| $s_1$ | 0.3 | 0 | 0 | | | 00 | 2 |
| $s_2$ | 0.25 | 0 | 1 | | | 01 | 2 |
| $s_3$ | 0.2 | 1 | 0 | | | 10 | 2 |
| $s_4$ | 0.15 | 1 | 1 | 1 | | 111 | 3 |
| $s_5$ | 0.06 | 1 | 1 | 0 | 0 | 1100 | 4 |
| $s_6$ | 0.04 | 1 | 1 | 0 | 1 | 1101 | 4 |

平均码长为
$$\overline{L} = \sum_{i=1}^{q} P(s_i)L_i = 2 \times 0.75 + 3 \times 0.15 + 4 \times 0.1 = 2.35 \text{ 码元/符号}$$

编码后的信息传输率为
$$R = \frac{H(S)}{\overline{L}} = 0.9895 \text{ 比特/码元}$$

编码效率为
$$\eta = \frac{H(S)}{\overline{L}} = 0.9895$$

香农-费诺-埃利斯编码如表 8-46 所示。

表 8-46　香农-费诺-埃利斯编码

| 信息符号 $s_i$ | 符号概率 $P(s_i)$ | 累积分布函数 $F(s)$ | 修正累积分布函数 $\overline{F}(s)$ | 码长 $L$ | 码字 |
|---|---|---|---|---|---|
| $s_1$ | 0.3 | 0.3 | 0.15 | 3 | 001 |
| $s_2$ | 0.25 | 0.55 | 0.425 | 3 | 011 |
| $s_3$ | 0.2 | 0.75 | 0.65 | 4 | 1010 |
| $s_4$ | 0.15 | 0.9 | 0.825 | 4 | 1101 |
| $s_5$ | 0.06 | 0.96 | 0.93 | 6 | 111011 |
| $s_6$ | 0.04 | 1.0 | 0.98 | 6 | 111110 |

平均码长为
$$\overline{L} = \sum_{i=1}^{q} P(s_i)L_i = 3 \times 0.55 + 4 \times 0.35 + 7 \times 0.1 = 3.65 \text{ 码元/符号}$$

编码后的信息传输率为

$$R = \frac{H(S)}{\overline{L}} = 0.6371 \text{ 比特/码元}$$

编码效率为

$$\eta = \frac{H(S)}{\overline{L}} = \frac{2.3253}{3.65} = 0.6371$$

8-97 已知离散无记忆信源的概率空间为

$$\begin{bmatrix} S \\ P(s) \end{bmatrix} = \begin{bmatrix} s_1 & s_2 & s_3 & s_4 & s_5 & s_6 \\ 0.32 & 0.22 & 0.18 & 0.16 & 0.08 & 0.04 \end{bmatrix}$$

（1）求信源熵 $H(S)$ 和信源冗余度。

（2）用香农编码法编成二进制变长码，计算编码效率。

（3）用费诺编码法编成二进制变长码，计算编码效率和码冗余度。

（4）用霍夫曼编码法编成二进制变长码，计算编码效率。

（5）用霍夫曼编码法编成三进制变长码，计算编码效率。

（6）若用逐个信源符号来编定长二进制码，要求不出差错译码，求编码后的信源信息率和编码效率。

（7）当译码差错小于 $10^{-3}$ 的定长二进制码要达到（4）中的霍夫曼编码效率时，估计要多少个信源符号一起编才能办到？

**解：**（1）信源熵为

$$H(S) = -\sum_{i=1}^{q} P(s_i) \log P(s_i) = 2.3522 \text{ 比特/信源符号}$$

信源冗余度为

$$\xi = 1 - \frac{H(S)}{\log 6} = 0.09$$

（2）香农编码如表 8-47 所示。

表 8-47　香农编码

| 信息符号 $s_i$ | 符号概率 $P(s_i)$ | 累积分布函数 $F_i$ | $-\log P(s_i)$ | 码长 $L_i$ | 码字 $W_i$ |
|---|---|---|---|---|---|
| $s_1$ | 0.32 | 0 | 1.5146 | 2 | 00 |
| $s_2$ | 0.22 | 0.32 | 2.1844 | 3 | 010 |
| $s_3$ | 0.18 | 0.54 | 2.4739 | 3 | 100 |
| $s_4$ | 0.16 | 0.72 | 2.6439 | 3 | 101 |
| $s_5$ | 0.08 | 0.88 | 3.6439 | 4 | 1110 |
| $s_6$ | 0.04 | 0.96 | 4.6439 | 5 | 111101 |

平均码长为　　$\overline{L} = \sum_{i=1}^{q} P(s_i) L_i = 2 \times 0.32 + 3 \times 0.56 + 4 \times 0.08 + 5 \times 0.04 = 2.84$ 码元/信源符号

编码效率为

$$\eta = \frac{H(S)}{\overline{L}} = \frac{2.3522}{2.84} = 0.8282$$

（3）费诺编码如表 8-48 所示。

表 8-48　费诺编码

| 信息符号 $s_i$ | 符号概率 $P(s_i)$ | 第一次分组 | 第二次分组 | 第三次分组 | 第四次分组 | 所得码字 | 码长 |
|---|---|---|---|---|---|---|---|
| $s_1$ | 0.32 | 0 | 0 | | | 00 | 2 |
| $s_2$ | 0.22 | 0 | 1 | | | 01 | 2 |
| $s_3$ | 0.18 | 1 | 0 | | | 10 | 2 |
| $s_4$ | 0.16 | 1 | 1 | 1 | | 111 | 3 |

| 信息符号 $s_i$ | 符号概率 $P(s_i)$ | 第一次分组 | 第二次分组 | 第三次分组 | 第四次分组 | 所得码字 | 码长 |
|---|---|---|---|---|---|---|---|
| $s_5$ | 0.08 | 1 | 1 | 0 | 0 | 1100 | 4 |
| $s_6$ | 0.04 | 1 | 1 | 0 | 1 | 1101 | 4 |

平均码长为
$$\overline{L} = \sum_{i=1}^{q} P(s_i)L_i = 2.4 \text{ 码元/信源符号}$$

编码效率为
$$\eta = \frac{H(S)}{\overline{L}} = 0.9801$$

码冗余度为
$$\xi = 1 - \eta = 1 - 0.9801 = 0.0199$$

（4）用霍夫曼编码法编成二进制变长码，如图 8-23 所示。编码结果为

$$s_1:00, \quad s_2:10, \quad s_3:11, \quad s_4:010, \quad s_5:0110, \quad s_6:0111$$

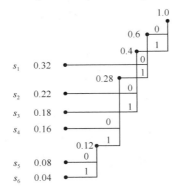

图 8-23　霍夫曼编码法编成二进制码

平均码长为
$$\overline{L} = \sum_{i=1}^{q} P(s_i)L_i = 2.4 \text{ 码元/信源符号}$$

编码效率为
$$\eta = \frac{H(S)}{\overline{L}} = 0.9801$$

（5）用霍夫曼编码法编成三进制变长码，如图 8-24 所示。编码结果为

$$s_1:1, \quad s_2:2, \quad s_3:00, \quad s_4:01, \quad s_5:020, \quad s_6:021$$

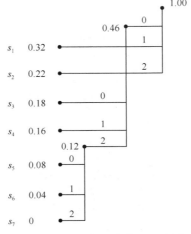

图 8-24　霍夫曼编码法编成三进制码

平均码长为
$$\overline{L} = \sum_{i=1}^{q} P(s_i)L_i = 1.58 \text{ 三进制码元/信源符号}$$

编码效率为
$$\eta = \frac{H(S)}{\overline{L}\log 3} = \frac{2.3522}{1.58\log 3} = 0.9393$$

（6）若用逐个信源符号来编定长二进制码，要求不出差错译码，则需要 3 位二进制码，编码结果为

$$s_1 : 000, \quad s_2 : 001, \quad s_3 : 010, \quad s_4 : 011, \quad s_5 : 100, \quad s_6 : 101$$

编码后的信源信息率为
$$R' = \overline{L}\log r = 3 \text{ 比特/信源符号}$$

编码效率为
$$\eta = \frac{H(S)}{R'} = \frac{2.3522}{3} = 0.7841$$

（7）对该信源采取等长二元编码，要求编码效率 $\eta = 0.9801$，允许译码错误概率 $\delta \leqslant 10^{-3}$。

自信息量的方差为

$$D[I(s_i)] = \sum_{i=1}^{q} p_i(\log p_i)^2 - [H(S)]^2$$

$$= 0.32\left(\log\frac{1}{0.32}\right)^2 + 0.22\left(\log\frac{1}{0.22}\right)^2 + 0.18\left(\log\frac{1}{0.18}\right)^2 + 0.16\left(\log\frac{1}{0.0.16}\right)^2 +$$

$$0.08\left(\log\frac{1}{0.08}\right)^2 + 0.04\left(\log\frac{1}{0.04}\right)^2 - 2.3522^2$$

$$= 0.5266$$

因为编码效率 $\eta = 0.9801$，可得

$$\varepsilon = \frac{1-\eta}{\eta}H(S) = 0.0478$$

因为允许译码错误概率 $\delta \leqslant 10^{-3}$，可得信源序列长度 $N$ 为

$$N \geqslant \frac{D[I(s_i)]}{\varepsilon^2\delta} = \frac{0.5266}{0.0478^2 \times 10^{-3}} = 2.305 \times 10^5$$

8-98　设信源 $S$ 的 $N$ 次扩展信源为 $S^N$，采用最佳编码对它进行编码，而码符号集 $X = \{a_1, a_2, \cdots, a_r\}$，编码后所得的码符号可以看作一个新信源

$$\begin{bmatrix} X \\ P(x) \end{bmatrix} = \begin{bmatrix} a_1 & a_2 & \cdots & a_r \\ p_1 & p_2 & \cdots & p_r \end{bmatrix}$$

求证：当 $N \to \infty$ 时，新信源 $X$ 符号集的概率分布趋于等概分布。

证明：设最佳编码采用 $r$ 元霍夫曼编码，对扩展信源 $S^N$ 进行编码，根据香农第一编码定理，平均码长为

$$\frac{H(S)}{\log r} \leqslant \frac{\overline{L}_N}{N} \leqslant \frac{H(S)}{\log r} + \frac{1}{N}$$

当 $N \to \infty$ 时，采用 $r$ 元霍夫曼编码得到的每个信源符号所需的平均码长为

$$\lim_{N \to \infty} \frac{\overline{L}_N}{N} = \overline{L} = \frac{H(S)}{\log r} = H_r(S) \text{ 码元/信源符号}$$

则每个码元载荷的平均信息量，即信息传输率为

$$R = \frac{H(S)}{\overline{L}} = \log r$$

只有当 $r$ 个码元独立等概分布时,每个码元载荷的平均信息量才为 $\log r$(bit)。可见,当 $N \to \infty$ 时,新信源 $X$ 符号集的概率分布趋于等概分布。

**8-99** 某离散无记忆信源的概率空间为

$$\begin{bmatrix} S \\ P(s) \end{bmatrix} = \begin{bmatrix} s_1 & s_2 & s_3 \\ 0.25 & 0.5 & 0.25 \end{bmatrix}$$

试进行香农-费诺-埃利斯编码。

**解:** 香农-费诺-埃利斯编码如表 8-49 所示。

表 8-49  香农-费诺-埃利斯编码

| 信源符号 | 符号概率 $P(si)$ | 累积分布函数 $F(s)$ | 修正累积分布函数 $\overline{F}(s)$ | $\overline{F}(s)$ 的二进数 | 码长 $L$ | 码字 |
|---|---|---|---|---|---|---|
| $s_1$ | 0.25 | 0.25 | 0.125 | 0.001 | 3 | 001 |
| $s_2$ | 0.5 | 0.75 | 0.5 | 0.10 | 2 | 10 |
| $s_3$ | 0.25 | 1.0 | 0.875 | 0.111 | 3 | 111 |

**8-100** 设二元无记忆信源 $S = \{0,1\}$,概率 $P(0) = \dfrac{1}{4}$,$P(1) = \dfrac{3}{4}$,对二元序列 1111110 进行算术编码。

**解:** 信源符号的累积分布函数如表 8-50 所示。

表 8-50  信源符号的累积分布函数

| 符　　号 | 概　　率 | 信源符号的累积分布函数 |
|---|---|---|
| 0 | 1/4 | 0 |
| 1 | 3/4 | 1/4 |

信源序列 $\alpha = 1111110$ 的算术编码如表 8-51 所示。

表 8-51  信源序列 11101 算术编码

| 序　　列 | $F(\alpha)$ 二进制表示 | $P(\alpha)$ 十进制表示 | 码长 $L$ | 序列的码字 $C$ |
|---|---|---|---|---|
| $\varphi$ | 0 | 1 | | |
| 1 | 0.01 | 3/4 | 1 | 1 |
| 11 | 0.0111 | 9/16 | 1 | 1 |
| 111 | 0.100101 | 27/64 | 2 | 11 |
| 1111 | 0.10101111 | 81/256 | 2 | 11 |
| 11111 | 0.1100001101 | 243/1024 | 3 | 111 |
| 111111 | 0.110100100111 | 729/4096 | 3 | 111 |
| 1111110 | 0.110100100111 | 729/16384 | 5 | 11011 |

**8-101** 已知信源序列为

$$1010110100100111010100001100111010110001$$

试构造该信源序列的 LZ 码的编码字典表。

**解:** 根据分组规则,可以得到以下码段

$$1,0,10,11,01,00,100,111,010,1000,011,001,110,101,10001$$

编码字典表如表 8-52 所示。表中的码字由两部分组成,前部分是已有码段的字典位置比特(段

号），最后一位为信源输出的新符号。因共 15 个码段，使用 4bit 表示段号。最初位置 0000 用于原先没有出现过的码段。

表 8-52　信源序列的编码字典表

| 段　　号 | 字 典 位 置 | 字 典 内 容 | 码　　字 |
|---|---|---|---|
| 1 | 0001 | 1 | 00001 |
| 2 | 0010 | 0 | 00000 |
| 3 | 0011 | 10 | 00010 |
| 4 | 0100 | 11 | 00011 |
| 5 | 0101 | 01 | 00101 |
| 6 | 0110 | 00 | 00100 |
| 7 | 0111 | 100 | 00110 |
| 8 | 1000 | 111 | 01001 |
| 9 | 1001 | 010 | 01010 |
| 10 | 1010 | 1000 | 01110 |
| 11 | 1011 | 011 | 01011 |
| 12 | 1100 | 001 | 01101 |
| 13 | 1101 | 110 | 01000 |
| 14 | 1110 | 101 | 00111 |
| 15 | 1111 | 10001 | 10101 |

**8-102**　已知信源序列为

$$aacdbbaaadc$$

试构造该信源序列的编码字典表。

**解：** 先用二进制码元来表示每个信源符号，$a$、$b$、$c$、$d$ 分别编为 00、01、10 和 11。再根据 LZ 码的分段原则，可将信源序列分段为 $a, ac, d, b, ba, aa, dc$。因共 7 个码段，使用 3bit 表示段号，最初位置 000 用于原先没有出现过的码段。每个信源符号使用 2bit 表示，因此，一个码段使用 5bit 来表示。编码字典表如表 8-53 所示。

表 8-53　信源序列的编码字典表

| 段　　号 | 字 典 位 置 | 字 典 内 容 | 码　　字 |
|---|---|---|---|
| 1 | 001 | $a$ | 00000 |
| 2 | 010 | $ac$ | 00110 |
| 3 | 011 | $d$ | 00011 |
| 4 | 100 | $b$ | 00001 |
| 5 | 101 | $ba$ | 10000 |
| 6 | 110 | $aa$ | 00100 |
| 7 | 111 | $dc$ | 01110 |

**8-103**　设某二元无记忆信源

$$\begin{bmatrix} S \\ P(s) \end{bmatrix} = \begin{bmatrix} 0 & 1 \\ 0.8 & 0.2 \end{bmatrix}$$

每秒发出 2.5 个信源符号。将此信源的输出符号送入无噪信道中进行传输，而信道每秒只传送两个二元符号。

（1）如果不通过编码，信源能否在此信道中进行无失真传输？试说明理由。

（2）通过适当编码，信源能否在此信道中进行无失真传输？如何进行信源编码？

**解**：（1）信源每秒发出 2.5 个二进制符号，而信道每秒只传送 2 个二元符号。因为 $2.5 > 2$，所以信源符号不能在此信道中进行无失真传输。

（2）二元无噪信道的最大信息传输率为

$$C = 1 \text{ 比特/信道符号}$$

而信道每秒钟传送 2 个符号，所以该信道的最大信息传输速率为

$$C_t = 2\text{bit/s}$$

信源熵为

$$H(S) = H(0.8, 0.2) = 0.7219 \text{ 比特/信源符号}$$

信源输出的信息速率为

$$R_b = 2.5 \times H(S) = 1.8048\text{bit/s}$$

则

$$R_b < C_t$$

所以，通过适当编码，信源能够在此信道中进行无失真传输。如何进行编码呢？可以对 $N$ 次扩展信源进行霍夫曼编码，然后再送入信道。当 $N = 2$ 时，编码结果如表 8-54 所示。

表 8-54 $N = 2$ 时的编码结果

| 信源序列 $\alpha_i$ | $P(\alpha_i)$ | 霍夫曼码 |
|---|---|---|
| $s_1 s_1$ | 0.64 | 1 |
| $s_1 s_2$ | 0.16 | 01 |
| $s_2 s_1$ | 0.16 | 001 |
| $s_2 s_2$ | 0.04 | 000 |

当 $N = 2$ 时，单个符号的平均码长为

$$\overline{L} = \frac{\overline{L_2}}{2} = 0.78 \text{ 二元码符号/信源符号}$$

所以，二次扩展编码后，送入信道的传输速率为

$$0.78 \times 2.5 = 1.95 \text{ 二元码符号/秒}$$

信源编码得到的二元码符号进入信道，即信道符号就是二元码符号，由题意可知，信道每秒钟可以传送两个符号。因为 $1.95 < 2$，此时就可以在信道中进行无失真传输。

**8-104** 用 $\alpha, \beta, \gamma$ 三个字符组字。设组成的字有以下三种情况：（1）只用 $\alpha$ 一个字母的单字符字；（2）用 $\alpha$ 开头或结尾的两字符字；（3）把 $\alpha$ 夹在中间的三字符字。假设由这三种字符组成一种简单语言，试计算当所有字等概出现时语言的剩余度。

**解**：只用 $\alpha$ 一个字母的单字符字有 1 种情况；用 $\alpha$ 开头或结尾的两字符字有 5 种情况；把 $\alpha$ 夹在中间的三字符字有 9 种情况，因此所有字有 15 种情况。

等概出现时，每个字包含的信息量为

$$H(S) = \log 15 \text{ 比特/字}$$

又因为在单字符字在所有字中的比例为 1/15，两字符字比例为 5/15，三字符字比例为 9/15，所以一个字的平均字符长度为

$$\overline{L} = \frac{1}{15} \times 1 + \frac{5}{15} \times 2 + \frac{9}{15} \times 3 = \frac{38}{15} \text{ 字符/字}$$

所以每字符包含的信息量为

$$R = \frac{H(S)}{\overline{L}} = \frac{\log 15}{38/15} = 1.542 \ \text{比特/字符}$$

因为每字符包含的最大平均信息量为 $\log 3$ ，所以语言的剩余度为

$$\xi = 1 - \frac{R}{\log 3} = 0.027$$

8-105  设某数字通信系统的先验概率 $P(a_1) = P(a_2) = \frac{1}{4}$ ， $P(a_3) = \frac{1}{2}$ ，离散信道的信道传递矩阵

$$\boldsymbol{P} = \begin{bmatrix} 0.5 & 0.3 & 0.2 \\ 0.2 & 0.6 & 0.2 \\ 0.1 & 0.2 & 0.7 \end{bmatrix}$$

（1）试按照"最大后验译码准则"确定译码规则，并计算相应的译码错误概率。

（2）试按照"最大似然译码准则"确定译码规则，并计算相应的译码错误概率。

**解：**（1）因为最大后验译码准则等价为

$$P(a^*)P(b_j \mid a^*) \geqslant P(a_i)P(b_j \mid a_i)$$

可知需要先计算联合概率 $P(a_i b_j)$ 。因为

$$[P(a_i b_j)] = \begin{bmatrix} 0.125 & 0.075 & 0.05 \\ 0.05 & 0.15 & 0.05 \\ 0.05 & 0.1 & 0.35 \end{bmatrix}$$

所以，由最大后验译码准则得到的译码规则为

$$F(y_1) = x_1 , \quad F(y_2) = x_2 , \quad F(y_3) = x_3$$

这时的译码错误概率为

$$P_E = \sum_{X - a^*, Y} P(a_i b_j) = 1 - (0.125 + 0.15 + 0.35) = 0.375$$

（2）已知信道矩阵，由最大似然译码准则得到的译码规则为

$$F(y_1) = x_1 , \quad F(y_2) = x_2 , \quad F(y_3) = x_3$$

这时的译码错误概率为

$$P_E = \sum_{X - a^*, Y} P(a_i b_j) = 1 - (0.125 + 0.15 + 0.35) = 0.375$$

8-106  设某二元无记忆信源的概率空间为 $\begin{bmatrix} S \\ P(s) \end{bmatrix} = \begin{bmatrix} s_1 & s_2 \\ 0.8 & 0.2 \end{bmatrix}$ ，将此信源的输出符号送入有

噪信道中进行传输。如果信源每秒钟发出 5 个信源符号，信道每秒钟传送 30 个二元符号。设信道

矩阵 $\boldsymbol{P} = \begin{bmatrix} \frac{3}{4} & \frac{1}{4} \\ \frac{1}{4} & \frac{3}{4} \end{bmatrix}$ ，试问通过适当编码，信源符号是否能够在此信道中以错误概率为任意小进行

传输？

**解：** 信源熵为

$$H(S) = H(0.8, 0.2) = 0.7219 \ \text{比特/信源符号}$$

如果信源每秒钟发送 5 个信源符号，则信源输出的信息速率为

$$R_b = 5H(0.8, 0.2) = 3.6096 \text{bit/s}$$

该二元对称信道的信道容量为

$$C = 1 - H\left(\frac{3}{4}, \frac{1}{4}\right) = 0.1887 \text{ 比特/信道符号}$$

而信道每秒传送 30 个符号，所以该信道的最大信息传输速率为

$$C_t = 5.6617 \text{bit/s}$$

则

$$R_b < C_t$$

由联合无失真信源信道编码定理可知：理论上存在一种编码方法，使得信源输出信息能通过该信道传输后，平均错误概率 $P_E$ 任意小。

8-107 设某二元无记忆信源 $\begin{bmatrix} S \\ P(s) \end{bmatrix} = \begin{bmatrix} s_1 & s_2 \\ \dfrac{3}{4} & \dfrac{1}{4} \end{bmatrix}$，试分析：

（1）如果信源每秒钟发出 2.3 个信源符号，将此信源的输出符号送入无噪信道中进行传输，而信道每秒钟只传送 2 个二元符号。通过适当编码，信源是否能够在此信道中进行无失真传输？试说明如何进行适当编码。

（2）如果信源每秒钟发出 2.3 个信源符号，送入二元对称信道中进行传输，而信道每秒钟传送 25 个二元符号。已知信道矩阵为 $\boldsymbol{P} = \begin{bmatrix} \dfrac{2}{3} & \dfrac{1}{3} \\ \dfrac{1}{3} & \dfrac{2}{3} \end{bmatrix}$，是否存在一种编码方法，使得信源输出信息能通过该信道传输后，平均错误概率 $P_E$ 任意小？

**解：** 信源熵为

$$H(S) = H\left(\frac{1}{4}, \frac{3}{4}\right) = 0.8113 \text{ 比特/信源符号}$$

（1）二元无噪信道的最大信息传输率为

$$C = 1 \text{ 比特/信道符号}$$

而信道每秒传送 2 个符号，所以该信道的最大信息传输速率为

$$C_t = 2 \text{bit/s}$$

如果信源每秒发送 2.3 个信源符号，则信源输出的信息速率为

$$R_b = 2.3 \times H(S) = 1.8659 \text{bit/s}$$

则

$$R_b < C_t$$

所以通过适当编码，信源能够在此信道中进行无失真传输。

如何进行无失真信源编码呢？可以对 $N$ 次扩展信源进行霍夫曼编码，然后再送入信道。当 $N = 2$ 时，编码结果如表 8-55 所示。此时单个符号的平均码长为

$$\overline{L} = \frac{\overline{L}_2}{2} = \frac{27}{32} \text{ 二元码符号/信源符号}$$

所以，二次扩展编码后，送入信道的传输速率为

$$\frac{27}{32} \times 2.3 = 1.94 \text{ 二元码符号/秒}$$

由题意可知，信道每秒可以传送两个符号。因为 $1.94 < 2$，此时可以在信道中进行无失真传输。

表 8-55 $N = 2$ 时的编码结果

| 信源序列 $\alpha_i$ | $P(\alpha_i)$ | 霍夫曼码 |
|---|---|---|
| $s_1 s_1$ | 9/16 | 1 |
| $s_1 s_2$ | 3/16 | 01 |
| $s_2 s_1$ | 3/16 | 001 |
| $s_2 s_2$ | 1/16 | 000 |

（2）该二元对称信道的信道容量为

$$C = 1 - H\left(\frac{1}{3}, \frac{2}{3}\right) = 0.0817 \text{ 比特/信道符号}$$

而信道每秒传送 25 个符号，所以该信道的最大信息传输速率为

$$C_t = 25 \times 0.0817 = 2.0425 \text{bit/s}$$

如果信源每秒发送 2.3 个信源符号，则信源输出的信息速率为

$$R_b = 2.3 \times H(S) = 1.8653 \text{bit/s}$$

则 $R_b < C_t$。由联合无失真信源信道编码定理可知：理论上存在一种编码方法，使得信源输出信息能通过该信道传输后，平均错误概率 $P_E$ 任意小。

8-108　已知（7,4）汉明码的生成矩阵为

$$G = \begin{bmatrix} 1 & 0 & 0 & 0 & 1 & 0 & 1 \\ 0 & 1 & 0 & 0 & 1 & 1 & 1 \\ 0 & 0 & 1 & 0 & 1 & 1 & 0 \\ 0 & 0 & 0 & 1 & 0 & 1 & 1 \end{bmatrix}$$

试写出所有的码字，并构造标准阵列译码表。

**解：** 题目已知条件给出的生成矩阵 $G$ 为标准形式，由 $C = MG$ 得到的码字为系统码。信息码元与码字的对应关系如表 8-56 所示。

表 8-56　信息码元与码字对应表

| 信息码元 $(c_6 c_5 c_4 c_3)$ | 输出码字 $(c_6 c_5 c_4 c_3 c_2 c_1 c_0)$ |
| --- | --- |
| （0000） | （0000 000） |
| （0001） | （0001 011） |
| （0010） | （0010 110） |
| （0011） | （0011 101） |
| （0100） | （0100 111） |
| （0101） | （0101 100） |
| （0110） | （0110 001） |
| （0111） | （0111 010） |
| （1000） | （1000 101） |
| （1001） | （1001 110） |
| （1010） | （1010 011） |
| （1011） | （1011 000） |
| （1100） | （1100 010） |
| （1101） | （1101 001） |
| （1110） | （1110 100） |
| （1111） | （1111 111） |

由生成矩阵，容易得到监督矩阵

$$H = \begin{bmatrix} 1 & 1 & 1 & 0 & 1 & 0 & 0 \\ 0 & 1 & 1 & 1 & 0 & 1 & 0 \\ 1 & 1 & 0 & 1 & 0 & 0 & 1 \end{bmatrix}$$

由 $S^T = e_{n-1} h_{n-1} + e_{n-2} h_{n-2} + \cdots + e_0 h_0$ 得到的伴随式 $S$ 有 8 种，其中 1 种对应无错，另 7 种对应 7

种可纠差错图样。伴随式是 $H$ 阵中"与错误码元相对应"的各列之和。根据最小汉明距离译码，取 1 的个数最少的错误图样 $E$ 与伴随式 $S$ 对应，构造的译码简表如表 8-57 所示。

表 8-57　译码简表

| 伴　随　式 | 错　误　图　样 |
|:---:|:---:|
| （000） | （0000000） |
| （001） | （0000001） |
| （010） | （0000010） |
| （100） | （0000100） |
| （011） | （0001000） |
| （110） | （0010000） |
| （111） | （0100000） |
| （101） | （1000000） |

标准阵列译码表有 8 行 16 列。在第一行的 16 格放置 16 个许用码字 $C_i$，第一列的 8 格中放置与伴随式对应的 8 个错误图样 $E_j$，第 $i$ 行第 $j$ 列填入 $C_i + E_j$。所得的标准阵列译码表如表 8-58 所示。

表 8-58　标准阵列译码表

| | | | | | | | | | | | | | | | |
|---|---|---|---|---|---|---|---|---|---|---|---|---|---|---|---|
| 0000000 | 0001011 | 0010110 | 0011101 | 0100111 | 0101100 | 0110001 | 0111010 | 1000101 | 1001110 | 1010011 | 1011000 | 1100010 | 1101001 | 1110100 | 1111111 |
| 0000001 | 0001010 | 0010111 | 0011100 | 0100110 | 0101101 | 0110000 | 0111011 | 1000100 | 1001111 | 1010010 | 1011001 | 1100011 | 1101000 | 1110101 | 1111110 |
| 0000010 | 0001001 | 0010100 | 0011111 | 0100101 | 0101110 | 0110011 | 0111000 | 1000111 | 1001100 | 1010001 | 1011010 | 1100000 | 1101011 | 1110110 | 1111101 |
| 0000100 | 0001111 | 0010010 | 0011001 | 0100011 | 0101010 | 0110101 | 0111110 | 1000001 | 1001010 | 1010111 | 1011100 | 1100110 | 1101101 | 1110000 | 1111011 |
| 0001000 | 0000011 | 0011110 | 0010101 | 0101111 | 0100100 | 0111001 | 0110010 | 1001101 | 1000110 | 1011011 | 1010000 | 1101010 | 1100001 | 1111100 | 1110111 |
| 0010000 | 0011011 | 0000110 | 0001101 | 0110111 | 0111100 | 0100001 | 0101010 | 1010101 | 1011110 | 1000011 | 1001000 | 1110010 | 1111001 | 1100100 | 1101111 |
| 0100000 | 0101011 | 0110110 | 0111101 | 0000111 | 0001100 | 0010001 | 0011010 | 1100101 | 1101110 | 1110011 | 1111000 | 1000010 | 1001001 | 1010100 | 1011111 |
| 1000000 | 1001011 | 1010110 | 1011101 | 1100111 | 1101100 | 1110001 | 1111010 | 0000101 | 0001110 | 0010011 | 0011000 | 0100001 | 0101001 | 0110100 | 0111111 |

（7，4）汉明码的编码方案是将 16 种 4 位二进制编码变成 16 种许用码字 $C = (c_6 c_5 c_4 c_3 c_2 c_1 c_0)$，通过信道传输，受到噪声干扰，译码端的接收码字 $R = (r_6 r_5 r_4 r_3 r_2 r_1 r_0)$ 有 128 种，译码时通过"标准阵列译码表"可以纠正一个差错。

8-109　设信源 $U=\{0,1\}$，接收变量 $V=\{0,1,2\}$，定义失真函数为 $d(0,0)=d(1,1)=0$，$d(0,1)=d(1,0)=1$，$d(0,2)=d(1,2)=0.5$，试写出失真矩阵。

**解**：由已知的失真函数，得到失真矩阵为

$$D = \begin{bmatrix} 0 & 1 & 0.5 \\ 1 & 0 & 0.5 \end{bmatrix}$$

8-110　设有删除信源符号集 $U = \{u_1, u_2, \cdots, u_r\}$，接收符号集 $V = \{v_1, v_2, \cdots, v_s\}$，$s = r+1$。定义它的单符号失真度为

$$d(u_i, v_j) = \begin{cases} 0, & i = j \\ 1, & i \neq j, j \neq s \\ 1/2, & i \neq j, j = s \end{cases}$$

式中，接收信号 $v_s$ 作为一个删除符号，试写出 $r = 3$ 时的失真矩阵。

**解**：由已知的失真度，得到失真矩阵为

$$\boldsymbol{D} = \begin{bmatrix} 0 & 1 & 1 & 1/2 \\ 1 & 0 & 1 & 1/2 \\ 1 & 1 & 0 & 1/2 \end{bmatrix}$$

8-111    设有对称信源（$r = s = 4$），其失真函数 $d(u_i, v_j) = (u_i - v_j)^2$，试写出失真矩阵。

**解**：设信源 $U = \{0,1,2,3\}$，接收变量 $V = \{0,1,2,3\}$。由已知的失真函数得

$$d(0,0)=d(1,1)=d(2,2)=d(3,3)=0$$
$$d(0,1)=d(1,0)=d(1,2)=d(2,1)=d(2,3)=d(3,2)=1$$
$$d(0,2)=d(2,0)=d(1,3)=d(3,1)=4$$
$$d(0,3)=d(3,0)=9$$

所以失真矩阵为

$$\boldsymbol{D} = \begin{bmatrix} 0 & 1 & 4 & 9 \\ 1 & 0 & 1 & 4 \\ 4 & 1 & 0 & 1 \\ 9 & 4 & 1 & 0 \end{bmatrix}$$

8-112    有一个二元等概率信源 $U = \{0,1\}$，通过一个二元对称信道，其失真函数为

$$d(u_i, v_j) = \begin{cases} 1, & i \neq j \\ 0, & i = j \end{cases}$$

限失真信源编码对应的试验信道转移概率为

$$P(v_j \mid u_i) = \begin{cases} \varepsilon, & i \neq j \\ 1 - \varepsilon, & i = j \end{cases}$$

试计算失真矩阵和平均失真。

**解**：由已知条件，得到失真矩阵

$$\boldsymbol{D} = \begin{bmatrix} 0 & 1 \\ 1 & 0 \end{bmatrix}$$

试验信道的转移概率矩阵为

$$\boldsymbol{P} = \begin{bmatrix} 1-\varepsilon & \varepsilon \\ \varepsilon & 1-\varepsilon \end{bmatrix}$$

由联合概率 $P(u_i v_j) = P(u_i)P(v_j \mid u_i)$，得到联合概率矩阵

$$[P(u_i v_j)] = \begin{bmatrix} \dfrac{1-\varepsilon}{2} & \dfrac{\varepsilon}{2} \\ \dfrac{\varepsilon}{2} & \dfrac{1-\varepsilon}{2} \end{bmatrix}$$

又因为

$$\bar{D} = E[d(u,v)] = \sum_{i=1}^{r} \sum_{j=1}^{s} P(u_i v_j) d(u_i, v_j)$$

则信源的平均失真

$$\bar{D} = \frac{\varepsilon}{2} + \frac{\varepsilon}{2} = \varepsilon$$

8-113    已知无记忆信源为

$$\begin{bmatrix} U \\ P(u) \end{bmatrix} = \begin{bmatrix} 0 & 1 & 2 \\ 0.2 & 0.3 & 0.5 \end{bmatrix}$$

失真矩阵为

$$\boldsymbol{D} = \begin{bmatrix} 4 & 2 & 1 \\ 0 & 3 & 2 \\ 2 & 0 & 1 \end{bmatrix}$$

计算 $D_{\min}$ 和 $D_{\max}$。

**解：**

（1）最小允许失真度为

$$D_{\min} = \sum_{i=1}^{r} P(u_i) \min_{j} d(u_i, v_j) = 1 \times 0.2 + 0 \times 0.3 + 0 \times 0.5 = 0.2$$

（2）最大允许失真度为

$$D_{\max} = \min_{V} \sum_{U} P(u) d(u, v) = \min\{4 \times 0.2 + 2 \times 0.5, \ 2 \times 0.2 + 3 \times 0.3, \ 1 \times 0.2 + 2 \times 0.3 + 1 \times 0.5\} = 1.3$$

**8-114** 已知无记忆信源为

$$\begin{bmatrix} U \\ P(u) \end{bmatrix} = \begin{bmatrix} 0 & 1 & 2 \\ \dfrac{1}{3} & \dfrac{1}{3} & \dfrac{1}{3} \end{bmatrix}$$

信宿 $V$ 取值于 $\{0,1\}$，失真矩阵为

$$\boldsymbol{D} = \begin{bmatrix} 0 & 1 \\ 0 & 0 \\ 1 & 0 \end{bmatrix}$$

试检验 $R(D_{\min})$ 小于信源熵 $H(U)$。

**解：** 最小允许失真度为

$$D_{\min} = \sum_{i=1}^{r} P(u_i) \min_{j} d(u_i, v_j) = 1/3 \times 0 + 1/3 \times 0 + 1/3 \times 0 = 0$$

使平均失真度达到最小值的信道必须满足

$$\begin{cases} P(v_1 \mid u_1) = 1 \\ P(v_1 \mid u_2) + P(v_2 \mid u_2) = 1 \\ P(v_2 \mid u_3) = 1 \end{cases}$$

因为满足 $P(v_1 \mid u_2) + P(v_2 \mid u_2) = 1$ 这个限制条件的 $P(v_1 \mid u_2)$ 和 $P(v_2 \mid u_2)$ 可以有无穷多个，而且他们的最小平均失真度都是 0，可见 $B_{D_{\min}}$ 集合中的信道有无穷多个。这些信道的信道矩阵中每列不止一个非零元素，比如信道矩阵可为

$$\boldsymbol{P} = \begin{bmatrix} 1 & 0 \\ 1 & 0 \\ 0 & 1 \end{bmatrix}$$

由信源概率空间和信道转移概率，可计算得出信道疑义度 $H(U \mid V) \neq 0$，因此

$$R(D_{\min}) = I(U; V) < H(U)$$

**8-115** 假设离散无记忆信源输出 $N$ 维随机序列 $\boldsymbol{U} = (U_1 U_2 U_3)$，其中 $U_i(i=1,2,3)$ 取自符号集 $\{0,1\}$，通过信道传输到信宿，接收 $N$ 维随机序列 $\boldsymbol{V} = (V_1 V_2 V_3)$，其中 $V_i(i=1,2,3)$ 取自符号集 $\{0,1\}$，定义失真函数

$$d(0,0) = d(1,1) = 0$$
$$d(0,1) = d(1,0) = \alpha$$

求符号序列的失真矩阵。

**解：** 信源输出 $N$ 维随机序列 $\boldsymbol{U} = \{000,001,010,011,100,101,110,111\}$，分别表示为 $\alpha_1, \alpha_2, \cdots, \alpha_8$。类似地，信宿接收 $N$ 维随机序列分别表示为 $\beta_1, \beta_2, \cdots, \beta_8$。由 $N$ 维信源序列的失真函数的定义得

$$d_N(\boldsymbol{u}, \boldsymbol{v}) = d_N(\alpha_i, \beta_j) = \frac{1}{N} \sum_{l=1}^{N} d(u_{i_l}, v_{j_l}), \qquad \boldsymbol{u} \in \boldsymbol{U}, \boldsymbol{v} \in \boldsymbol{V}$$

所以

$$d_N(\alpha_1, \beta_1) = d_N(000,000) = \frac{1}{3}[d(0,0) + d(0,0) + d(0,0)] = 0$$

$$d_N(\alpha_1, \beta_2) = d_N(000,001) = \frac{1}{3}[d(0,0) + d(0,0) + d(0,1)] = \frac{\alpha}{3}$$

类似地计算其他元素值，得到信源序列的失真矩阵为

$$\boldsymbol{D}_N = \begin{bmatrix}
0 & \frac{\alpha}{3} & \frac{\alpha}{3} & \frac{2\alpha}{3} & \frac{\alpha}{3} & \frac{2\alpha}{3} & \frac{2\alpha}{3} & \alpha \\
\frac{\alpha}{3} & 0 & \frac{2\alpha}{3} & \frac{\alpha}{3} & \frac{2\alpha}{3} & \frac{\alpha}{3} & \alpha & \frac{2\alpha}{3} \\
\frac{\alpha}{3} & \frac{2\alpha}{3} & 0 & \frac{\alpha}{3} & \frac{2\alpha}{3} & \alpha & \frac{\alpha}{3} & \frac{2\alpha}{3} \\
\frac{2\alpha}{3} & \frac{\alpha}{3} & \frac{\alpha}{3} & 0 & \alpha & \frac{2\alpha}{3} & \frac{2\alpha}{3} & \frac{\alpha}{3} \\
\frac{\alpha}{3} & \frac{2\alpha}{3} & \frac{2\alpha}{3} & \alpha & 0 & \frac{\alpha}{3} & \frac{\alpha}{3} & \frac{2\alpha}{3} \\
\frac{2\alpha}{3} & \frac{\alpha}{3} & \alpha & \frac{2\alpha}{3} & \frac{\alpha}{3} & 0 & \frac{2\alpha}{3} & \frac{\alpha}{3} \\
\frac{2\alpha}{3} & \alpha & \frac{\alpha}{3} & \frac{2\alpha}{3} & \frac{\alpha}{3} & \frac{2\alpha}{3} & 0 & \frac{\alpha}{3} \\
\alpha & \frac{2\alpha}{3} & \frac{2\alpha}{3} & \frac{\alpha}{3} & \frac{2\alpha}{3} & \frac{\alpha}{3} & \frac{\alpha}{3} & 0
\end{bmatrix}$$

**8-116** 设某二元无记忆信源为

$$\begin{bmatrix} U \\ P(u) \end{bmatrix} = \begin{bmatrix} 0 & 1 \\ 0.8 & 0.2 \end{bmatrix}$$

其失真矩阵为

$$\boldsymbol{D} = \begin{bmatrix} 0 & 1 \\ 1 & 0 \end{bmatrix}$$

试写出率失真函数 $R(D)$。

**解：** 因为信源是二元对称信源，采用汉明失真函数，所以该二元对称信源的 $R(D)$ 为

$$R(D) = \begin{cases} H(0.8, 0.2) - H(D), & 0 \leq D \leq 0.2 \\ 0, & D \geq 0.2 \end{cases}$$

**8-117** 一个四元对称信源为

$$\begin{bmatrix} U \\ P(u) \end{bmatrix} = \begin{bmatrix} u_1 & u_2 & u_3 & u_4 \\ \frac{1}{4} & \frac{1}{4} & \frac{1}{4} & \frac{1}{4} \end{bmatrix}$$

失真函数为

$$D = \begin{bmatrix} 0 & 1 & 1 & 1 \\ 1 & 0 & 1 & 1 \\ 1 & 1 & 0 & 1 \\ 1 & 1 & 1 & 0 \end{bmatrix}$$

计算这个信源的 $D_{\min}$、$D_{\max}$，并写出对应的率失真函数 $R(D)$。

**解:**

（1）最小允许失真度为

$$D_{\min} = \sum_{i=1}^{r} P(u_i) \min_j d(u_i, v_j) = 1/4 \times 0 + 1/4 \times 0 + 1/4 \times 0 + 1/4 \times 0 = 0$$

（2）最大允许失真度为

$$D_{\max} = \min_V \sum_U P(u)d(u,v)$$

$$= \min\left\{\frac{1}{4} \times 1 + \frac{1}{4} \times 1 + \frac{1}{4} \times 1, \frac{1}{4} \times 1 + \frac{1}{4} \times 1 + \frac{1}{4} \times 1, \frac{1}{4} \times 1 + \frac{1}{4} \times 1 + \frac{1}{4} \times 1, \frac{1}{4} \times 1 + \frac{1}{4} \times 1 + \frac{1}{4} \times 1\right\}$$

$$= 3/4$$

（3）因为信源是等概的四元对称信源，采用汉明失真函数，所以率失真函数为

$$R(D) = \begin{cases} \log r - D\log(r-1) - H(D), & 0 \leqslant D \leqslant \dfrac{r-1}{r} \\ 0, & D > \dfrac{r-1}{r} \end{cases}$$

$$= \begin{cases} \log 4 - D\log 3 - H(D), & 0 \leqslant D \leqslant \dfrac{3}{4} \\ 0, & D > \dfrac{3}{4} \end{cases}$$

8-118 设一个离散无记忆信源的概率空间为 $\begin{bmatrix} U \\ P(u) \end{bmatrix} = \begin{bmatrix} 0 & 1 \\ \dfrac{1}{2} & \dfrac{1}{2} \end{bmatrix}$，假设此信源再现时允许失真存在，并定义失真函数为汉明失真。经过有失真信源编码后，将发送码字通过广义无噪信道传输，经译码后到达信宿。编译码过程如图 8-25 所示。

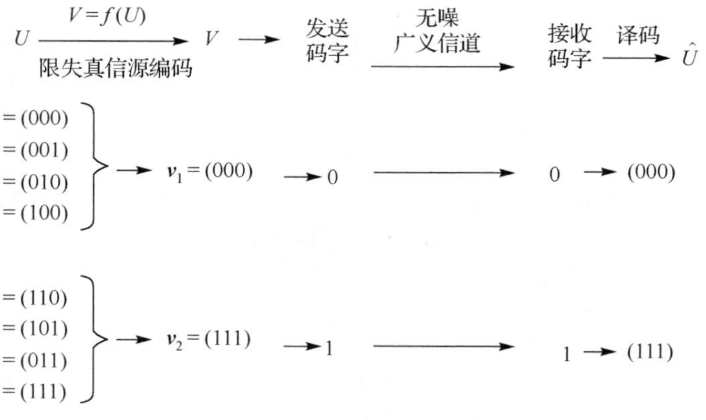

图 8-25　有失真压缩编译码方法

（1）该压缩编码方案的信息传输率 $R'$ 和平均失真 $D$ 为多少？

（2）该压缩编码编码是否为最佳方案？

**解：**（1）由题意可知，信源 $U$ 等概率输出（000），（001），（010），（011），（100），（101），（110），（111）。本题中的压缩编码方法对应试验信道矩阵为

$$[P(\boldsymbol{v}\,|\,\boldsymbol{u})]=\begin{bmatrix} 1 & 0 & 0 & 0 & 0 & 0 & 0 & 0 \\ 1 & 0 & 0 & 0 & 0 & 0 & 0 & 0 \\ 1 & 0 & 0 & 0 & 0 & 0 & 0 & 0 \\ 1 & 0 & 0 & 0 & 0 & 0 & 0 & 0 \\ 0 & 0 & 0 & 0 & 1 & 0 & 0 & 0 \\ 0 & 0 & 0 & 0 & 1 & 0 & 0 & 0 \\ 0 & 0 & 0 & 0 & 1 & 0 & 0 & 0 \\ 0 & 0 & 0 & 0 & 1 & 0 & 0 & 0 \end{bmatrix}$$

因此编码后的信息率为

$$I(U;V)=H(V)-H(V\,|\,U)=1\,\text{比特/三次扩展信源符号}$$

即该失真编码方案的信息率为

$$R'=\frac{1}{3}\,\text{比特/信源符号}$$

该编码方案中，接收端 $\hat{U}$ 与发送端 $U$ 之间有很大差异，其平均失真为

$$\overline{D}=\frac{1}{N}\sum_{U}E[d(u,v)]=\frac{1}{3}\times\frac{1}{8}[0+1+1+1+1+1+1+0]=\frac{1}{4}$$

可见，这种限失真编码方法压缩后信息率 $R'=1/3$（比特/信源符号），而产生的平均失真等于 $1/4$。

（2）根据限失真信源编码定理，总可以找到一种压缩方法，使信源输出信息率压缩到极限值 $R(D)$，当 $D=1/4$ 时

$$R(D)=1-H\left(\frac{1}{4},\frac{3}{4}\right)\approx 0.1887\,\text{比特/信源符号}$$

显然 $R(D)<R'$。所以，在允许失真度为 $1/4$ 时，对等概分布的二元信源来说，该压缩方法并不是最佳方案，信源还可以进一步压缩。

**8-119** 设某二元无记忆信源为

$$\begin{bmatrix} S \\ P(s) \end{bmatrix}=\begin{bmatrix} s_1 & s_2 \\ 1/2 & 1/2 \end{bmatrix}$$

每秒发出 2.5 个信源符号。将此信源的输出符号送入无噪信道中进行传输，而信道每秒只传送两个二元符号。

（1）信源能否在此信道中进行无失真传输？试说明理由。

（2）允许信源平均失真多少时，此信源就可以在此信道中传输？（信源失真度采用汉明失真。）

**解：** 因为信道每秒钟只能传送两个二元符号，所以二元无噪信道的最大信息传输速率为

$$C_{\mathrm{t}}=2C=2\text{bit/s}$$

信源熵为

$$H(S)=1\,\text{比特/信源符号}$$

如果信源每秒钟发送 2.5 个信源符号，则信源输出的信息速率为

$$R_{\mathrm{b}}=2.5H(S)=2.5\text{bit/s}$$

则

$$R_{\mathrm{b}}>C_{\mathrm{t}}$$

所以，信源不能够在此信道中进行无失真传输。

下面讨论限失真信源编码后进入信道进行传输。由联合限失真信源信道编码定理可知，当 $R_t(D) \leq C_t$ 时，理论上存在某种编码方案，使得信源输出信息通过信道传输后，失真不大于允许失真 $D$。

因为该信源为等概分布的二元信源，当失真函数采用汉明失真时，信息率失真函数为
$$R(D) = 1 - H(D) \text{ 比特/信源符号}$$
即
$$2.5 \times [1 - H(D)] \leq C_t = 2\text{bit/s}$$

所以 $H(D) = 0.2$，即得 $D \approx 0.0311$。可见，允许失真度 $D \approx 0.0311$ 时，理论上存在某种限失真信源编码方式，信源输出符号经过编码后就可以在此信道中传输。

**8-120** 设信源 $U$ 等概取值于 $\{0,1\}$，$V$ 取值于 $\{0,1,2\}$，而失真矩阵为
$$\boldsymbol{D} = \begin{bmatrix} 0 & 1 & \dfrac{1}{4} \\ 1 & 0 & \dfrac{1}{4} \end{bmatrix}$$

（1）计算 $D_{\min}$ 和 $R(D_{\min})$；

（2）计算 $D_{\max}$ 和 $R(D_{\max})$。

**解：**

（1）最小允许失真度为
$$D_{\min} = \sum_{i=1}^{r} P(u_i) \min_j d(u_i, v_j) = 0$$

满足该最小失真的试验信道的信道矩阵为
$$\boldsymbol{P} = \begin{bmatrix} 1 & 0 & 0 \\ 0 & 1 & 0 \end{bmatrix}$$

因为信源输出符号等概，可知信宿概率分布为
$$P(v=0) = P(v=1) = 1/2, \quad P(v=2) = 0$$

计算得到试验信道的损失熵 $H(U|V) = 0$，此时
$$R(D_{\min}) = H(U)$$

（2）最大允许失真度为
$$D_{\max} = \min_V \sum_U P(u) d(u, v) = \min\left\{ 1 \times \frac{1}{2}, 1 \times \frac{1}{2}, \frac{1}{4} \times \frac{1}{2} + \frac{1}{4} \times \frac{1}{2} \right\} = 0.25$$

满足该最大失真的试验信道的信道矩阵为
$$\boldsymbol{P} = \begin{bmatrix} 0 & 0 & 1 \\ 0 & 0 & 1 \end{bmatrix}$$

因为信源输出符号等概，可知信宿概率分布为
$$P(v=0) = P(v=1) = 0, \quad P(v=2) = 1$$

此时
$$R(D_{\max}) = 0$$

**8-121** 设某二元无记忆信源的概率空间为 $\begin{bmatrix} S \\ P(s) \end{bmatrix} = \begin{bmatrix} s_1 & s_2 \\ \dfrac{3}{4} & \dfrac{1}{4} \end{bmatrix}$，通过无噪信道进行信息传输，

设信道每秒钟只能传送两个二元符号。如果信源每秒钟发出 3 个信源符号，经过编码之后，信源是否能够在此信道中进行无失真传输？如果不能，允许失真度为多少时，信源就可以在此信道中传输？（假设失真函数采用汉明失真。）

**解**：因为信道每秒钟只能传送两个二元符号，所以该无噪信道的最大信息传输速率为

$$C_t = 2C = 2\text{bit/s}$$

信源熵为

$$H(S) = H\left(\frac{1}{4}, \frac{3}{4}\right) = 0.8113 \text{ 比特/信源符号}$$

如果信源每秒发送 3 个信源符号，则信源输出的信息速率为

$$R_b = 3 \times H(S) = 2.4339\text{bit/s}$$

则

$$R_b > C_t$$

所以，信源不能在此信道中进行无失真传输。

下面讨论限失真信源编码后进入信道进行传输。由联合限失真信源信道编码定理可知，当 $R_t(D) < C_t$ 时，理论上存在某种编码方案，使得信源输出信息通过信道传输后，失真不大于允许失真度 $D$。

因为该信源为二元信源，当失真函数采用汉明失真时，信息率失真函数为

$$R(D) = H\left(\frac{1}{4}, \frac{3}{4}\right) - H(D) = 0.8113 - H(D) \text{ 比特/信源符号}$$

由 $3 \times [0.8113 - H(D)] \leqslant C_t = 2$ 可得 $H(D) \geqslant 0.1446$，即得 $D \geqslant 0.0206$。根据限失真信源编码定理，允许失真度 $D = 0.0206$ 时，理论上存在某种限失真信源编码方式，信源输出符号经过编码后就可以在此信道中传输。

8-122　设信源符号有 8 种，而且等概率，即 $P(u_i) = \frac{1}{8}$。失真函数定义为

$$d(u_i, v_j) = \begin{cases} 0, & i = j \\ 1, & i \neq j \end{cases}$$

假如允许失真度 $D = \frac{1}{2}$，即只要求收到的符号平均有一半是正确的。可以设想如下的方案。

方案一：对于 $u_1, u_2, u_3, u_4$ 这四个信源符号照原样发送，而对于 $u_5, u_6, u_7, u_8$ 都以 $u_4$ 发送。如图 8-26（a）所示。

方案二：对于 $u_1, u_2, u_3, u_4$ 这四个符号照原样发送，而对于 $u_5, u_6, u_7, u_8$ 分别以 $u_1, u_2, u_3, u_4$ 发送，如图 8-26（b）所示。

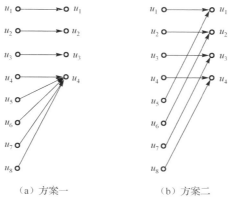

（a）方案一　　　　　（b）方案二

图 8-26　有失真信源编码方案

试回答：

（1）方案一和方案二编码后所需要的信息率分别为多少？

（2）在允许失真度 $D = \dfrac{1}{2}$ 的情况下，所需的信息率最小为多少？

**解：**

（1）方案一编码后需要的信息率为

$$R' = I(U;V) = H(V) - H(V \mid U) = H(V) = H\left(\frac{1}{8}, \frac{1}{8}, \frac{1}{8}, \frac{5}{8}\right) = 1.549 \text{ 比特/信源符号}$$

方案二编码后需要的信息率为

$$R' = I(U;V) = H(V) - H(V \mid U) = H(V) = H\left(\frac{1}{4}, \frac{1}{4}, \frac{1}{4}, \frac{1}{4}\right) = 2 \text{ 比特/信源符号}$$

（2）在允许失真度 $D = \dfrac{1}{2}$ 的情况下，所需的最小信息率就是 $R(D)$ 函数，得

$$R(D) = \log 8 - 0.5 \log 7 - H(0.5) = 0.6 \text{ 比特/信源符号}$$

如果进行无失真编码，即无失真传送这个信源，信息率为 $\log_2 8 = 3$ 比特/信源符号。可见，限失真信源编码需要的信息率小于信源熵 $H(U)$，而且不同的编码方案可能得到不同的信息率 $R'$。在保真度准则下的理论最小信息率就是 $R(D)$ 函数。

**8-123** 对某路模拟语音信号进行数字化，采用 8000Hz 的抽样频率，每个样值采用 7 位二进制码元进行编码，表示为码字 $W = (w_6 w_5 w_4 w_3 w_2 w_1 w_0)$，然后对数字化的语音信号进行压缩编码，压缩器将 128 种 $W = (w_6 w_5 w_4 w_3 w_2 w_1 w_0)$ 映射为 16 种 $C' = (c_6 c_5 c_4 c_3)$。压缩编码的步骤为：首先将 $W = (w_6 w_5 w_4 w_3 w_2 w_1 w_0)$ 映射为 $C = (c_6 c_5 c_4 c_3 c_2 c_1 c_0)$，其中 $(c_6 c_5 c_4 c_3 c_2 c_1 c_0)$ 满足 $(7,4)$ 汉明码的编码规则，而且码字 $W$ 和码字 $C$ 的汉明距离不大于 1；然后将码字 $C$ 的前 4 个码元 $(c_6 c_5 c_4 c_3)$ 作为压缩编码结果。

（1）求数字化的语音信号压缩之前和压缩之后的信息速率。

（2）假设信源失真函数采用汉明失真，计算该压缩编码方案的平均失真。

（3）该压缩方案是否达到理论最小值？

**解：**（1）压缩之前每个样值采用 7 位二进码元进行编码，则信息速率

$$R_b = l \cdot f_s = 7 \times 8000 = 5.6 \times 10^4 \text{ bit/s}$$

压缩之后，7 位二进码元压缩成 4 位，则信息速率

$$R_b = l \cdot f_s = 4 \times 8000 = 3.2 \times 10^4 \text{ bit/s}$$

（2）该压缩编码方案可以参考本章习题 8-108 中的 $(7,4)$ 汉明码的"标准阵列译码表"来进行理解。表中共 128 种码字，即本题中的 128 种 $W = (w_6 w_5 w_4 w_3 w_2 w_1 w_0)$。$W = (w_6 w_5 w_4 w_3 w_2 w_1 w_0)$ 映射为 16 种 $C = (c_6 c_5 c_4 c_3 c_2 c_1 c_0)$，即表中每列的 8 种码字映射为第一行的那个码字，128 种 $W$ 共 16 列映射为 16 种 $C$。弄懂如何构造"标准阵列译码表"有助于理解该题中的压缩编码方案。

该压缩信源编码器将 128 种 $W$ 映射为 16 种许用码字 $C$，其中 16 种 $W$ 映射成 $C$ 时不产生失真，另外 112 种 $W$ 映射成 $C$ 时，7 位二进制码元有且只有一位出错。因此平均失真

$$\overline{D} = \frac{1}{N} \sum_U E[d(u,v)] = \frac{1}{7} \times \frac{1}{128}[128 - 16] = 0.125$$

（3）二元对称信源等概分布，采用汉明失真，则信息源所能压缩的理论极限值为信息率失真函数

$$R(D) = 1 - H(D) = 1 - H(0.125) \approx 0.4564 \text{ 比特/二进制符号}$$

可见，在允许失真 $D = 0.125$ 时，存在某种编码方式，每个二进制符号只需用 0.4564bit 来表示，此时信息速率最小可以压缩至 $R_b = 5.6 \times 10^4 \times 0.4564 \approx 2.556 \times 10^4 \text{ bit/s}$。可见，该压缩方案未达到理论最小值。

# 第9章 信道编码

9-1 （6,3）线性分组码的输入信息组是 $M = (m_2 m_1 m_0)$，输出码字为 $C = (c_5 c_4 c_3 c_2 c_1 c_0)$。已知输入信息组和输出码字之间的关系式为

$$\begin{cases} c_5 = m_2 \\ c_4 = m_1 \\ c_3 = m_0 \\ c_2 = m_2 + m_1 \\ c_1 = m_2 + m_1 + m_0 \\ c_0 = m_2 + m_0 \end{cases}$$

（1）写出该线性分组码的生成矩阵；
（2）写出该线性分组码的监督矩阵；
（3）写出信息码元与码字的对应关系；
（4）若用于检错，能检出几位错码？若用于纠错，能纠正几位错码？
（5）若接收码字为（001101），检验它是否出错。

**解：**（1）输入信息组和输出码字之间的关系为

$$(c_5 c_4 c_3 c_2 c_1 c_0) = (m_2 m_1 m_0) \begin{bmatrix} 1 & 0 & 0 & 1 & 1 & 1 \\ 0 & 1 & 0 & 1 & 1 & 0 \\ 0 & 0 & 1 & 0 & 1 & 1 \end{bmatrix}$$

因为输入信息组 $M$、输出码字 $C$ 和生成矩阵 $G$ 之间的关系为

$$C = MG$$

由此得到生成矩阵

$$G = \begin{bmatrix} 1 & 0 & 0 & 1 & 1 & 1 \\ 0 & 1 & 0 & 1 & 1 & 0 \\ 0 & 0 & 1 & 0 & 1 & 1 \end{bmatrix}$$

（2）监督矩阵的计算有多种方法，这里列出两种。
方法一：
输入信息组和输出码字之间的关系可以表示为

$$\begin{cases} c_5 + c_4 + c_2 = 0 \\ c_5 + c_4 + c_3 + c_1 = 0 \\ c_5 + c_3 + c_0 = 0 \end{cases}$$

用矩阵形式表示为

$$\begin{bmatrix} 1 & 1 & 0 & 1 & 0 & 0 \\ 1 & 1 & 1 & 0 & 1 & 0 \\ 1 & 0 & 1 & 0 & 0 & 1 \end{bmatrix} (c_5 c_4 c_3 c_2 c_1 c_0)^{\mathrm{T}} = \begin{bmatrix} 0 \\ 0 \\ 0 \end{bmatrix}$$

因为输出码字 $C$ 和监督矩阵 $H$ 之间的关系为

$$HC^{\mathrm{T}} = \mathbf{0}^{\mathrm{T}}$$

由此得到监督矩阵为

$$\boldsymbol{H} = \begin{bmatrix} 1 & 1 & 0 & 1 & 0 & 0 \\ 1 & 1 & 1 & 0 & 1 & 0 \\ 1 & 0 & 1 & 0 & 0 & 1 \end{bmatrix}$$

方法二：

在线性分组码中，标准的监督矩阵 $\boldsymbol{H} = [\boldsymbol{Q}, \boldsymbol{I}_{\mathrm{r}}]$ 和标准的生成矩阵 $\boldsymbol{G} = [\boldsymbol{I}_{\mathrm{k}}, \boldsymbol{P}]$ 之间可以相互转换。它们之间的关系为 $\boldsymbol{P} = \boldsymbol{Q}^{\mathrm{T}}$。由标准生成矩阵可得监督矩阵为

$$\boldsymbol{H} = \begin{bmatrix} 1 & 1 & 0 & 1 & 0 & 0 \\ 1 & 1 & 1 & 0 & 1 & 0 \\ 1 & 0 & 1 & 0 & 0 & 1 \end{bmatrix}$$

（3）由 $\boldsymbol{C} = \boldsymbol{MG}$ 得到信息码元与码字的对应关系如表 9-1 所示。

表 9-1　信息码元与码字对应关系

| 信息码元 $\boldsymbol{M}$ | 码字 $\boldsymbol{C}$ |
| --- | --- |
| 000 | 000 000 |
| 001 | 001 011 |
| 010 | 010 110 |
| 011 | 011 101 |
| 100 | 100 111 |
| 101 | 101 100 |
| 110 | 110 001 |
| 111 | 111 010 |

（4）线性码的最小距离等于非零码字的最小码重。由表 9-1 可知该线性分组码的最小距离 $d_{\min} = 3$。

为了检测 $e$ 个错码，要求最小码距 $d_{\min} \geqslant e+1$。所以若用于检错，该线性分组码能检 2 位错码。

为了纠正 $t$ 个错码，要求最小码距为 $d_{\min} \geqslant 2t+1$。所以若用于纠错，该线性分组码能纠正 1 位错码。

（5）如果 $\boldsymbol{S}^{\mathrm{T}} = \boldsymbol{HR}^{\mathrm{T}} = \boldsymbol{0}^{\mathrm{T}}$，则认为接收码字 $\boldsymbol{R}$ 无错码，否则有错。当接收码字为 $\boldsymbol{R} = (001101)$ 时，由于 $\boldsymbol{HR}^{\mathrm{T}} \neq \boldsymbol{0}^{\mathrm{T}}$，所以检测出该码字出现错码。

9-2　一个码长 $n=15$ 的汉明码，监督位数 $r$ 应为多少？编码效率为多少？

**解**：汉明码要求 $2^r - 1 = n$，所以当 $n=15$ 时，要求监督位数

$$r = 4$$

此时编码效率

$$R = \frac{k}{n} = \frac{n-r}{n} = \frac{11}{15}$$

9-3　某汉明码的监督矩阵为

$$\boldsymbol{H} = \begin{bmatrix} 1 & 1 & 1 & 0 & 1 & 0 & 0 \\ 1 & 0 & 0 & 1 & 1 & 1 & 0 \\ 0 & 1 & 0 & 0 & 1 & 1 & 1 \end{bmatrix}$$

（1）当接收码字为（1101101）和（0110001）时，试说明是否出错。按照最小汉明距离判决准则，哪位错了？

（2）对该线性分组码添加一个偶校验位后，写出扩展码的生成矩阵，试说明扩展码的检错能力。

**解**：（1）汉明码为纠 1 位错码的完备码，伴随式是监督矩阵 $H$ 中"与错误码元相对应的那一列矢量"。伴随式 $S = RH^{\mathrm{T}}$。当接收码字为 1101101 时的伴随式为

$$(1101101)\begin{bmatrix} 1 & 1 & 1 & 0 & 1 & 0 & 0 \\ 1 & 0 & 0 & 1 & 1 & 1 & 0 \\ 0 & 1 & 0 & 0 & 1 & 1 & 1 \end{bmatrix}^{\mathrm{T}} = (111)$$

可见，当接收码字为（1101101）时，伴随式为（111），伴随式是 $H$ 阵的第 5 列，因此判定接收码字的第 5 位是错的，纠错后输出码字为（1101001）

当接收码字为 0110001 时的伴随式为

$$(0110001)\begin{bmatrix} 1 & 1 & 1 & 0 & 1 & 0 & 0 \\ 1 & 0 & 0 & 1 & 1 & 1 & 0 \\ 0 & 1 & 0 & 0 & 1 & 1 & 1 \end{bmatrix}^{\mathrm{T}} = (000)$$

可见，当接收码字为（0110001）时，伴随式为（000），因此判定接收码字无错。

（2）对该线性分组码进行扩展，添加一个偶校验位 $c_{校}$ 满足

$$c_{n-1} + c_{n-2} + \cdots + c_1 + c_0 + c_{校} = 0$$

扩展码的监督矩阵为

$$H_{扩} = \begin{bmatrix} 1 & 1 & 1 & 0 & 1 & 0 & 0 & 0 \\ 1 & 0 & 0 & 1 & 1 & 1 & 0 & 0 \\ 0 & 1 & 0 & 0 & 1 & 1 & 1 & 0 \\ 1 & 1 & 1 & 1 & 1 & 1 & 1 & 1 \end{bmatrix}$$

扩展之前的最小码距 $d_{\min} = 3$，即最小码重的码字（除全零码外）的码重为 3，增加的偶数检验位 $c_{校} = 1$，则扩展码的最小码距变为 4，所以可检 3 位码。

**9-4** 已知一线性分组码的全部码字为（000000）、（001110）、（010101）、（011011）、（100011）、（101101）、（110110）、（111000）。

（1）计算编码效率（假设码字等概率分布）。

（2）计算最小汉明距离。

（3）若用于检错，能检出几位错码？

（4）若用于纠错，能纠正几位错码？

**解**：（1）因为一个码字由 8 个码元构成，所以 $n = 8$。

因为码字个数为 8，即 $2^k = 8$，所以 $k = 3$。则编码效率为

$$\eta = \frac{k}{n} = \frac{3}{8}$$

（2）因为线性码的最小距离等于非零码字的最小码重。可知该线性分组码的最小距离 $d_{\min} = 3$。

（3）若用于检错，该线性分组码能检 2 位错码。

（4）若用于纠错，该线性分组码能纠正 1 位错码。

**9-5** 设线性分组码的生成矩阵为

$$G = \begin{bmatrix} 0 & 0 & 1 & 0 & 1 & 1 \\ 1 & 0 & 0 & 1 & 0 & 1 \\ 0 & 1 & 0 & 1 & 1 & 0 \end{bmatrix}$$

（1）确定 $(n, k)$ 码中的 $n$ 和 $k$；

（2）写出监督矩阵；

（3）写出该$(n,k)$码的全部码字；

（4）说明纠错能力；

（5）写出其对偶码的生成矩阵；

（6）写出缩短码和扩展码的生成矩阵。

**解：**（1）因为生成矩阵为 3 行 6 列，所以 $n=6$，$k=3$。

（2）将生成矩阵标准化

$$\boldsymbol{G} = \begin{bmatrix} 0 & 0 & 1 & 0 & 1 & 1 \\ 1 & 0 & 0 & 1 & 0 & 1 \\ 0 & 1 & 0 & 1 & 1 & 0 \end{bmatrix} \xrightarrow{\text{第1行与第2行互换}} \begin{bmatrix} 1 & 0 & 0 & 1 & 0 & 1 \\ 0 & 0 & 1 & 0 & 1 & 1 \\ 0 & 1 & 0 & 1 & 1 & 0 \end{bmatrix}$$

$$\xrightarrow{\text{第2行与第3行互换}} \begin{bmatrix} 1 & 0 & 0 & 1 & 0 & 1 \\ 0 & 1 & 0 & 1 & 1 & 0 \\ 0 & 0 & 1 & 0 & 1 & 1 \end{bmatrix}$$

在线性分组码中，标准的监督矩阵 $\boldsymbol{H}$ 和标准的生成矩阵 $\boldsymbol{G}$ 之间可以相互转换，容易得到监督矩阵为

$$\boldsymbol{H} = \begin{bmatrix} 1 & 1 & 0 & 1 & 0 & 0 \\ 0 & 1 & 1 & 0 & 1 & 0 \\ 1 & 0 & 1 & 0 & 0 & 1 \end{bmatrix}$$

（3）因为 $\boldsymbol{C} = \boldsymbol{M}\,\boldsymbol{G}$，可以得到该$(n,k)$码的全部码字为

$$（000000），（001011），（010110），（011101），$$
$$（100101），（101110），（110011），（111000）。$$

（4）线性码的最小距离等于非零码字的最小码重，可见最小距离为 3，所以可以纠正 1 位错码。

（5）对偶码的生成矩阵是原码的监督矩阵，则对偶码的生成矩阵为

$$\boldsymbol{G}_{\text{对偶}} = \begin{bmatrix} 1 & 1 & 0 & 1 & 0 & 0 \\ 0 & 1 & 1 & 0 & 1 & 0 \\ 1 & 0 & 1 & 0 & 0 & 1 \end{bmatrix}$$

（6）去掉原码生成矩阵的第 1 行和第 1 列，得到缩短码的生成矩阵为

$$\boldsymbol{G}_{\text{缩短}} = \begin{bmatrix} 0 & 0 & 1 & 0 & 1 \\ 1 & 0 & 1 & 1 & 0 \end{bmatrix}$$

因为扩展码的监督方程组就是在原码的监督方程组的基础上，增加一个对所有码元的监督方程。所以扩展码的监督矩阵为

$$\boldsymbol{H}_{\text{扩}} = \begin{bmatrix} 1 & 1 & 0 & 1 & 0 & 0 & 0 \\ 0 & 1 & 1 & 0 & 1 & 0 & 0 \\ 1 & 0 & 1 & 0 & 0 & 1 & 0 \\ 1 & 1 & 1 & 1 & 1 & 1 & 1 \end{bmatrix} \xrightarrow{\text{标准化}} \begin{bmatrix} 1 & 1 & 0 & 1 & 0 & 0 & 0 \\ 0 & 1 & 1 & 0 & 1 & 0 & 0 \\ 1 & 0 & 1 & 0 & 0 & 1 & 0 \\ 1 & 1 & 1 & 0 & 0 & 0 & 1 \end{bmatrix}$$

所以扩展码的生成矩阵为

$$\boldsymbol{G}_{\text{扩}} = \begin{bmatrix} 1 & 0 & 0 & 1 & 0 & 1 & 1 \\ 0 & 1 & 0 & 1 & 1 & 0 & 1 \\ 0 & 0 & 1 & 0 & 1 & 1 & 1 \end{bmatrix}$$

9-6 已知（7,4）线性分组码的生成矩阵为

$$G = \begin{bmatrix} 0 & 0 & 0 & 1 & 0 & 1 & 1 \\ 0 & 0 & 1 & 0 & 1 & 1 & 0 \\ 0 & 1 & 0 & 1 & 1 & 0 & 0 \\ 1 & 0 & 1 & 1 & 0 & 0 & 0 \end{bmatrix}$$

（1）写出标准的生成矩阵和监督矩阵；

（2）写出译码简表（伴随式与错码位置的对应关系）；

（3）如果接收码字为（1111111），（1010111），试计算伴随式，并进行译码；

（4）如果发送码字为（1111111），但接收码字为（1111001），计算伴随式。该伴随式表示的错码位置为什么与实际错误不同？

**解：**

（1）将生成矩阵标准化

$$G = \begin{bmatrix} 0 & 0 & 0 & 1 & 0 & 1 & 1 \\ 0 & 0 & 1 & 0 & 1 & 1 & 0 \\ 0 & 1 & 0 & 1 & 1 & 0 & 0 \\ 1 & 0 & 1 & 1 & 0 & 0 & 0 \end{bmatrix}$$

$$\xrightarrow{\text{第1行和第2行加到第4行}} \begin{bmatrix} 0 & 0 & 0 & 1 & 0 & 1 & 1 \\ 0 & 0 & 1 & 0 & 1 & 1 & 0 \\ 0 & 1 & 0 & 1 & 1 & 0 & 0 \\ 1 & 0 & 0 & 0 & 1 & 0 & 1 \end{bmatrix}$$

$$\xrightarrow{\text{第1行加到第3行}} \begin{bmatrix} 0 & 0 & 0 & 1 & 0 & 1 & 1 \\ 0 & 0 & 1 & 0 & 1 & 1 & 0 \\ 0 & 1 & 0 & 0 & 1 & 1 & 1 \\ 1 & 0 & 0 & 0 & 1 & 0 & 1 \end{bmatrix}$$

$$\xrightarrow[\text{第2行和第3行互换}]{\text{第1行和第4行互换}} G_{\text{标准}} = \begin{bmatrix} 1 & 0 & 0 & 0 & 1 & 0 & 1 \\ 0 & 1 & 0 & 0 & 1 & 1 & 1 \\ 0 & 0 & 1 & 0 & 1 & 1 & 0 \\ 0 & 0 & 0 & 1 & 0 & 1 & 1 \end{bmatrix}$$

从而得到标准的监督矩阵

$$H = \begin{bmatrix} 1 & 1 & 1 & 0 & 1 & 0 & 0 \\ 0 & 1 & 1 & 1 & 0 & 1 & 0 \\ 1 & 1 & 0 & 1 & 0 & 0 & 1 \end{bmatrix}$$

（2）对于汉明码的监督矩阵，监督子就是 $H$ 阵中与错误码元位置对应的各列。根据最小距离译码准则构建译码简表（伴随式与错误图样的对应关系），如表 9-2 所示。

表 9-2 译码简表

| 伴随式 | 错误图样 | 伴随式 | 错误图样 |
|--------|----------|--------|----------|
| （001） | （0000001） | （110） | （0010000） |
| （010） | （0000010） | （111） | （0100000） |
| （100） | （0000100） | （101） | （1000000） |
| （011） | （0001000） | （000） | 无错 |

（3）如果接收码字为（1111111），则伴随式

$$S = RH^T = (1111111)\begin{bmatrix} 1 & 1 & 1 & 0 & 1 & 0 & 0 \\ 0 & 1 & 1 & 1 & 0 & 1 & 0 \\ 1 & 1 & 0 & 1 & 0 & 0 & 1 \end{bmatrix}^T = (000)$$

所以无错，译码结果为（1111111）。

如果接收码字为（1010111），则伴随式

$$S = RH^T = (1010111)\begin{bmatrix} 1 & 1 & 1 & 0 & 1 & 0 & 0 \\ 0 & 1 & 1 & 1 & 0 & 1 & 0 \\ 1 & 1 & 0 & 1 & 0 & 0 & 1 \end{bmatrix}^T = (100)$$

根据译码简表可知错误图样为（0000100），译码结果为（1010011）。

（4）接收码字为（1111001）时，伴随式为（110），根据译码简表可知错误图样为（0010000），则译码输出码字为（1101001），与发送码字不一致，这是因为差错个数超过了该码纠错能力，未能正确译码。

9-7　某（7,3）码的生成多项式为

$$G = \begin{bmatrix} 1 & 0 & 0 & 1 & 0 & 1 & 1 \\ 0 & 1 & 0 & 1 & 1 & 1 & 0 \\ 0 & 0 & 1 & 0 & 1 & 1 & 1 \end{bmatrix}$$

写出可纠差错图样，构建译码简表。

**解：** 由生成矩阵得到监督矩阵为

$$H = \begin{bmatrix} 1 & 1 & 0 & 1 & 0 & 0 & 0 \\ 0 & 1 & 1 & 0 & 1 & 0 & 0 \\ 1 & 1 & 1 & 0 & 0 & 1 & 0 \\ 1 & 0 & 1 & 0 & 0 & 0 & 1 \end{bmatrix}$$

伴随式 $S$ 有 16 种，其中 1 种对应无错，另 15 种对应 15 种可纠差错图样。由 $S^T = e_{n-1}h_{n-1} + e_{n-2}h_{n-2} + \cdots + e_0 h_0$ 可知伴随式是 $H$ 阵中"与错误码元相对应"的各列之和。根据最小汉明距离译码，取 1 的个数最少的错误图样 $E$ 与伴随式 $S$ 对应，构造的译码简表如表 9-3 所示。因为不是完备码，伴随式与满足要求的错误图样不是一一对应的，比如伴随式为（0110）时，错误图样为（0101000）或（0010001）都可以。表中只罗列了与伴随式对应的某一种错误图样。

表 9-3　译码简表

| 伴随式 $S$ | 可纠错误图样 $E$ | 伴随式 $S$ | 可纠错误图样 $E$ |
| --- | --- | --- | --- |
| （0000） | （0000000） | （1000） | （0001000） |
| （0001） | （0000001） | （1001） | （1000010） |
| （0010） | （0000010） | （1010） | （1000001） |
| （0011） | （1001000） | （1011） | （1000000） |
| （0100） | （0000100） | （1100） | （0100010） |
| （0101） | （0010010） | （1101） | （0100011） |
| （0110） | （0010001） | （1110） | （0100000） |
| （0111） | （0010000） | （1111） | （0011000） |

9-8　已知一个（7,4）系统汉明码的监督矩阵为

$$H = \begin{bmatrix} 1 & 1 & 1 & 0 & 1 & 0 & 0 \\ 0 & 1 & 1 & 1 & 0 & 1 & 0 \\ 1 & 1 & 0 & 1 & 0 & 0 & 1 \end{bmatrix}$$

（1）写出生成矩阵；

（2）构建译码简表；

（3）写出输入信息序列为（10010111）时，编码器的输出。

**解：**

（1）由系统汉明码的监督矩阵，容易得到生成矩阵

$$G = \begin{bmatrix} 1 & 0 & 0 & 0 & 1 & 0 & 1 \\ 0 & 1 & 0 & 0 & 1 & 1 & 1 \\ 0 & 0 & 1 & 0 & 1 & 1 & 0 \\ 0 & 0 & 0 & 1 & 0 & 1 & 1 \end{bmatrix}$$

（2）对于汉明码的监督矩阵，监督子就是 $H$ 阵中与错误码元位置对应的各列。根据最小距离译码准则构建译码简表，如表9-4所示。

表9-4 译码简表

| 伴随式 $S$ | 错误图样 $E$ | 伴随式 $S$ | 错误图样 $E$ |
|---|---|---|---|
| （001） | （0000001） | （110） | （0010000） |
| （010） | （0000010） | （111） | （0100000） |
| （100） | （0000100） | （101） | （1000000） |
| （011） | （0001000） | （000） | 无错 |

（3）（7，4）线性分组码把输入的4位信息码元变成7位码元组成的码字。由 $C = MG$ 得到

$$[1001]\begin{bmatrix} 1 & 0 & 0 & 0 & 1 & 0 & 1 \\ 0 & 1 & 0 & 0 & 1 & 1 & 1 \\ 0 & 0 & 1 & 0 & 1 & 1 & 0 \\ 0 & 0 & 0 & 1 & 0 & 1 & 1 \end{bmatrix} = [1001110]$$

$$[0111]\begin{bmatrix} 1 & 0 & 0 & 0 & 1 & 0 & 1 \\ 0 & 1 & 0 & 0 & 1 & 1 & 1 \\ 0 & 0 & 1 & 0 & 1 & 1 & 0 \\ 0 & 0 & 0 & 1 & 0 & 1 & 1 \end{bmatrix} = [0111010]$$

可见，输入信息序列为（10010111）时，编码器的输出为（10011100111010）。

9-9 已知（7，3）循环码的生成多项式 $g(x) = x^4 + x^3 + x^2 + 1$。

（1）写出（7，3）循环码的生成矩阵；

（2）写出信息码组为 011 时，系统循环码的编码输出；

（3）求此码的校验多项式；

（4）写出（7，3）循环码的对偶码的生成矩阵。

**解：**

（1）因为

$$G(x) = \begin{bmatrix} x^2 g(x) \\ x g(x) \\ g(x) \end{bmatrix} = \begin{bmatrix} x^6 + x^5 + x^4 + x^2 \\ x^5 + x^4 + x^3 + x \\ x^4 + x^3 + x^2 + 1 \end{bmatrix}$$

所以
$$G = \begin{bmatrix} 1 & 1 & 1 & 0 & 1 & 0 & 0 \\ 0 & 1 & 1 & 1 & 0 & 1 & 0 \\ 0 & 0 & 1 & 1 & 1 & 0 & 1 \end{bmatrix}$$

标准化为
$$G_{标准} = \begin{bmatrix} 1 & 0 & 0 & 1 & 1 & 1 & 0 \\ 0 & 1 & 0 & 0 & 1 & 1 & 1 \\ 0 & 0 & 1 & 1 & 1 & 0 & 1 \end{bmatrix}$$

（2）$\boldsymbol{C} = \boldsymbol{MG}_{标准} = (011)\begin{bmatrix} 1 & 0 & 0 & 1 & 1 & 1 & 0 \\ 0 & 1 & 0 & 0 & 1 & 1 & 1 \\ 0 & 0 & 1 & 1 & 1 & 0 & 1 \end{bmatrix} = (0111010)$

（3）$(7,3)$ 循环码的校验多项式为 $h(x) = (x^7 + 1)/g(x) = x^3 + x^2 + 1$。

则 $(7,3)$ 循环码的循环码的监督矩阵为
$$H = \begin{bmatrix} 1 & 0 & 1 & 1 & 0 & 0 & 0 \\ 0 & 1 & 0 & 1 & 1 & 0 & 0 \\ 0 & 0 & 1 & 0 & 1 & 1 & 0 \\ 0 & 0 & 0 & 1 & 0 & 1 & 1 \end{bmatrix}$$

（4）$(7,3)$ 循环码的对偶码的生成矩阵即原码的监督矩阵为
$$G_{对偶} = \begin{bmatrix} 1 & 0 & 1 & 1 & 0 & 0 & 0 \\ 0 & 1 & 0 & 1 & 1 & 0 & 0 \\ 0 & 0 & 1 & 0 & 1 & 1 & 0 \\ 0 & 0 & 0 & 1 & 0 & 1 & 1 \end{bmatrix}$$

9-10 已知 $(7,4)$ 循环码的生成多项式 $g(x) = x^3 + x + 1$。

（1）试写出该循环码的全部码字，并写出系统循环码的生成矩阵 $\boldsymbol{G}$。

（2）当收到一个循环码字为（0010111）或（1000101）时，根据伴随式判断有无错码？哪一位错了？

**解：**（1）系统循环码的生成矩阵为
$$\begin{bmatrix} x^6 + (x^6)\bmod g(x) \\ x^5 + (x^5)\bmod g(x) \\ x^4 + (x^4)\bmod g(x) \\ g(x) \end{bmatrix} = \begin{bmatrix} x^6 + x^2 + 1 \\ x^5 + x^2 + x + 1 \\ x^4 + x^2 + x \\ x^3 + x + 1 \end{bmatrix} = \begin{bmatrix} 1 & 0 & 0 & 0 & 1 & 0 & 1 \\ 0 & 1 & 0 & 0 & 1 & 1 & 1 \\ 0 & 0 & 1 & 0 & 1 & 1 & 0 \\ 0 & 0 & 0 & 1 & 0 & 1 & 1 \end{bmatrix}$$

由 $\boldsymbol{C} = \boldsymbol{MG}$ 可得到 $(7,4)$ 循环码的全部码字为（0000000）、（0001011）、（0010110）、（0011101）、（0100111）、（0101100）、（0110001）、（0111010）、（1000101）、（1001110）、（1010011）、（1011000）、（1100010）、（1101001）、（1110100）、（1111111）。

（2）为了能够纠错，要求每个可纠正的错误图样与伴随式一一对应。用 $g(x)$ 除错误图样 $E(x)$ 所得的余式为伴随式，即 $S(x) \equiv E(x) \equiv R(x)$ 模 $g(x)$。

若错误图样 $E(x) = 0$，则伴随式 $S(x) = 0$，即无错。

若 $r_0$ 错，即 $E(x) = 1$，则 $S(x) \equiv E(x) = 1$，或 $\boldsymbol{S} = (001)$；

若 $r_1$ 错，即 $E(x) = x$，则 $S(x) \equiv E(x) = x$，或 $\boldsymbol{S} = (010)$；

若 $r_2$ 错，即 $E(x) = x^2$，则 $S(x) \equiv E(x) = x^2$，或 $\boldsymbol{S} = (100)$；

若 $r_3$ 错，即 $E(x) = x^3$，则 $S(x) \equiv E(x) = x+1$，或 $\boldsymbol{S} = (011)$；

若 $r_4$ 错，即 $E(x) = x^4$，则 $S(x) \equiv E(x) = x^2 + x$，或 $\boldsymbol{S} = (110)$；

若 $r_5$ 错，即 $E(x) = x^5$，则 $S(x) \equiv E(x) = x^2 + x + 1$，或 $\boldsymbol{S} = (111)$；

若 $r_6$ 错，即 $E(x) = x^6$，则 $S(x) \equiv E(x) = x^2 + 1$，或 $\boldsymbol{S} = (101)$。

由此得到（7,4）循环码的译码简表如表 9-5 所示。

表 9-5　循环码的译码简表

| 伴随式 $\boldsymbol{S}$ | 错误图样 $\boldsymbol{E}$ | 伴随式 $\boldsymbol{S}$ | 错误图样 $\boldsymbol{E}$ |
|---|---|---|---|
| （001） | （0000001） | （110） | （0010000） |
| （010） | （0000010） | （111） | （0100000） |
| （100） | （0000100） | （101） | （1000000） |
| （011） | （0001000） | （000） | （0000000） |

如果接收的码字为 0010111，此时接收码字的多项式为 $R(x) = x^4 + x^2 + x + 1$，由于 $g(x) = x^3 + x + 1$，则监督子 $S(x) = \dfrac{R(x)}{g(x)} = 1$，则伴随式 $\boldsymbol{S} = (001)$，所以 $r_0$ 错，则纠正接收码字的错误后，得到的码字为（0010110）。

如果接收的码字为（1000101），此时接收码字的多项式为 $R(x) = x^6 + x^2 + 1$，由于 $g(x) = x^3 + x + 1$，则监督子 $S(x) = \dfrac{R(x)}{g(x)} = 0$，则伴随式 $\boldsymbol{S} = (000)$，所以无错。

9-11　已知一个循环码的生成多项式为 $g(x) = (x+1)(x^3 + x^2 + 1)$，码长 $n=7$。

（1）计算信息位数 $k$；

（2）写出所有非全零码中的次数最低的码多项式 $C(x)$；

（3）写出该循环码为系统码时的生成矩阵；

（4）如果信息码元序列为 101 时，写出系统循环码的编码输出。

（5）如果该码用于检错，则怎样的错误图样多项式 $E(x)$ 不能被收端检出？不能检出的错误图样占全部可能图样的比例为多少？

**解：**（1）因为生成多项式 $g(x)$ 是一个 $(n-k)$ 次的码多项式，由题意可知 $n-k=4$，又因为 $n=7$，所以 $k=3$。

（2）因为次数最低的码多项式就是生成多项式，所以

$$C(x) = g(x) = (x+1)(x^3 + x^2 + 1) = x^4 + x^2 + x + 1$$

（3）系统循环码的生成矩阵为

$$\boldsymbol{G}(x) = \begin{bmatrix} x^6 + (x^6) \bmod g(x) \\ x^5 + (x^5) \bmod g(x) \\ g(x) \end{bmatrix} = \begin{bmatrix} x^6 + x^3 + x + 1 \\ x^5 + x^3 + x^2 + x \\ x^4 + x^2 + x + 1 \end{bmatrix}$$

即

$$\boldsymbol{G} = \begin{bmatrix} 1 & 0 & 0 & 1 & 0 & 1 & 1 \\ 0 & 1 & 0 & 1 & 1 & 1 & 0 \\ 0 & 0 & 1 & 0 & 1 & 1 & 1 \end{bmatrix}$$

（4）编码步骤可归纳如下：

① 用信息码元的多项式 $M(x)$ 表示信息码元。当信息码组为 101 时，信息码元多项式

$$M(x) = x^2 + 1$$

② 用 $M(x)$ 乘以 $x^{n-k}$，得到 $x^{n-k}M(x) = x^6 + x^4$。

③ 用 $g(x) = x^4 + x^2 + x + 1$ 除 $x^{n-k}M(x)$，得到余式 $b(x) = x^3 + x^2$。

④ 编出码字

$$C(x) = x^{n-k}M(x) + b(x)$$
$$= x^6 + x^4 + x^3 + x^2$$

所以编码输出为 1011100。

当信息码元序列为 101 时，也可以采用线性分组码的分析方法，用 **C=MG** 得到系统循环码的编码输出为 1011100。

（5）因为循环码在接收端以伴随式 $S(x)$ 是否为 "0" 来判别码字中有无错误。而伴随式 $S(x)$ 就是将接收码字 $R(x)$ 或者错误图样多项式 $E(x)$ 用生成多项式 $g(x)$ 去除求得的余式。所以，当错误图样多项式 $E(x)$ 能被生成多项式 $g(x)$ 整除时，错码不能被收端检出。

编码结果有 $2^k$ 种，它们都是 $g(x)$ 的倍式。信道中可能发生的错误图样共 $2^n$ 种，其中能被 $g(x)$ 整除的错误图样个数为 $2^k$。当非零的错误图样能被 $g(x)$ 整除时，译码器将报告无错，即发生错码漏检，不能被检出的错误为（$2^k - 1$）种，漏检的概率为 $\dfrac{2^k - 1}{2^n}$。本题中 $n=7$，$k=3$，所以漏检错误为 7 种，漏检的概率为 $\dfrac{7}{128}$。

**9-12** 已知 $x^{15} + 1 = (x+1)(x^2+x+1)(x^4+x^3+1)(x^4+x+1)(x^4+x^3+x^2+x+1)$

（1）码长为 15 的循环码有多少种？

（2）写出（15,2）循环码的生成多项式。

（3）写出（15,2）系统循环码的生成矩阵。

**解**：（1）因为 $(n,k)$ 循环码的生成多项式 $g(x)$ 是 $(x^n+1)$ 的一个 $(n-k)$ 次因式，而 $x^{15}+1$ 有 5 个因式，所以码长为 15 的循环码的种类有

$$C_5^1 + C_5^2 + C_5^3 + C_5^4 = 30 \text{ 种}$$

（2）（15,2）循环码的生成多项式是 $(x^{15}+1)$ 的一个 13 次因式，所以

$$g(x) = (x+1)(x^4+x^3+1)(x^4+x+1)(x^4+x^3+x^2+x+1)$$
$$= x^{13} + x^{12} + x^{10} + x^9 + x^7 + x^6 + x^4 + x^3 + x + 1$$

（3）（15,2）循环码的生成矩阵为

$$\boldsymbol{G}(x) = \begin{bmatrix} xg(x) \\ g(x) \end{bmatrix}$$

$$= \begin{bmatrix} 1 & 1 & 0 & 1 & 1 & 0 & 1 & 1 & 0 & 1 & 1 & 0 & 1 & 1 & 0 \\ 0 & 1 & 1 & 0 & 1 & 1 & 0 & 1 & 1 & 0 & 1 & 1 & 0 & 1 & 1 \end{bmatrix}$$

将生成矩阵化为标准形式，即得系统循环码的生成矩阵

$$\boldsymbol{G}_{\text{标准}} = \begin{bmatrix} 1 & 0 & 1 & 1 & 0 & 1 & 1 & 0 & 1 & 1 & 0 & 1 & 1 & 0 & 1 \\ 0 & 1 & 1 & 0 & 1 & 1 & 0 & 1 & 1 & 0 & 1 & 1 & 0 & 1 & 1 \end{bmatrix}$$

**9-13** 已知（2, 1, 2）卷积码编码器如图 9-1 所示。

（1）写出它的生成矩阵；

（2）画出树状图；

（3）如果输入信息序列为 110100…，计算它的输出码序列；

（4）如果接收码字为（10, 10, 00, 01, 00, 01, 11），试利用维特比译码算法得出译码器输出的估值码序列 $\hat{\boldsymbol{C}}$ 和信息序列 $\hat{\boldsymbol{M}}$。

（5）计算输入为 00000 和输入为 10000 所对应的两个输出路径的码距。

**解**：（1）这是一个非系统码。它的子码中的第一个码元是此时刻输入的信息元与前一个和两个单位时间输入信息元的模 2 和，第二个码元是此时刻输入的信息元与前两个单位时间输入的信息元的模 2 和。

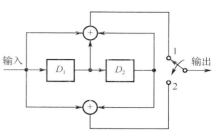

图 9-1 （2,1,2）卷积码编码器

容易得到

$$\begin{cases} c_{i,1} = m_{i-2} \oplus m_{i-1} \oplus m_i \\ c_{i,2} = m_{i-2} \oplus m_i \end{cases}$$

可写成矩阵形式

$$[c_{i,1}, c_{i,2}] = [m_{i-2}, m_{i-1}, m_i] \begin{bmatrix} 1 & 1 \\ 1 & 0 \\ 1 & 1 \end{bmatrix}$$

设编码器的初始状态全为 0，在第一信息码元 $m_0$ 和第二信息码元 $m_1$ 输入时，存在过渡过程，此时有

$$[c_{0,1}, c_{0,2}] = [m_0, 0, 0] \begin{bmatrix} 1 & 1 \\ 0 & 0 \\ 0 & 0 \end{bmatrix}$$

$$[c_{1,1}, c_{1,2}] = [m_0, m_1, 0] \begin{bmatrix} 1 & 0 \\ 1 & 1 \\ 0 & 0 \end{bmatrix}$$

因为卷积码的输入序列和输出序列之间的关系为

$$\boldsymbol{C} = \boldsymbol{M} \boldsymbol{G}_\infty$$

所以，生成矩阵为

$$\boldsymbol{G}_\infty = \begin{bmatrix} 11 & 10 & 11 & & \\ & 11 & 10 & 11 & \\ & & 11 & 10 & 11 \\ & & & \cdots & \\ & & & & \cdots \end{bmatrix}$$

（2）（2,1,2）卷积码的树状图如图 9-2 所示。

| $D_1D_2$ | 状态 |
|----------|------|
| 00 | a |
| 10 | b |
| 01 | c |
| 11 | d |

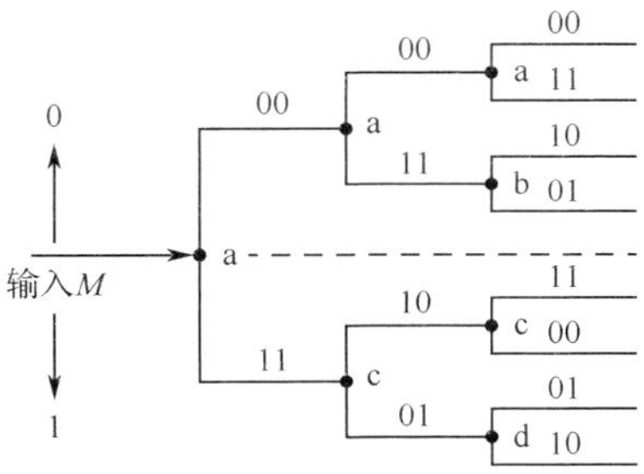

图 9-2 （2,1,2）卷积码的树状图

（3）（2,1,2）卷积码的网格图如图9-3所示。

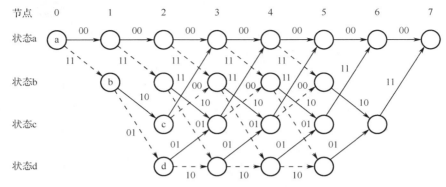

图9-3 （2,1,2）卷积码的网格图

设输入的信息序列 $M$=(1 1 0 1 0 0···)，由网格图（或生成矩阵，或树状图），可得输出码序列为 $C$=(11, 01, 01, 00, 10, 11，···)。

（4）分析网格图，在第3节点，到达状态a的路径有2条，即（00 00 00）和（11 10 11），分别计算它们与接收序列的前6个码元（10, 10, 00）的码距，得到状态a的留选路径（00 00 00）。同理得到状态b、c和d的留存路径分别为（00 11 10）、（11 10 00）、（00 10 01），如图9-4（a）所示。

第4、5、6和7节点的留选路径和对应的信息序列分别如图9-4（b）、（c）、（d）和（e）所示。

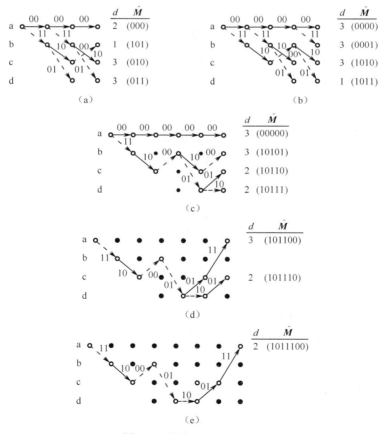

图9-4 维特比译码示意图

因此当接收码序列为（10, 10, 00, 01, 00, 01, 11）时，译码器输出的估值码序列 $\hat{\boldsymbol{C}}$ = (11, 10, 00, 01, 10, 01, 11)，信息序列 $\hat{\boldsymbol{M}}$ = (1011100)，可见通过 VB 译码，在译码过程中纠正了接收码字的 2 个错误。

（5）输入为 00000 时，考虑到 2bit 的尾比特，对应的输出为 00 00 00 00 00 00 00。输入为 10000 时，对应的输出为 11 10 11 00 00 00 00。所以两者的码距为 5。

9-14 一个递归型系统卷积（RSC）码的生成多项式矩阵为

$$\boldsymbol{G}(D) = \left[ 1, \frac{g_1(D)}{g_0(D)} \right]$$

其中逆向反馈多项式 $g_0(D) = 1 + D^2 + D^3$，前向反馈多项式 $g_1(D) = 1 + D + D^3$。试写出对应的 NSC 码的生成多项式矩阵，并画出 NSC 码和 RSC 码的编码电路图。

**解：**

该 RSC 码对应的 NSC 码的生成函数矩阵为

$$\boldsymbol{G}_2(D) = [g_0(D), g_1(D)] = [1 + D^2 + D^3, 1 + D + D^3]$$

NSC 码的编码电路如图 9-5 所示，RSC 码的编码电路如图 9-6 所示。

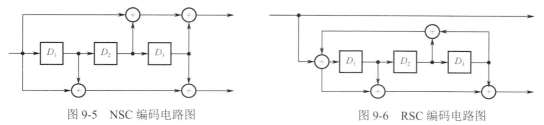

图 9-5　NSC 编码电路图　　　　　图 9-6　RSC 编码电路图

9-15 如果一个 Turbo 码的 RSC 分量码的生成多项式矩阵为

$$\boldsymbol{G}(D) = \left[ 1, \frac{1 + D^4}{1 + D + D^2 + D^3 + D^4} \right]$$

画出对应的 Turbo 码的编码电路图。

**解：** Turbo 码是一种带有内部交织器的并行级联码，它由两个结构相同的 RSC 分量码编码器并行级联而成。该 Turbo 码的编码电路如图 9-7 所示。

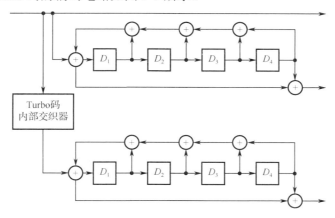

图 9-7　Turbo 码的编码电路

9-16 假定 AWGN 信道可用带宽为 1MHz，由于链路中发射机功率、天线增益和路径损耗等因素的限制，导致接收信号功率与噪声功率谱密度之比 $P_r/N_0 = 63\text{dB} \cdot \text{Hz}$，要求比特速率 $R_b = 10^6 \text{bit/s}$。试说明在保证信息的可靠传输前提条件下，是否有可能达到上述性能指标要求？

**解：** 由 $P_r/N_0 = 63\text{dB} \cdot \text{Hz}$，得到 $P_r/N_0 = 2 \times 10^6 \text{Hz}$，所以比特信噪比为

$$\frac{E_b}{N_0} = \frac{P_r}{N_0}\left(\frac{1}{R_b}\right) = 2$$

由已知条件可得频带利用率为

$$\frac{R_b}{B} = 1\text{bit/s/Hz}$$

由香农公式可得信道容量为

$$C = B\log_2\left(1 + \frac{R_b}{B}\frac{E_b}{N_0}\right) = 10^6 \times \log_2 3 = 1.585 \times 10^6 \text{bit/s}$$

可见 $R_b < C$。香农的信道编码定理指出：只要发送端以低于信道容量 $C$ 的信息速率 $R_b$ 发送信息，则存在某种编码方式，通过不可靠的信道可实现近似无差错的信息传输。因此理论上有可能达到上述性能指标要求。

**9-17** 某信源的信息速率为 28kbit/s，通过一个码率为 4/7 的循环码编码器，采用滚降系数 $\alpha=0.5$ 的根号升余弦滤波器生成基带信号，再进行 4PSK 调制。

（1）4PSK 的符号速率是多少？

（2）画出 4PSK 信号的功率谱示意图（假定载波频率为 1MHz）。

**解：**

（1）因为信息速率为 28kbit/s，通过码率为 4/7 的循环码编码器，每秒钟输出的二进制码元速率为 $28 \times \dfrac{7}{4} = 49 \text{ kBaud}$，所以 4PSK 调制的符号速率为

$$R_s = \frac{49}{\log_2 4} = 24.5 \text{ kBaud}$$

（2）因为滚降系数 $\alpha = 0.5$，由 $\dfrac{R_s}{B} = \dfrac{1}{1+\alpha}$ 可得 4PSK 信号带宽 $B = 36.75 \text{ kHz}$，所以 4PSK 信号的功率谱示意图如图 9-8 所示。

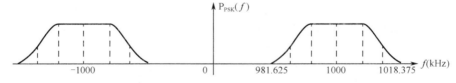

图 9-8　4PSK 信号的功率谱示意图

**9-18** 假设二进制对称信道的差错率 $p = 0.1$，当（5，1）重复码通过该信道时，译码纠错后码字错误概率为多少？信息比特错误概率（误比特率）为多少？

**解：**（5，1）重复码的纠错能力 $t=2$，译码纠错后码字错误概率为

$$P_E = \sum_{j=t+1}^{n}\binom{n}{j}p^j(1-p)^{n-j} = \binom{5}{3}\bar{p}^2p^3 + \binom{5}{4}\bar{p}p^4 + \binom{5}{5}p^5$$

$$= 10\bar{p}^2p^3 + 5\bar{p}p^4 + p^5 = 0.0086$$

对应地，经过译码器纠错后输出的信息比特错误概率为

$$P_b = \frac{1}{n}\sum_{j=2}^{n}j\binom{n}{j}p^j(1-p)^{n-j} = 0.0052$$

**9-19** 某 BPSK 数字调制系统的信道噪声为 AWGN，接收功率与单边噪声功率谱之比 $P_r/N_0 = 2000\text{Hz}$，数据速率 $R_b=200\text{bit/s}$。采用（7，4）汉明码，可以纠正长度为 7 的分组中的任意

单个错误。解调器采用硬判决。比较采用未编码或编码方案的比特错误概率 $P_b$。

**解：** 比特信噪比为

$$\frac{E_b}{N_0} = \frac{P_r}{N_0}\left(\frac{1}{R_b}\right) = 10$$

（1）不采用编码时，BPSK 调制误比特率为

$$P_b = Q\left(\sqrt{\frac{2E_b}{N_0}}\right) = Q(\sqrt{20}) \approx 3.8721 \times 10^{-6}$$

（2）采用（7, 4）汉明码，信道比特信噪比为

$$\frac{E_c}{N_0} = \frac{E_b}{N_0}\left(\frac{k}{n}\right) = 5.714$$

则解调器输出的信道比特错误概率为

$$P_c = Q\left(\sqrt{\frac{2E_c}{N_0}}\right) = Q(\sqrt{11.43}) \approx 3.6162 \times 10^{-4}$$

所以译码器输出端的信息比特错误概率为

$$P_b = \frac{1}{n}\sum_{j=2}^{n} j\binom{n}{j} P_c^j (1-P_c)^{n-j} = P_c - P_c(1-P_c)^{n-1} \approx 7.8391 \times 10^{-7}$$

**9-20** 某系统的参数如下：$P_r/N_0 = 60\text{dB}\cdot\text{Hz}$，数据速率 $R_b = 5 \times 10^4\,\text{bit/s}$，调制方式采用 16QAM，信道噪声为 AWGN，解调器采用硬判决。

（1）不采用编码，计算解调器输出的误比特率；

（2）如果采用纠错能力 $t = 1$ 的（7, 4）BCH 码，计算译码器输出的误比特率。

**解：**

（1）不采用编码时，比特信噪比为

$$\frac{E_b}{N_0} = \frac{P_r}{N_0}\left(\frac{1}{R_b}\right) = 20$$

符号信噪比为

$$\frac{E_s}{N_0} = 4\frac{E_b}{N_0} = 80$$

采用 16QAM，解调器输出的符号错误概率为

$$P_M \approx 4\left(1 - \frac{1}{\sqrt{M}}\right)Q\left(\sqrt{\frac{3}{M-1}\frac{E_s}{N_0}}\right) = 3Q(\sqrt{16}) \approx 9.5 \times 10^{-5}$$

可见，解调器输出的比特错误概率为

$$P_b \approx \frac{P_M}{\log_2 M} \approx 2.375 \times 10^{-5}$$

（2）采用（7, 4）BCH 码时，信道比特信噪比为

$$\frac{E_c}{N_0} = \frac{E_b}{N_0} \times \frac{4}{7} = 11.42857$$

符号信噪比为

$$\frac{E_s}{N_0} = 4\frac{E_c}{N_0} = 45.714$$

采用 16QAM，解调器输出的符号错误概率为

$$P_{\mathrm{M}} \approx 4\left(1 - \frac{1}{\sqrt{M}}\right)Q\left(\sqrt{\frac{3}{M-1}\frac{E_{\mathrm{s}}}{N_0}}\right) = 3Q(\sqrt{9.1429}) \approx 3.7 \times 10^{-3}$$

可见，解调器输出的比特错误概率为

$$P_{\mathrm{c}} \approx \frac{P_{\mathrm{M}}}{\log_2 M} \approx 9.25 \times 10^{-4}$$

所以信道译码器输出的比特错误概率为

$$P_{\mathrm{b}} = \frac{1}{n}\sum_{j=2}^{n} j\binom{n}{j}P_{\mathrm{c}}^{j}(1-P_{\mathrm{c}})^{n-j} = P_{\mathrm{c}} - P_{\mathrm{c}}(1-P_{\mathrm{c}})^{n-1} \approx 5.1219 \times 10^{-6}$$

9-21 由于链路中发射机功率、天线增益和路径损耗等因素的限制，导致接收信号功率与噪声功率谱密度之比 $P_{\mathrm{r}}/N_0 = 53\mathrm{dB}\cdot\mathrm{Hz}$。假定 AWGN 信道可用带宽为 4kHz，要求比特速率 $R_{\mathrm{b}} = 9.6\mathrm{kbit/s}$，误比特率 $P_{\mathrm{b}} \leqslant 10^{-9}$。如果调制技术采用 8PSK、纠错编码采用 $t = 2$ 的 $(63,51)$ BCH 码，试验证是否满足带宽和差错性能要求。

**解**：（1）验证带宽是否符合要求：

当信息比特速率 $R_{\mathrm{b}} = 9.6\mathrm{kbit/s}$，则信道比特速率为

$$R_{\mathrm{c}} = R_{\mathrm{b}} \cdot \frac{n}{k} \approx 11859 \text{ 信道比特/秒}$$

采用 8PSK 的最小传输带宽 $B_{\min} = \dfrac{R_{\mathrm{c}}}{\log_2 8} < 4\mathrm{kHz}$，所以满足可用带宽要求。

（2）验证误比特率是否满足差错性能要求：

由 $P_{\mathrm{r}}/N_0 = 53\mathrm{dB}\cdot\mathrm{Hz}$ 可知 $P_{\mathrm{r}}/N_0 = 1.9953 \times 10^5\,\mathrm{Hz}$。由 $\dfrac{P_{\mathrm{r}}}{N_0} = \dfrac{E_{\mathrm{b}}R_{\mathrm{b}}}{N_0}$ 可计算得到接收端的比特信噪比为

$$E_{\mathrm{b}}/N_0 = 20.784$$

信道比特信噪比为

$$\frac{E_{\mathrm{c}}}{N_0} = \left(\frac{k}{n}\right)\frac{E_{\mathrm{b}}}{N_0} = 16.8255$$

则符号信噪比为

$$\frac{E_{\mathrm{s}}}{N_0} = \log_2 M \frac{E_{\mathrm{c}}}{N_0} = 50.4765$$

因为 8PSK 解调器输出的误符号率为

$$P_{\mathrm{M}} \approx 2Q\left(\sqrt{\frac{2E_{\mathrm{s}}}{N_0}}\sin\frac{\pi}{M}\right) \approx 2Q(3.8450) \approx 1.2 \times 10^{-4}$$

可知解调器输出的信道比特错误概率为

$$P_{\mathrm{c}} \approx \frac{P_{\mathrm{M}}}{\log_2 M} = 4 \times 10^{-5}$$

因为 $t = 2$，可知译码器输出端的比特错误概率为

$$P_{\mathrm{b}} = \frac{1}{n}\sum_{j=t+1}^{n} j\binom{n}{j}P_{\mathrm{c}}^{j}(1-P_{\mathrm{c}})^{n-j} = \frac{1}{63}\sum_{j=3}^{n} j\binom{63}{j}(4\times10^{-5})^{j}(1-4\times10^{-5})^{63-j} \approx 1.2 \times 10^{-10}$$

可见误比特率也满足差错性能要求。

# 第2部分 模拟试题及参考答案

## "通信原理"模拟试题 1

一、填空题

1. $m(t)\cos 2\pi f_c t$ 的希尔伯特变换是＿＿＿＿＿＿＿。

2. 双边功率谱密度为 $N_0/2$ 的白噪声的自相关函数为＿＿＿＿＿＿＿。

3. 带通信号 $x(t)$ 等效基带信号为 $x_L(t)=x_c(t)+jx_s(t)$，载频为 $f_c$，则 $x(t)=$＿＿＿＿＿＿＿。

4. 如果规定 AM 广播系统中每个电台的带宽为 9kHz，则表示音频信号最高频率为＿＿＿＿＿。

5. 匹配滤波器的输出信噪比只与信号的＿＿＿＿＿有关，而与信号的具体形式无关。

6. 基带传输系统中，在获得相同的误码率下，采用单极性信号时需要的信噪比＿＿＿＿＿（大于、等于、小于）双极性信号。

7. PCM 的三步骤中，实现信号时间离散化的过程是＿＿＿＿＿＿＿。

8. 多元数字调制中，正交 MFSK 的频带利用率随进制数 $M$ 的增加而＿＿＿＿＿，抗噪声能力则随 $M$ 的增加而＿＿＿＿＿。

9. 在＿＿＿＿＿＿＿＿＿＿的条件下最大似然准则就是最佳检测准则。

10. 16PSK 信号的信号空间的维数是＿＿＿＿，而 16FSK 信号空间的维数是＿＿＿＿。

11. 将 $m(t)$ 先＿＿＿＿＿＿＿，再对载波进行 FM，即得 PM。

12. 某信源产生的消息序列由 4 种符号组成，出现概率分别为 1/8、1/8、1/4、1/2，消息序列经过 AWGN 信道进行传输，信道带宽为 7000Hz，信道输出信噪比为 511。若要保证信息可靠传输，信源每秒钟最多能产生＿＿＿＿＿个符号。

二、随机过程 $X(t) = M(t)\sin(2\pi f_c t + \theta)$，其中 $f_c$ 为常数，$\theta$ 是在 $[-\pi, \pi]$ 范围内均匀分布的随机变量，$M(t)$ 为平稳随机过程，且 $M(t)$ 与 $\theta$ 统计独立。计算该随机过程的相关函数、功率谱密度和平均功率。

三、一个 DSB 系统中的基带信号 $m(t)$ 的带宽为 5000Hz，已调信号通过噪声双边功率谱密度为 $N_0/2 = 0.5\times 10^{-15}$ W/Hz 的信道传输，载波频率为 $10^7$Hz，信道衰减为（$32.44+20\lg d+20\lg f$）dB，其中 $d$ 为发射机与接收机的距离（单位：km），$f$ 为载波频率（单位：MHz）。若要求接收机输出信噪比为 20dB，发射机距离接收机 100km，试求此发射机的发射功率应为多少？

四、二进制数字基带传输系统采用如图 1 所示的两个信号。设这两个信号等概率出现，符号间互不相关。在信道传输过程中受到 AWGN 干扰，AWGN 噪声均值为 0，功率谱密度为 $N_0/2$。

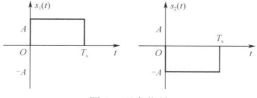

图 1 两个信号

（1）推导出该基带信号的功率谱密度，并给出第一零点带宽。

（2）给出正交归一化基函数，并画出信号星座图，说明信号空间的维数。

（3）画出最佳接收机结构，并确定判决准则。

五、某数字基带传输特性具有滚降特性，截止频率为1500Hz，其滚降系数 $\alpha = 0.5$。

（1）为了能够无码间干扰传输，系统最大符号速率应为多少？

（2）画出数字基带传输特性的示意图；

（3）如果系统以最大符号速率进行传输，那么接收机采用什么样的时间间隔抽样，可以进行无码间干扰传输？

（4）如果为16进制基带传输系统，则无码间传输时最大的信息速率为多少？

六、对4路最高频率为4000Hz的模拟信号以奈奎斯特速率进行抽样，并采用A律13折线编码，然后将这4路PCM信号与一路160kbit/s的数据进行时分多路复用，并在每帧开始处插入8bit的帧同步码，得到信息速率为 $R_b$ 的二进制序列，通过一个码率为4/7的循环码编码器，采用滚降系数 $\alpha = 0.5$ 的根号升余弦滤波器生成基带信号，再进行2PSK调制。

（1）画出时分复用得到的二进制序列的帧结构；

（2）计算信息速率 $R_b$ 和2PSK的符号速率 $R_s$；

（3）画出2PSK信号的功率谱示意图（假定载波频率为1MHz）。

七、2PSK 信号 $u_i(t) = \begin{cases} a\cos 2\pi f_c t & ，发 "1" \\ -a\cos 2\pi f_c t & ，发 "0" \end{cases}$ $0 \le t \le T_b$，通过高斯白噪声信道进行传输，带通滤波器的中心频率为 $f_c$，带宽与2PSK信号主瓣带宽相同。已知信源等概率输出"0"和"1"，信息速率为 $R_b$，信道中的高斯白噪声 $n_w(t)$ 的功率谱密度 $N_0/2$，2PSK信号采用如图2所示的相干解调接收。

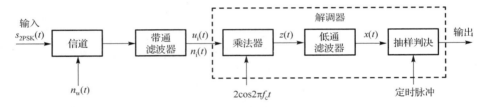

图2 相干解调接收

（1）求2PSK信号主瓣带宽；

（2）求带通滤波器输出 $n_o(t)$ 的一维概率密度；

（3）设信道传输的2PSK信号经过BPF之后产生的失真忽略不计，试推导采用如图2所示的相干解调时输出端的平均误比特率。

说明：$Q$ 函数定义为 $Q(x) = \dfrac{1}{\sqrt{2\pi}} \int_x^\infty \mathrm{e}^{-\frac{z^2}{2}} \mathrm{d}z$。

八、设载波频率为1500Hz，码元速率为1000波特，发送数字信息为10110。

（1）画出基带信号、载波信号、2PSK信号和2DPSK信号的波形；

（2）2DPSK信号采用如图3所示的解调器，试画出 $A$ 点、$B$ 点、$C$ 点和输出端的波形。并说明抽样时刻如何判决？

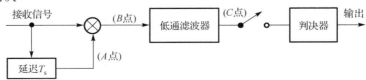

图3 2DPSK信号的解调器

九、假定 AWGN 信道可用带宽为 $5 \times 10^4 \mathrm{Hz}$，由于链路中发射机功率、天线增益和路径损耗等因素的限制，导致接收信号功率与噪声功率谱密度之比 $P_\mathrm{r}/N_0 = 60\mathrm{dB} \cdot \mathrm{Hz}$，要求比特速率 $R_\mathrm{b} = 10^5 \mathrm{bit/s}$，

（1）试说明是否有可能达到上述性能指标要求；

（2）调制方式采用 64QAM，计算解调器输出的误比特率。

说明：MQAM 的符号错误概率 $P_\mathrm{M} \approx 4\left(1 - \dfrac{1}{\sqrt{M}}\right) Q\left(\sqrt{\dfrac{3}{M-1} \cdot \dfrac{E_\mathrm{s}}{N_0}}\right)$。

十、已知 $(7,4)$ 线性分组码的生成矩阵为

$$\boldsymbol{G} = \begin{bmatrix} 0 & 0 & 0 & 1 & 0 & 1 & 1 \\ 0 & 0 & 1 & 0 & 1 & 1 & 0 \\ 0 & 1 & 0 & 1 & 1 & 0 & 0 \\ 1 & 0 & 1 & 1 & 0 & 0 & 0 \end{bmatrix}$$

（1）写出对应的监督矩阵。

（2）给出译码简表。

（3）如果接收码字为（1111111），（1010111），试计算伴随式，并进行译码。

（4）如果发送码字为（1111111），但接收码字为（1111001），计算伴随式。试回答该伴随式表示的错码位置为什么与实际错误不同？

# "通信原理" 模拟试题 1 参考答案

一、

1. $m(t)\sin 2\pi f_c t$

2. $R(\tau) = \dfrac{N_0}{2}\delta(\tau)$

3. $x_c(t)\cos 2\pi f_c t - x_s(t)\sin 2\pi f_c t$

4. 4.5kHz

5. 能量

6. 大于

7. 抽样

8. 减小，增加

9. 先验概率相等

10. 2，16

11. 微分

12. 36000

二、

均值为
$$E[X(t)] = E[M(t)\sin(2\pi f_c t + \theta)] = E[M(t)]E[\sin(2\pi f_c t+\theta)] = 0$$

相关函数为
$$R_X(t, t+\tau) = E[M(t)\sin(2\pi f_c t+\theta)M(t+\tau)\sin(2\pi f_c t + 2\pi f_c \tau + \theta)]$$
$$= E[M(t)M(t+\tau)]E[\sin(2\pi f_c t+\theta)\sin(2\pi f_c t + 2\pi f_c \tau + \theta)]$$
$$= \frac{1}{2}R_M(\tau)\cos 2\pi f_c \tau = R_X(\tau)$$

可见 $X(t)$ 是平稳随机过程。

平均功率为
$$P = R_X(0) = \frac{1}{2}R_M(0)$$

平稳随机过程的自相关函数与功率谱密度之间互为傅里叶变换，所以功率谱密度为
$$P_X(f) = \frac{1}{4}[P_M(f+f_c) + P_M(f-f_c)]$$

三、

信道衰减为 $L = 32.44 + 20\lg 100 + 20\lg 10 = 92.44\text{dB}$。

当接收机的输出信噪比为 20dB 时，$\text{SNR}_o = 100$。因为 $G=2$，则 $\text{SNR}_i = 50$。

由题目已知条件，得到噪声功率 $P_{ni} = N_0 B_{\text{DSB}} = (1\times 10^{-15})\times 10^4 = 10^{-11}\text{W}$。

则解调器的输入信号功率为 $S_i = P_{ni}\cdot \text{SNR}_i = 50\times 10^{-11}\text{W}$。

所以发射机发射功率为 $P_t = S_i\times 10^{\frac{92.44}{10}} == 50\times 10^{-11}\times 10^{\frac{92.44}{10}} = 0.87695\text{W}$。

四、

（1）根据题目已知条件，该基带信号可以表示为 $s(t) = \displaystyle\sum_{n=-\infty}^{\infty} a_n g_T(t - nT_s)$，其中 $g_T(t-nT_s) = s_1(t)$，

$\{a_n\}$ 中的各符号之间互不相关，等概地取值+1 或-1。

$\{a_n\}$ 的均值和方差分别为 $\quad m_a = E[a_n] = 0$，$\sigma_n^2 = D[a_n] = 1$

$g_T(t)$ 的幅频特性为 $\quad |G_T(f)| = AT_s \left[ \dfrac{\sin \pi f T_s}{\pi f T_s} \right]$

功率谱密度为 $\quad P_s(f) = \dfrac{\sigma_a^2}{T_s} |G_T(f)|^2 = A^2 T_s \left[ \dfrac{\sin \pi f T_s}{\pi f T_s} \right]^2$

（2）$s_1(t)$ 和 $s_2(t)$ 的标准正交基函数为

$$f_1(t) = \frac{1}{\sqrt{E_b}} s_1(t)$$

其中 $E_b = A^2 T_s$，因为

$$s_1(t) = \sqrt{E_b}\, f_1(t)，\quad s_2(t) = -\sqrt{E_b}\, f_1(t)$$

所以发送信号 $s_1(t)$ 和 $s_2(t)$ 的矢量图如图 4 所示。信号空间的维数为 1。

（3）该系统的最佳接收机如图 5 所示。

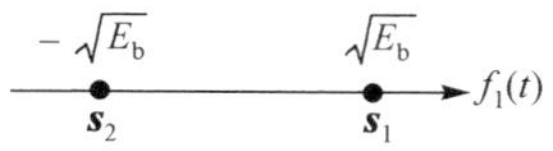

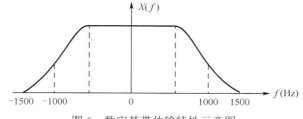

图 4　发送信号矢量图 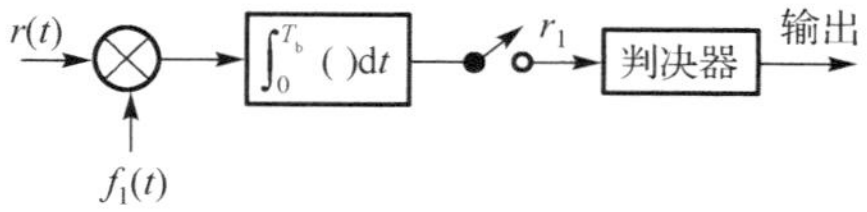　　　　　　图 5　最佳接收机

由信号矢量图，根据最小欧氏距离判决准则，可以得到判决准则为：得到 $r_1 \geq 0$ 时，判发送 $s_1$；否则判发送 $s_2$。

五、

（1）由 $\left( \dfrac{R_s}{B} \right)_{\max} = \dfrac{2}{1 + \alpha}$ Baud/Hz 可得 $(R_s)_{\max} = \dfrac{2B}{1 + \alpha} = 2000 \text{Baud}$。

（2）数字基带传输特性示意图如图 6 所示。

图 6　数字基带传输特性示意图

（3）$T_s = 1/R_s = 0.5 \text{ms}$

（4）$R_b = R_s \cdot \log_2 16 = 8000 \text{bit/s}$

六、

（1）帧结构如图 7 所示。

| | 帧同步 | 第1路 | 第2路 | 第3路 | 第4路 | 160kbit/s数据 |
|---|---|---|---|---|---|---|
| 帧结构 | 8bit | 8bit | 8bit | 8bit | 8bit | 20bit |

图 7　帧结构

（2）信息比特、信道比特和信道符号的关系如图 8 所示。

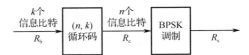

图 8　信息比特、信道比特和信道符号的关系

信息速率为 $\qquad R_b = (4 \times 8 + 8 + 20) \times 8000 = 480\text{kbit/s}$

2PSK 的符号速率

$$R_s = R_c \log_2 M = \frac{n}{k} R_b \log_2 M = \frac{7}{4} \times 480 \times \log_2 2 = 840\text{kBaud}$$

（3）由 $\dfrac{R_s}{B_{2\text{PSK}}} = \dfrac{1}{1+\alpha}$ 可得 $B_{2\text{PSK}} = 1260\text{kHz}$。

2PSK 功率谱密度示意图如图 9 所示。

图 9　2PSK 功率谱密度示意图

七、

（1）2PSK 信号主瓣带宽为 $\qquad B = \dfrac{2}{T_s} = \dfrac{2}{T_b} = 2R_b$

（2）带通滤波器输出 $n_i(t)$ 服从高斯分布，均值为 0，方差为 BPF 输出噪声功率，即

$$\sigma^2 = N_0 B_{\text{BPF}} = N_0 \cdot 2R_b$$

所以它的一维概率密度为

$$p(n) = \frac{1}{\sigma\sqrt{2\pi}} \exp[-n^2/2\sigma^2]$$

（3）发送"1"时，在抽样时刻，相干解调器输出信号瞬时值为 $a$，相干解调器输出噪声为窄带噪声的同相分量，所以噪声的平均功率为 $\sigma^2 = N_0 B_{\text{BPF}} = N_0 \cdot 2R_b$，所以发送为"1"（假设表示为 $s_1$）时，抽样值的一维概率密度为

$$p(x \mid s_1) = \frac{1}{\sigma\sqrt{2\pi}} \exp[-(x-a)^2/2\sigma^2]$$

类似地，发送为"0"（假设表示为 $s_2$）时，抽样值的一维概率密度为

$$p(x \mid s_2) = \frac{1}{\sigma\sqrt{2\pi}} \exp[-(x+a)^2/2\sigma^2]$$

假设先验等概，取最佳判决门限为 0。$x(t)$ 经抽样后的判决准则为：$x(t)$ 的抽样值 $x$ 大于 0 时，判为"1"码；$x$ 小于 0 时，判为"0"码。则有

$$P(e \mid s_1) = P(x \leqslant 0) = \int_{-\infty}^{0} p(x \mid s_1)\mathrm{d}x = Q\left(\sqrt{\frac{a^2}{\sigma^2}}\right)$$

$$P(e \mid s_2) = P(x > 0) = \int_{0}^{\infty} p(x \mid s_2)\mathrm{d}x = Q\left(\sqrt{\frac{a^2}{\sigma^2}}\right)$$

此时，2PSK 系统的误比特率表示为

$$P_b = P(s_1)P(e \mid s_1) + P(s_2)P(e \mid s_2) = Q\left(\sqrt{\frac{a^2}{\sigma^2}}\right)$$

其中，$\sigma^2 = N_0 \cdot 2R_b$。

八、

（1）基带信号、载波信号、2PSK 信号和 2DPSK 信号的波形如图 10 所示。

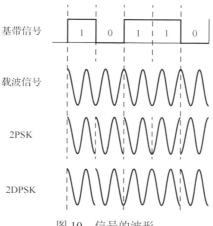

图 10　信号的波形

（2）$A$ 点、$B$ 点、$C$ 点和输出信号的波形如图 11 所示。抽样时刻判决准则为：$C$ 点信号在抽样时刻的值小于 0，则判为 1；反之判为 0。

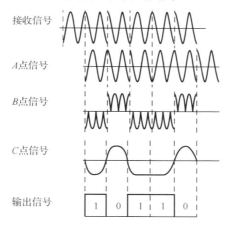

图 11　$A$ 点、$B$ 点、$C$ 点和输出信号的波形

九、

（1）由 $P_r/N_0 = 60\mathrm{dB}\cdot\mathrm{Hz}$，得到 $P_r/N_0 = 10^6\mathrm{Hz}$，所以比特信噪比为

$$\frac{E_b}{N_0} = \frac{P_r}{N_0}\left(\frac{1}{R_b}\right) = 10$$

由香农公式可得信道容量为 $C = B\lg\left(1 + \dfrac{E_b R_b}{N_0 B}\right) = 2.196 \times 10^5\,\mathrm{bit/s}$。可见 $R_b < C$。由有噪信道编码定理可知，有可能达到上述性能指标要求。

（2）符号信噪比为

$$\frac{E_s}{N_0} = 6\frac{E_b}{N_0} = 60$$

采用 64QAM，符号错误概率为

$$P_{\mathrm{M}} \approx 4\left(1 - \frac{1}{\sqrt{M}}\right)Q\left(\sqrt{\frac{3}{M-1} \cdot \frac{E_{\mathrm{s}}}{N_0}}\right) = \frac{7}{2}Q\left(\sqrt{\frac{180}{63}}\right) \approx \frac{7}{2}Q(1.7) \approx 0.1561$$

对应的比特错误概率为

$$P_{\mathrm{b}} \approx \frac{P_{\mathrm{M}}}{\log_2 M} \approx \frac{0.1561}{6} \approx 0.026$$

十、（1） $\boldsymbol{G}_{\text{标准}} = \begin{bmatrix} 1 & 0 & 0 & 0 & 1 & 0 & 1 \\ 0 & 1 & 0 & 0 & 1 & 1 & 1 \\ 0 & 0 & 1 & 0 & 1 & 1 & 0 \\ 0 & 0 & 0 & 1 & 0 & 1 & 1 \end{bmatrix}$

对应的监督矩阵为 $\boldsymbol{H} = \begin{bmatrix} 1 & 1 & 1 & 0 & 1 & 0 & 0 \\ 0 & 1 & 1 & 1 & 0 & 1 & 0 \\ 1 & 1 & 0 & 1 & 0 & 0 & 1 \end{bmatrix}$

（2）译码简表如表 1 所示。

表 1　译码简表

| 伴随式 $S_2S_1S_0$ | 错误图样 |
|---|---|
| （001） | （0000001） |
| （010） | （0000010） |
| （100） | （0000100） |
| （011） | （0001000） |
| （110） | （0010000） |
| （111） | （0100000） |
| （101） | （1000000） |
| （000） | （0000000） |

（3）接收码字为（1111111）时，伴随式为（000），则无错，所以译码结果为（1111111）。

接收码字为（1010111）时，伴随式为（100），则错误图样为 0000100，所以译码结果为 $R = C + E =$（1010011）。

（4）接收码字为（1111001）时，伴随式为（110），则错误图样为 0010000。这与实际情况不符合，因为错码个数超过了纠错能力。

# "通信原理"模拟试题 2

## 一、填空题

1. 某 SSB 信号表达式为 $s_{SSB}(t) = m(t)\cos 2\pi f_c t - \hat{m}(t)\sin 2\pi f_c t$，如果 $m(t)$ 的带宽为 1000Hz、平均功率为 1W，载频 $f_c$ 为 6000Hz，则该 SSB 信号带宽为_____Hz，等效低通表达式为_____，频谱范围为_____，SSB 信号的平均功率为_____。

2. 某 FM 信号 $s(t) = A\cos[(2\pi \times 10^6 t) + 3\cos(2000\pi t)]$，通过信道传输到达接收端，经过理想鉴频器进行解调（不考虑门限效应），则 FM 信号带宽为_____，鉴频器的信噪比增益为_____。

3. 有 3 个随机信号：$X_1(t) = A\sin(2\pi f_c t + \theta)$，$X_2(t) = M(t)\sin(2\pi f_c t + \theta)$，$X_3(t) = M(t)\sin(2\pi f_c t + \theta_0)$。其中 $A$、$f_c$、$\theta_0$ 为常数，$\theta$ 是在 $[-\pi, \pi]$ 范围内均匀分布的随机变量，$M(t)$ 为平稳随机过程，$\theta$ 与 $M(t)$ 相互独立。在这 3 个随机信号中，属于平稳随机过程的是_____。

4. 某模拟信号的抽样值为 338 量化单位，经过 $A$ 律 13 折线编码器，则输出的 8 位码为_____，量化误差为_____量化单位，对应的 12 位码为_____。

5. 如果接收信号功率为 1W，AWGN 信道噪声单边功率谱密度 $N_0 = 10^{-9}$，为了满足差错率指标，要求 $E_b/N_0 = 20\text{dB}$，则信息传输速率不大于_____。

6. 如果 MASK 星座图相邻信号点与 $\log_2 M$ 个比特正好符合格雷码编码规则，则 MASK 系统的误符号率 $P_M$ 和误比特率 $P_b$ 的关系可以表示为_____。

7. QPSK 可以看作同相和正交支路 2PSK 的叠加。设 2PSK 系统的误比特率为 $P_{b2}$，则 QPSK 的误符号率 $P_{M4}$ 可以表示为_____。

8. 如果 2PSK 和 OOK 信号的 $E_b$ 相同，通过同样的高斯白噪声信道进行传输，且接收端都采用最佳接收，则相对于 2PSK，OOK 的误符号率_____（大/小）；如果 2PSK 信号点欧氏距离和 OOK 信号点欧氏距离相同，信道条件保持不变，采用最佳接收，则相对于 2PSK，OOK 的误符号率_____。

9. 已知数字通信系统的信息传输速率为 $10^5\text{bit/s}$，如果采用 64QAM 信号进行传输，则最小理论带宽为_____；如果采用 64PAM 基带传输，波形采用不归零矩形脉冲，则第一零点带宽为_____。

10. 某频带信号的功率为 1W，则其等效低通信号的功率为_____。

11. 采用 2ASK 信号进行传输，一个码元间隔内的波形等概率取 $a\cos 2\pi f_c t$ 和 0，已知信息速率为 100bit/s，则信号平均功率为_____，平均比特能量为_____。

## 二、简答题

1. 简要说明最佳接收时常见的统计判决准则，并说明几种统计判决准则之间的关系。

2. 对于 $M$ 进制的数字通信系统，若 $M$ 增大，抗噪声性能是提高还是降低？

3. 试说明 2ASK、2PSK、4ASK、4PSK、16QAM 的抗噪声性能，哪个最差？

## 三、

有 9 路独立信源，对每路信号进行抽样、均匀量化和二进制编码得到 PCM 信号，采用时分复用的方式进行传输，已知抽样频率为 8kHz，量化级数 $M = 1024$。为了识别一帧的开始位置，在每帧开始处插入了 8bit 的帧同步码。

（1）计算 TDM-PCM 编码输出的信息速率；

（2）采用 2ASK 信号进行传输，如果基带脉冲形状采用不归零矩形脉冲，试计算 2ASK 信号的主瓣带宽；

（3）将 TDM-PCM 编码输出的二进制序列变换成 16 进制，经过基带脉冲调制器产生 16PAM 基带信号，根据奈奎斯特第一准则，信道带宽至少为多少？

（4）对 TDM-PCM 编码输出的二进制序列进行一系列处理后，送入 AWGN 信道进行传输。根据有噪信道编码定理，为了保证信息可靠传输，所需的信道带宽至少为多少？（设信道输出信噪比为 31。）

四、某数字基带系统的信道为理想带限信道，带宽为 2000Hz，现在拟采用 $M$ 进制的 PAM 方式传输信息速率为 6000bit/s 的二进制序列。请设计最佳基带传输系统。

（1）画出传输系统框图，确定进制数 $M$、滚降系数 $\alpha$。（要求进制数尽量低，滚降系数不低于 0.25 且尽量小。）

（2）画出信道中所传 PAM 信号的功率谱密度示意图。

五、2FSK 信号波形表示式为

$$s_i(t) = \begin{cases} s_1(t) = A\cos 2\pi f_1 t, & 0 \le t \le T_b \\ s_2(t) = A\cos 2\pi f_2 t, & 0 \le t \le T_b \end{cases}$$

（1）写出 $s_1(t)$ 和 $s_2(t)$ 正交的条件，得到归一化的正交基函数，画出信号星座图。

（2）在信道传输过程中受到 AWGN 干扰，试画出采用相关器的最佳接收机的结构。

（3）设发送信号 $s_i(t), i=1,2$ 等概率出现，在信道传输过程中受到 AWGN 干扰，噪声均值为 0，功率谱密度为 $N_0/2$。试推导采用最佳接收的误比特率。

六、假设电视图像的分辨率为 640×480，每个像素点用 24bit 的码组表示，每个像素点的色彩是相互独立的，每秒钟 25 帧图像，帧与帧之间也是相互独立的。在信道传输中受到均值为 0、双边功率谱密度为 $N_0/2 = 10^{-10}$ W/Hz 的加性高斯白噪声 $n_w(t)$ 的干扰，不考虑信道衰减。

（1）传输该电视图像需要的信息速率是多少？

（2）假设 AWGN 信道带宽为 $10^8$ Hz，根据有噪信道编码定理，为了保证信息的可靠传输，传输该电视图像所需的最小信号功率为多少？

（3）如果采用 BPSK 系统传输信息，已知 BPSK 系统误比特率 $P_b = Q\left(\sqrt{\dfrac{2E_b}{N_0}}\right)$。要求误比特率 $P_b \le 10^{-5}$，则发送信号功率应满足什么条件？已知 $Q(4.265) = 10^{-5}$。

七、某 2PAM 数字通信系统的最佳接收机如图 12 所示，其中输入信号为 $s_i(t), i = 1, 2$，$s_1(t) = -s_2(t)$，$s_1(t) = \begin{cases} g(t), & 0 \le t \le T \\ 0, & t > T \end{cases}$，$s_1(t)$ 的能量为 $E$；噪声 $n_w(t)$ 为高斯白噪声，单边功率谱密度为 $N_0$，匹配滤波器的单位冲激响应 $h(t) = ks_1(T - t)$。

图 12　2PAM 数字通信系统的最佳接收机

（1）当匹配滤波器的输入为 $r(t) = s_i(t) + n_w(t)$ 时，写出匹配滤波器的输出 $y(t)$ 的表达式。

（2）画出与图 12 等效的采用相关器的最佳接收机。

（3）设 $k=1$。写出发送为 $s_1(t)$ 时，抽样时刻信号瞬时值和噪声的平均功率，并写出抽样时刻的匹配滤波器的输出信噪比。

（4）设 $k=\dfrac{1}{\sqrt{E}}$，分别写出发送为 $s_1(t)$ 或 $s_2(t)$ 时，匹配滤波器在抽样时刻输出值的条件概率密度。

八、一个 DSB 调制的模拟系统，基带信号 $m(t)$ 的最高频率为 5000Hz，发射机发射功率为 20W，信道中的高斯白噪声双边功率密度谱为 $N_0/2=2\times10^{-18}\,\mathrm{W/Hz}$，信道衰减为 2dB/km。

（1）如果接收机的输出信噪比不小于 20dB，则最大传输距离为多少？

（2）如果将调制方式改为 SSB，其他条件不变，则最大传输距离为多少？

九、要求信息速率 $R_b=9.6\mathrm{kbit/s}$，误比特率 $P_b\le10^{-5}$，试在 PSK 和正交 FSK 两种调制方式中，选择符合性能要求的调制方式。

（1）假定 AWGN 信道可用带宽为 4kHz，链路预算限制 $P_r/N_0=53\mathrm{dB\cdot Hz}$；

（2）假定 AWGN 信道可用带宽为 20kHz，链路预算限制 $P_r/N_0=48\mathrm{dB\cdot Hz}$。

说明：$M$ 进制 PSK 误符号率为 $P_M\approx 2Q\left(\sqrt{\dfrac{2KE_b}{N_0}}\sin\dfrac{\pi}{M}\right)$。

$M$ 进制 FSK 误符号率为 $P_M\approx(M-1)Q\left(\sqrt{\dfrac{KE_b}{N_0}}\right)$，其中，$K=\log_2 M$。

# "通信原理"模拟试题 2 参考答案

## 一、填空题

1. 1000，$m(t)+\mathrm{j}\hat{m}(t)$，6000～7000Hz，1W

2. 8000Hz，108

3. $X_1(t)$ 和 $X_2(t)$

4. 11010101，6，001010110000

5. $10^7\mathrm{bit/s}$

6. $P_\mathrm{b} \approx \dfrac{P_\mathrm{M}}{\log_2 M}$

7. $P_\mathrm{M4}=1-(1-P_\mathrm{b2})^2$ 或者 $P_\mathrm{M4}=2P_\mathrm{b2}-P_\mathrm{b2}^2$ 或者 $P_\mathrm{M4}\approx 2P_\mathrm{b2}$

8. 大，相同

9. $\dfrac{1}{6}\times 10^5\mathrm{Hz}$，$\dfrac{1}{6}\times 10^5\mathrm{Hz}$

10. 2W

11. $a^2/4$，$a^2/400$

## 二、简答题

1. 主要准则：MAP 准则、ML 准则、最小欧氏距离准则、最大相关准则
几种准则的相互关系如图 13 所示。

图 13　几种准则的相互关系

2. （1）对于功限信号，$M$ 增大，抗噪声性能提高；
（2）对于带限信号，$M$ 增大，抗噪声性能降低。

3. 2PSK 的抗噪声性能优于 2ASK，2PSK 的抗噪声性能与 4PSK 相同，16QAM 和 4ASK 的抗噪声性能相同，4ASK 的抗噪声性能不如 2ASK，所以 4ASK 和 16QAM 的抗噪声性能最差。

三、（1）信息速率为　　　　$(9\times 10+8)\times 8000 = 7.84\times 10^5\mathrm{bit/s}$

（2）2ASK 信号的主瓣带宽为　　　　$B=2R_\mathrm{s}=2R_\mathrm{b}=1.568\times 10^6\mathrm{Hz}$

（3）信道带宽为　　　　$B_\mathrm{min}=R_\mathrm{s}/2=R_\mathrm{b}/8=98\mathrm{kHz}$

（4）因为 $R_\mathrm{b}<C=B\log_2(1+\mathrm{SNR})=5B$，所以信道带宽至少为 $1.568\times 10^5\mathrm{Hz}$。

四、（1）进制数 $M=4$、滚降系数 $\alpha=1/3$，传输系统框图如图 14 所示。

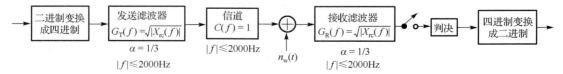

图 14　传输系统框图

（2）PAM 信号的功率谱密度示意图如图 15 所示。

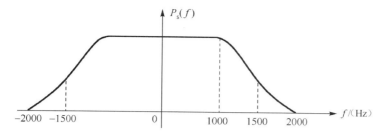

图 15　PAM 信号的功率谱密度示意图

五、

（1）当 $s_1(t)$ 或 $s_2(t)$ 正交时，$\int_0^{T_b} s_1(t)s_2(t)\mathrm{d}t = 0$，推导可得 $|f_2 - f_1| = \dfrac{k}{2T_b}$。

归一化正交基函数为

$$f_1(t) = \frac{s_1(t)}{\sqrt{E_1}} = \sqrt{\frac{2}{T_b}}\cos 2\pi f_1 t, \quad 0 \leqslant t \leqslant T_b$$

$$f_2(t) = \frac{s_2(t)}{\sqrt{E_2}} = \sqrt{\frac{2}{T_b}}\cos 2\pi f_2 t, \quad 0 \leqslant t \leqslant T_b$$

2FSK 信号的矢量表示为

$$\boldsymbol{s}_1 = [\sqrt{E_b}, 0], \qquad \boldsymbol{s}_2 = [0, \sqrt{E_b}]$$

其中 $E_b = \dfrac{A^2 T_b}{2}$。

2FSK 信号的信号星座图如图 16 所示。

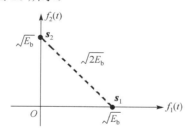

图 16　2FSK 信号的信号星座图

（2）采用相关器的最佳接收机的结构如图 17 所示。

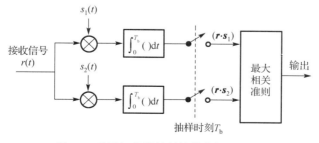

图 17　采用相关器的最佳接收机的结构

（3）如果发送为 $\boldsymbol{s}_1$，则接收信号的矢量表示为

$$\boldsymbol{r} = [r_1, r_2] = [\sqrt{E_b} + n_1, n_2]$$

此时 $(\boldsymbol{r}\cdot\boldsymbol{s}_1)=\sqrt{E_{\mathrm{b}}}(\sqrt{E_{\mathrm{b}}}+n_1)=E_{\mathrm{b}}+\sqrt{E_{\mathrm{b}}}\,n_1$，$(\boldsymbol{r}\cdot\boldsymbol{s}_2)=\sqrt{E_{\mathrm{b}}}\,n_2$。当 $(\boldsymbol{r}\cdot\boldsymbol{s}_1)<(\boldsymbol{r}\cdot\boldsymbol{s}_2)$，则判决为 $s_2$。因此

$$P(e\,|\,s_1)=P[\boldsymbol{r}\cdot\boldsymbol{s}_2>\boldsymbol{r}\cdot\boldsymbol{s}_1]=P[n_2-n_1>\sqrt{E_{\mathrm{b}}}\,]$$

$$=\int_{\sqrt{E_{\mathrm{b}}}}^{\infty}\frac{1}{\sqrt{2\pi}\cdot\sqrt{N_0}}\exp\left[-\frac{x^2}{2N_0}\right]\mathrm{d}x=Q\left(\sqrt{\frac{E_{\mathrm{b}}}{N_0}}\right)$$

同理，当发送为 $s_2$ 时，错判概率为

$$P(e\,|\,s_2)=P(\boldsymbol{r}\cdot\boldsymbol{s}_2<\boldsymbol{r}\cdot\boldsymbol{s}_1)=Q\left(\sqrt{\frac{E_{\mathrm{b}}}{N_0}}\right)$$

所以，平均误比特率为

$$P_{\mathrm{b}}=P(\boldsymbol{s}_1)P(e\,|\,s_1)+P(\boldsymbol{s}_2)P(e\,|\,s_2)=Q\left(\sqrt{\frac{E_{\mathrm{b}}}{N_0}}\right)$$

六、（1） $R_{\mathrm{b}}=25\times640\times480\times24=1.8432\times10^{8}\,\mathrm{bit/s}$

（2）由 $R_{\mathrm{b}}<C=B\log\left(1+\dfrac{P_{\mathrm{s}}}{N_0 B}\right)$，可得信号功率 $P_{\mathrm{s}}>0.02(2^{1.8432}-1)=0.0518$。

（3）$\because P_{\mathrm{b}}=Q\left(\sqrt{\dfrac{2E_{\mathrm{b}}}{N_0}}\right)$ $\therefore E_{\mathrm{b}}\geqslant 4.265^2\times10^{-10}=1.819\times10^{-9}\,\mathrm{J}$，所以信号平均功率

$$P=R_{\mathrm{b}}E_{\mathrm{b}}\geqslant 0.33528\,\mathrm{W}$$

七、（1）当输入 $r(t)=s_1(t)+n_{\mathrm{w}}(t)$ 时，匹配滤波器的输出为

$$y(t)=R_1(t-T)+n_{\mathrm{w}}(t)*h(t)$$

当输入 $r(t)=s_2(t)+n_{\mathrm{w}}(t)$ 时，匹配滤波器的输出为

$$y(t)=-R_1(t-T)+n_{\mathrm{w}}(t)*h(t)$$

其中 $R_1(\tau)$ 表示 $s_1(t)$ 的自相关函数为

$$R_1(\tau)=\int_{-\infty}^{\infty}s_1(t-\tau)s_1(t)\mathrm{d}t$$

（2）等效的采用相关器的最佳接收机如图 18 所示。

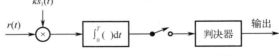

图 18　等效的采用相关器的最佳接收机

（3）设 $k=1$。当发送为 $s_1(t)$ 时，信号瞬时值为 $E$，噪声的平均功率为 $\dfrac{N_0 E}{2}$，输出信噪比为 $\dfrac{2E}{N_0}$。

（4）设 $k=\dfrac{1}{\sqrt{E}}$，当发送为 $s_1(t)$ 时，信号瞬时值为 $\sqrt{E}$，噪声的平均功率为 $\dfrac{N_0}{2}$，匹配滤波器在抽样时刻输出值的条件概率密度为

$$p(y\,|\,s_1)=\frac{1}{\sqrt{\pi N_0}}\mathrm{e}^{-\frac{(y-\sqrt{E})^2}{N_0}}$$

当发送为 $s_2(t)$ 时，信号瞬时值为 $-\sqrt{E}$，噪声的平均功率 $\dfrac{N_0}{2}$，匹配滤波器在抽样时刻输出值的条件概率密度为

$$p(y \mid s_2) = \frac{1}{\sqrt{\pi N_0}} e^{-\frac{(y+\sqrt{E})^2}{N_0}}$$

八、（1）当调制方式为 DSB 时

当接收机的输出信噪比为 20dB 时，$\mathrm{SNR_o} = 100$。因为 $G=2$，则 $\mathrm{SNR_i} = 50$。

由题目已知条件，得到噪声功率

$$P_{n_i} = N_0 B_{\mathrm{DSB}} = 4 \times 10^{-18} \times 10^4 = 4 \times 10^{-14}\,\mathrm{W}$$

则解调器的输入信号功率为

$$P_{s_i} = P_{n_i} \cdot \mathrm{SNR_i} = 2 \times 10^{-12}\,\mathrm{W}$$

因为发射机发射功率为 $P_t = 20\mathrm{W}$，所以信道衰减不大于 $10\lg \dfrac{P_t}{P_{s_i}} = 130\mathrm{dB}$。因此当信道衰减为

2dB/km 时，最大传输距离为 $130/2 = 65\mathrm{km}$。

（2）当调制方式为 SSB 时，因为 $G=1$，则 $\mathrm{SNR_i} = 100$。

解调器的输入信号功率为

$$P_{s_i} = P_{n_i} \cdot \mathrm{SNR_i} = 2 \times 10^{-12}\,\mathrm{W}$$

最大传输距离为 65km。

九、

（1）由信息速率和信道带宽得到频带利用率为

$$\frac{R_b}{B} = 2.4\mathrm{bps/Hz}$$

所以选择调制方式为 PSK。为了节省功率，需要选择满足带宽要求的进制数最小的 8PSK。

现在来验证 8PSK 是否满足误比特率要求。由 $\dfrac{P_r}{N_0} = \dfrac{E_b R_b}{N_0}$ 可得 $E_b/N_0 = 20.89$。由

$P_M \approx 2Q\left(\sqrt{\dfrac{2KE_b}{N_0}}\sin\dfrac{\pi}{M}\right)$ 可得误符号率为 $P_M \approx 1.833 \times 10^{-5}$，由 $P_b \approx \dfrac{P_M}{\log_2 M}$ 可得误比特率

$P_b \approx 6.11 \times 10^{-6}$。可见 8PSK 调制方式可以满足性能要求。

（2）如果信道带宽改为 20kHz，因为带宽较大，可选择调制方式为正交 FSK。

为了节省功率，在满足带宽要求下，通常寻找最大进制数的 FSK。因为频带利用率 $\dfrac{R_b}{B} \approx \dfrac{2\log_2 M}{M}\mathrm{bps/Hz}$，现取 $M=16$ 来验证 16FSK 是否满足误比特率的要求。

由 $\dfrac{P_r}{N_0} = \dfrac{E_b R_b}{N_0}$ 可计算得到 $E_b/N_0 = 6.57$。由 $P_M \approx (M-1)Q\left(\sqrt{\dfrac{KE_b}{N_0}}\right)$ 可得误符号率为

$P_M \approx 2.22 \times 10^{-6}$，由 $P_b = \dfrac{M/2}{M-1}P_M$ 可得误比特率 $R_b \approx 1.18 \times 10^{-6}$。可见不需要通过信道编码，16FSK 调制方式已经可以满足 $P_b \leqslant 10^{-5}$。

# "通信原理"模拟试题 3

一、选择题

1．广义平稳随机过程的均值（　　　）。

A．是时间的函数 　　　B．与时间无关 　　　C．与时间差有关 　　　D．与时间差无关

2．窄带高斯噪声的随机包络为（　　　）。

A．高斯分布 　　　B．均匀分布 　　　C．莱斯分布 　　　D．瑞利分布

3．一个无码间干扰的数字基带传输系统，若传输的符号速率不变，但将二电平传输改为四电平传输，则（　　　）。

A．传输带宽增加一倍 　　　　　　B．传输带宽不变

C．传输带宽减少一半 　　　　　　D．传输带宽增加一半

4．下面几种模拟调制中，有效性最好的是（　　　）。

A．调频 　　　B．双边带调制 　　　C．单边带调制 　　　D．残留边带调制

5．两个纠错编码的码字间不同码元的个数称为（　　　）。

A．汉明距离 　　　B．霍夫曼距离 　　　C．香农距离 　　　D．欧氏距离

二、填空题

1．均值为零、方差为 $\sigma^2$ 的窄带平稳高斯过程的同相分量和正交分量的方差为_____。

2．能量信号 $f(t)$ 的频谱函数为 $F(f)$，则其能量谱密度为_____。

3．功率谱密度为 $N_0/2$ 的白噪声的自相关函数为_____。

4．功率谱密度为 $N_0/2$ 的加性高斯白噪声经过带宽为 $B$、中心频率为 $f_0$ 的理想带通滤波器后，其平均功率为_____，概率密度函数为_____。

5．通信系统主要由发信机、收信机和_____三部分组成。

6．均匀量化 PCM 中，抽样频率为 8kHz，输入为均匀分布信号，若编码速率由 48kbit/s 增加到 64 kbit/s，则量化信噪比可改善_____dB。

7．PCM30/32 系统的比特速率为_____。

8．匹配滤波器输出信噪比的最大值为_____。

9．正交幅度调制是同时对载波的_____和_____进行控制。

10．在 4FSK 传输系统中，信号空间共有_____个基信号。

11．某线性分组码的最小距离为 7，若将其用于纠错，则可纠_____位差错；若将其用于检错，则可检_____位差错。

12．（15, 11）循环码，其生成多项式的次数为_____。

三、二进制数字基带传输系统，采用如图 19 所示的两个相互正交的信号。信道为 AWGN 信道，噪声双边功率谱密度为 $N_0/2$。

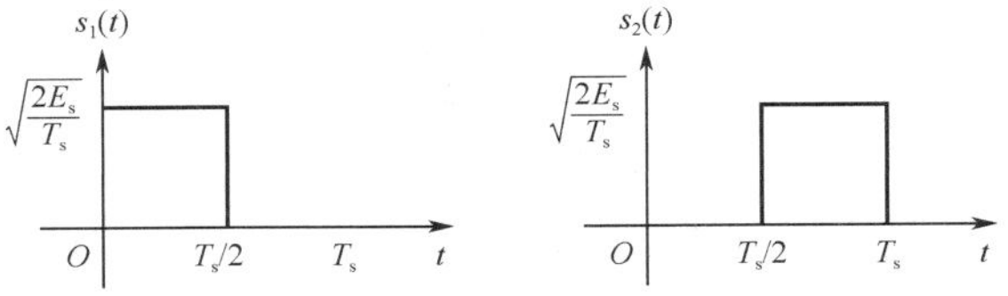

图 19　两个相互正交的信号

（1）给出正交归一化基函数，说明信号空间的维数，并画出信号星座图；

（2）画出采用匹配滤波器的接收机的模型框图，并画出匹配滤波器的冲激响应。

四、PCM 电话传输系统，抽样频率为 8kHz，采用 $A$ 律 13 折线量化编码。若将 16 路数字话音信号进行时分复用后传输，每帧开始处插入 8 比特的同步码。

（1）假设输入话音信号电压的范围为-1.024～+1.024V，若信号样值为+0.298V，写出量化编码得到的码字；

（2）计算复用数据流的比特速率；

（3）若采用 4PAM 基带传输，信道带宽为 408kHz，采用升余弦滚降频谱信号实现无码间干扰传输，求滚降系数 $\alpha$。

五、某采用上边带 SSB 调制的有线模拟传输系统，载波频率为 100kHz，调制信号 $m(t)$ 的最高频率为 5kHz。发送机的发送功率为 20W。信道噪声为双边功率谱密度为 $N_0/2=2\times10^{-18}$W/Hz 的加性高斯白噪声。有线信道的衰耗为 10dB/km。试求：

（1）接收机输入端理想带通滤波器的幅频特性 $|H(f)|$；

（2）若要求接收机的输出信噪比不小于 30dB，允许的最大传输距离为多少？

（3）若改用 DSB 调制，发送功率和信道损耗特性不变，则最大传输距离又为多少？

六、(7,4) 汉明码的生成矩阵为

$$G = \begin{bmatrix} 1 & 0 & 0 & 0 & 1 & 1 & 1 \\ 0 & 1 & 0 & 0 & 1 & 1 & 0 \\ 0 & 0 & 1 & 0 & 1 & 0 & 1 \\ 0 & 0 & 0 & 1 & 0 & 1 & 1 \end{bmatrix}$$

（1）给出相应的校验生成矩阵 $H$；

（2）写出当信息组为[0 1 1 0]时的编码码字；

（3）给出采用伴随式译码时的译码简表；

（4）当输入序列为 $y$ =[1 1 0 1 0 0 1]时，给出译码输出的码字和对应的信息序列。

七、某数字通信系统，采用 2PSK 调制方式，数据传输速率为 $R_b$=1Mbit/s。噪声为加性高斯白噪声，功率谱密度为 $N_0/2=1\times10^{-18}$W/Hz。路径传输损耗为 120dB。接收机采用匹配滤波器相干接收，要求误比特率达到 $10^{-4}$。

（1）发送机的发射功率至少为多少？

（2）若采用滚降系数为 0.6 的升余弦滚降传输特性实现无码间干扰传输，请问信道带宽至少应为多少？

（3）若改用 QPSK 调制方式，其他条件不变，需要的带宽和发送功率又为多少？（提示：2PSK 和 QPSK 的误比特率公式都为 $P_{\text{eb}} = Q(\sqrt{2E_b/N_0})$。）

八、某信源产生的消息由 7 种符号组成，其中 3 种符号的出现概率为 1/8，2 种符号的出现概率为 1/16，2 种符号的出现概率为 1/4，消息序列中各符号相互独立。消息经过加性高斯白噪声信道传输，噪声双边功率谱密度为 $N_0/2=5\times10^{-17}$W/Hz，信道带宽为 1kHz。

（1）求信源的熵 $H(x)$；

（2）若接收机接收信号功率为 $1\times10^{-10}$W，则在信息可靠传输的条件下，信源每秒钟最多可产生多少个符号？

# "通信原理"模拟试题3参考答案

一、选择题

1. B　　　2. D　　　3. B　　　4. C　　　5. A

二、填空题

1. $\sigma^2$　　　2. $|F(f)|^2$　　　3. $\dfrac{N_0}{2}\delta(\tau)$　　　4. $N_0B$，$\dfrac{1}{\sqrt{2\pi N_0 B}}\mathrm{e}^{-\frac{n^2}{2N_0 B}}$

5. 信道　　　6. 12　　　7. 2.048Mbit/s　　　8. $\dfrac{2E_s}{N_0}$

9. 幅度，相位　　10. 4　　　11. 3，6　　　12. 4

三、（1）$s_1(t)$与$s_2(t)$相互正交，$f_1(t)=\dfrac{s_1(t)}{\sqrt{E_s}}$，$f_2(t)=\dfrac{s_2(t)}{\sqrt{E_s}}$。

标准基函数如图20所示。

信号空间为二维，星座图如图21所示。

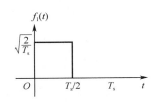

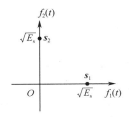

图20　标准基函数　　　　　　　　图21　星座图

（2）接收机模型框图如图22所示。

单位冲激响应$h_1(t)=f_1(T_s-t)$，$h_2(t)=f_2(T_s-t)$如图23所示。

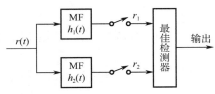

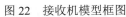

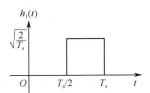

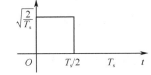

图22　接收机模型框图　　　　　　图23　单位冲激响应

四、（1）$\varDelta=\dfrac{1.024}{2048}=5\times10^{-4}\,\mathrm{V}=0.5\mathrm{mV}$

$v_s=+\dfrac{0.298}{5\times10^{-4}}\varDelta=+596\varDelta$

$\because v_s>0$　$\therefore C_7=1$

$\because 512\varDelta\leqslant|v_s|<1024\varDelta$　$\therefore C_6C_5C_4=110$

$\because \left\lfloor\dfrac{|v_s|-512\varDelta}{32\varDelta}\right\rfloor=2$　$\therefore C_3C_2C_1C_0=0010$

码字为11100010。

（2） $R_{\mathrm{b}} = (16 \times 8 + 8) \times f_{\mathrm{s}} = (16 \times 8 + 8) \times 8 = 1088\mathrm{kbit/s}$

（3） $R_{\mathrm{s}} = \dfrac{R_{\mathrm{b}}}{\log_2 4} = \dfrac{1088}{2} = 544\mathrm{kBaud}$

$$B = \frac{(1 + \alpha)R_{\mathrm{s}}}{2} \Rightarrow \alpha = \frac{2B}{R_{\mathrm{s}}} - 1 = \frac{2 \times 408}{544} - 1 = 0.5$$

五、（1）SSB 信号的带宽为 $B = f_{\mathrm{m}} = 5\mathrm{kHz}$ ，频带范围为 100～105kHz，BPF 的幅频特性为

$$|H(f)| = \begin{cases} 1, & 100 \leqslant |f| < 105 \\ 0, & \text{其他} \end{cases}。$$

（2） $\left(\dfrac{S}{N}\right)_{\mathrm{i}} = \left(\dfrac{S}{N}\right)_{\mathrm{o}} \div G_{\mathrm{SSB}} = 1000 \div 1 = 1000$

接收机输入噪声功率为

$$P_{n_{\mathrm{i}}} = \frac{N_0}{2} \times B \times 2 = 2 \times 10^{-18} \times 5 \times 10^3 \times 2 = 2 \times 10^{-14}\,\mathrm{W}$$

接收机输入信号功率为

$$P_{s_{\mathrm{i}}} = \left(\frac{S}{N}\right)_{\mathrm{i}} \times P_{n_{\mathrm{i}}} = 1000 \times 2 \times 10^{-14} = 2 \times 10^{-11}\,\mathrm{W}$$

传输衰耗为

$$L_{\mathrm{t}} = \frac{P_{\mathrm{t}}}{P_{s_{\mathrm{i}}}} = \frac{20}{2 \times 10^{-11}} = 1 \times 10^{-12} = 120\mathrm{dB}$$

最大传输距离为

$$d = \frac{L_{\mathrm{t}}}{20} = \frac{120}{10} = 12\mathrm{km}$$

（3）DSB 调制的抗噪声性能与 SSB 调制相同，在相同的发送功率和信道条件下，传输距离相同，同为 12km。

六、（1）校验矩阵为

$$\boldsymbol{H} = \begin{bmatrix} 1 & 1 & 1 & 0 & 1 & 0 & 0 \\ 1 & 1 & 0 & 1 & 0 & 1 & 0 \\ 1 & 0 & 1 & 1 & 0 & 0 & 1 \end{bmatrix}$$

（2） $\boldsymbol{c} = \boldsymbol{mG} = \begin{bmatrix} 0 & 1 & 1 & 0 \end{bmatrix} \begin{bmatrix} 1 & 0 & 0 & 0 & 1 & 1 & 1 \\ 0 & 1 & 0 & 0 & 1 & 1 & 0 \\ 0 & 0 & 1 & 0 & 1 & 0 & 1 \\ 0 & 0 & 0 & 1 & 0 & 1 & 1 \end{bmatrix} = \begin{bmatrix} 0 & 1 & 1 & 0 & 0 & 1 & 1 \end{bmatrix}$

（3）译码简表如表 2 所示。

表 2　译码简表

| $e$ | $s$ |
| --- | --- |
| （0000000） | （000） |
| （0000001） | （001） |
| （0000010） | （010） |
| （0000100） | （100） |
| （0001000） | （011） |
| （0010000） | （101） |
| （0100000） | （110） |
| （1000000） | （111） |

（4）$\boldsymbol{s} = \boldsymbol{Hy}^{\mathrm{T}} = \begin{bmatrix} 1 & 1 & 1 & 0 & 1 & 0 & 0 \\ 1 & 1 & 0 & 1 & 0 & 1 & 0 \\ 1 & 0 & 1 & 1 & 0 & 0 & 1 \end{bmatrix} \begin{bmatrix} 1 \\ 1 \\ 0 \\ 1 \\ 0 \\ 0 \\ 1 \end{bmatrix} = \begin{bmatrix} 0 \\ 1 \\ 1 \end{bmatrix}$

错误图案为 $\boldsymbol{e} = \begin{bmatrix} 0 & 0 & 0 & 1 & 0 & 0 & 0 \end{bmatrix}$

译码输出码字和信息序列分别为

$\hat{\boldsymbol{c}} = \boldsymbol{y} + \boldsymbol{e} = \begin{bmatrix} 1 & 1 & 0 & 0 & 0 & 0 & 1 \end{bmatrix}$，$\hat{\boldsymbol{m}} = \begin{bmatrix} 1 & 1 & 0 & 0 \end{bmatrix}$。

七、（1）$P_{\mathrm{eb}} = Q\left(\sqrt{\dfrac{2E_{\mathrm{b}}}{N_0}}\right) = 10^{-4} \Rightarrow \sqrt{\dfrac{2E_{\mathrm{b}}}{N_0}} = 3.719 \Rightarrow \dfrac{E_{\mathrm{b}}}{N_0} = 6.915$

$$E_{\mathrm{b}} = \frac{E_{\mathrm{b}}}{N_0} \times N_0 = 6.915 \times 2 \times 10^{-18} = 1.383 \times 10^{-17}\,\mathrm{J}$$

接收信号功率为

$$P_{\mathrm{r}} = \frac{E_{\mathrm{b}}}{T_{\mathrm{b}}} = E_{\mathrm{b}} \times R_{\mathrm{b}} = 1.383 \times 10^{-17} \times 1 \times 10^{6} = 1.383 \times 10^{-11}\,\mathrm{W}$$

发送功率为 $\qquad P_{\mathrm{t}} = P_{\mathrm{r}} L_{\mathrm{t}} = 1.383 \times 10^{-11} \times 10^{12} = 13.83\,\mathrm{W}$

（2）$B_{\mathrm{2PSK}} = 2 \times \dfrac{(1+\alpha)R_{\mathrm{s}}}{2} = (1+0.6) \times 10^{6} = 1.6 \times 10^{6}\,\mathrm{Hz}$

（3）采用 QPSK 调制时，

$$R_{\mathrm{s}} = \frac{R_{\mathrm{b}}}{2} = 6 \times 10^{5}\,\mathrm{Baud}$$

带宽为 $\qquad B_{\mathrm{QPSK}} = 2 \times \dfrac{(1+\alpha)R_{\mathrm{s}}}{2} = 8 \times 10^{5}\,\mathrm{Hz}$

在相同的 $\dfrac{E_{\mathrm{b}}}{N_0}$ 下，QPSK 与 BPSK 误码性能相同。由于数据速率不变，故接收信号功率不变，则发送功率也不变，仍为 13.83W。

八、（1）$H(X) = 3 \times \dfrac{1}{8} \times \log_2 8 + 2 \times \dfrac{1}{16} \times \log_2 16 + 2 \times \dfrac{1}{4} \times \log_2 2 = \dfrac{21}{8} = 2.625$ 比特/符号

（2）信道容量为

$$C = B\log_2\left(1 + \frac{S}{N}\right) = B\log_2\left(1 + \frac{S}{N_0 B}\right) = 10^{3} \times \log_2\left(1 + \frac{10^{-10}}{2 \times 5 \times 10^{-17} \times 10^{3}}\right) = 9.967 \times 10^{3}\,\mathrm{bit/s}$$

符号速率为

$$R_{\mathrm{s}} \leqslant \frac{C}{H(X)} = \frac{9.967 \times 10^{3}}{2.625} = 3.797 \times 10^{3}\,\mathrm{Baud}$$

即信源每秒钟可产生 3797 个符号。

# "通信原理" 模拟试题 4

一、选择题

1. 广义平稳随机过程的自相关函数（　　　）。

A. 是时间的函数　　　B. 与时间有关　　　C. 与时间差有关　　　D. 与时间差无关

2. 以下关于循环码不正确的描述是（　　　）。

A. 循环码中的码字可以通过一个码字循环移位得到

B. 循环码中的任一码字循环移位后得到另一个码字

C. 循环码是线性分组码

D. 循环码也可以是系统码

3. 数字基带信号的功率谱中（　　　）。

A. 离散谱总是存在　　　　　　　　　　　　　B. 连续谱有时不存在

C. 连续谱、离散谱可能都不存在　　　　　　　D. 连续谱总是存在

4. 下面几种二元数字调制方式在均采用相干解调和相同的 $E_b/N_0$ 下，误码率最低的是（　　　）。

A. 2ASK　　　　　　B. 2PSK　　　　　　C. 2DPSK　　　　　　D. 2FSK

5. 在几种模拟调制中，必须采用相干解调的是（　　　）。

A. 普通调幅　　　　B. 调频　　　　C. 单边带调制　　　　D. 调相

二、填空题

1. 窄带高斯噪声的随机相位为_____分布。

2. 某功率信号的功率谱密度为 $P(f)$，则其平均功率为_____。

3. 已知带通信号 $x(t)$ 的中心频率为 $f_c$，复包络为 $x_L(t)$，则 $x(t)$=_____。

4. 信源输出消息的平均信息量称为信源的_____。

5. FM 系统可靠性的提高是靠降低_____换来的。

6. 脉冲编码调制的三个过程中，抽样实现信号_____离散化。

7. E1 系统中，一帧由____个时隙组成，每时隙有____比特。

8. 匹配滤波器是在高斯白噪声干扰下，_____意义下的最佳线性滤波器。

9. 在多元数字调制中，MFSK 的频带利用率随进制数 $M$ 的增加而_____，抗噪声能力则随 $M$ 的增加而_____。

10. 16QAM 传输系统中，信号空间的维数为_____。

11. 某二进制线性分组码，若其校验矩阵行数为 7，列数为 31，则其生成矩阵的行数为_____，码率为_____。

12. 差错控制系统有三种形式，分别是反馈重传、_____、混合纠错。

三、通过电话信道进行传真通信，传输灰度图像。假设图像尺寸为 1200 像素×800 像素，每个像素有 16 个灰度等级，每个灰度出现等概，像素间不相关。电话信道为加性高斯白噪声信道，传输频带为 300～3400Hz，噪声单边功率谱密度为 $N_0 = 1×10^{-16}$W/Hz，信号功率为 $1×10^{-9}$W。

（1）信道容量为多少？

（2）理论上能否在一分钟之内传完一幅图像？

四、二进制数字基带传输系统使用曼彻斯特码进行传输，信号波形如图 24 所示。信道为 AWGN 信道，噪声双边功率谱密度为 $N_0/2$。

（1）给出正交归一化基函数，说明信号空间的维数，并画出信号星座图；

（2）分别画出采用相关器和匹配滤波器的接收机的模型框图，并绘出匹配滤波器的冲激响应。

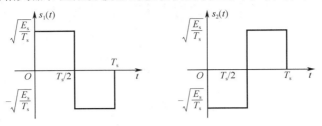

图 24    信号波形

五、一宽带调频系统，载波振幅为 20 V，载波频率为 $f_c$，调制信号为 $m(t) = 5\cos(3 \times 10^4 \pi t)$，最大频偏为 135kHz。信道噪声为加性高斯白噪声，双边功率谱密度为 $N_0/2 = 1 \times 10^{-16}$W/Hz。信道衰减为 110dB。试求：

（1）调频指数 $\beta_{FM}$ 和调频灵敏度 $k_{FM}$；

（2）调频波的卡森带宽；

（3）已调信号的表达式；

（4）解调器的输出信噪比。

六、某 8 路 PCM 时分复用系统，每路输入模拟音频信号的最高频率 $f_m$ 为 10kHz，按奈奎斯特速率进行抽样，并采用 $A$ 律 13 折线量化编码。合路信号每帧开始处插入 4 比特的同步码。

（1）若量化器的量化范围为 1.024V，试写出−77mV 的信号样值的编码码字；

（2）求合路数据流的比特速率；

（3）若采用四元基带传输，采用升余弦滚降传输特性，若滚降系数为 0.4，则信道带宽至少应为多少？

七、一数字微波通信系统，采用 2FSK 调制方式，数据传输速率为 $R_b$=2Mbit/s，发送功率为 50W。信道噪声为加性高斯白噪声，双边功率谱密度 $N_0/2 = 1 \times 10^{-17}$W/Hz，信道衰耗为 $80 + 20\lg d$(dB)，其中 $d$ 为传输距离（单位：km）。接收机采用相干（匹配滤波器）接收，要求接收误比特率不大于 $10^{-5}$。

（1）若采用矩形基带信号，载波间隔为 $R_b$，则已调信号带宽为多少？

（2）在无码间干扰和保持两载波正交的条件下，传输信道的最小带宽为多少？

（3）试求满足误码性能要求的最大传输距离。（提示：采用相干匹配滤波接收时，2FSK 的误比特率公式为 $P_{eb} = Q(\sqrt{E_b/N_0})$。）

八、(7,4) 二进制循环码的生成多项式为 $g(x) = x^3 + x^2 + 1$。

（1）给出该码的校验多项式 $h(x)$；

（2）给出当信息为[0 1 1 1]时的信息多项式 $m(x)$，以及对应的系统码形式的码多项式和码字；

（3）若译码器输入为[1 1 0 0 0 1 0]，计算其对应的伴随多项式，并判断该输入是不是码字。

# "通信原理"模拟试题4参考答案

## 一、选择题

1. C          2. A          3. D          4. B          5. C

## 二、填空题

1. 均匀          2. $\int_{-\infty}^{\infty} P(f)\mathrm{d}f$          3. $\mathrm{Re}[x_\mathrm{L}(t)\mathrm{e}^{\mathrm{j}2\pi f_c t}]$          4. 熵

5. 有效性          6. 时间          7. 32，8          8. 最大输出信噪比

9. 下降，提高          10. 2          11. 24，$\dfrac{24}{31}$          12. 前向纠错

## 三、

（1）$C = B\log_2\left(1+\dfrac{S}{N}\right) = B\log_2\left(1+\dfrac{S}{N_0 B}\right) = 3100\times\log_2\left(1+\dfrac{1\times10^{-9}}{1\times10^{-16}\times3100}\right) = 3.613\times10^4\,\mathrm{bit/s}$

（2）每像素的信息量为          $I_{\mathrm{pix}} = \log_2 16 = 4\ \text{比特/像素}$

每幅图像的信息量为          $I = 1200\times800\times I_{\mathrm{pix}} = 1200\times800\times4 = 3.84\times10^6\,\mathrm{bit}$

传输一副图像的最短时间为          $T_{\min} = \dfrac{I}{C} = \dfrac{3.84\times10^6}{3.613\times10^4} = 106.28 > 60\mathrm{s}$

不能1分钟内传完一幅图像。

## 四、

（1）$s_2(t) = -s_1(t)$，信号空间为一维。标准基信号为 $f(t) = \dfrac{s_1(t)}{\sqrt{E_s}}$，如图25所示。

信号星座图如图26所示。

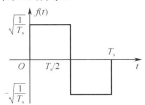

图25　标准基信号

图26　信号星座图

（2）相关器接收机如图27所示。

匹配滤波器接收机如图28所示。

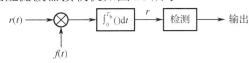

图27　相关器接收机

图28　匹配滤波器接收机

匹配滤波器的冲激响应为 $h(t) = f(T_s - t)$，如图29所示。

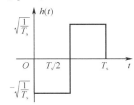

图29　匹配滤波器的冲激响应

五、（1）$\beta_{FM} = \dfrac{\Delta f}{f_m} = \dfrac{135}{15} = 9$

$$k_{FM} = \dfrac{\Delta f}{A_m} = \dfrac{135}{5} = 27 \text{kHz/V}$$

（2）$B_{FM} = 2(\beta_{FM} + 1)f_m = 2 \times (9+1) \times 15 = 300 \text{kHz}$

（3）$s_{FM}(t) = 20\cos(2\pi f_c t + 27\sin(3 \times 10^4 \pi t))$

（4）$G_{FM} = 3(\beta_{FM} + 1)\beta_{FM}^2 = 3 \times (9+1) \times 9^2 = 2430$

接收机输入信号功率为 $\quad P_{s_i} = \dfrac{P_t}{L_t} = \dfrac{A_c^2}{2L_t} = \dfrac{20^2}{2 \times 10^{-11}} = 2 \times 10^{-9} \text{W}$

接收机输入噪声功率为 $\quad P_{n_i} = \dfrac{N_0}{2} \times B_{FM} \times 2 = 1 \times 10^{-16} \times 3 \times 10^5 \times 2 = 6 \times 10^{-11} \text{W}$

输入信噪比为 $\quad\quad\quad\quad \left(\dfrac{S}{N}\right)_i = \dfrac{P_{s_i}}{P_{n_i}} = \dfrac{100}{3}$

输出信噪比为 $\quad\quad\quad\quad \left(\dfrac{S}{N}\right)_o = \left(\dfrac{S}{N}\right)_i \times G_{FM} = \dfrac{100}{3} \times 2430 = 81000$

六、（1）$\varDelta = \dfrac{1.024}{2 \times 2048} = 2.5 \times 10^{-4} \text{V} = 0.25 \text{mV}$

$v_s = -\dfrac{77}{0.25}\varDelta = -308\varDelta$

$\because v_s < 0 \quad \therefore C_7 = 0$

$\because 256\varDelta \leqslant |v_s| < 512\varDelta \quad \therefore C_6 C_5 C_4 = 101$

$\because \left\lfloor \dfrac{|v_s| - 256\varDelta}{16\varDelta} \right\rfloor = 3 \quad \therefore C_3 C_2 C_1 C_0 = 0011$

码字为 01010011。

（2）$f_s = 2f_m = 20 \text{kHz}$，$R_b = (8 \times 8 + 4) \times f_s = (8 \times 8 + 4) \times 20 = 1360 \text{kbit/s}$

（3）$R_s = \dfrac{R_b}{\log_2 4} = \dfrac{1360}{2} = 680 \text{kBaud}$

$$B = \dfrac{(1+\alpha)R_s}{2} = \dfrac{(1+0.4) \times 680}{2} = 476 \text{kHz}$$

七、（1）$B_{2PSK} = \Delta f + 2R_s = R_b + 2R_b = 6 \text{MHz}$

（2）无码间干扰时基带信号的最小带宽为 $B_b = \dfrac{R_b}{2} = 1 \text{MHz}$，保持载波正交的最小载波频率间

隔为 $\Delta f = \dfrac{R_b}{2} = 1 \text{MHz}$，因此 2FSK 信号的最小带宽为

$$B_{2PSK\_min} = \Delta f + 2B_b = \dfrac{R_b}{2} + 2 \times \dfrac{R_b}{2} = 3 \text{MHz}$$

（3）$P_{eb} = Q\left(\sqrt{\dfrac{E_b}{N_0}}\right) = 10^{-5} \Rightarrow \sqrt{\dfrac{E_b}{N_0}} = 4.265 \Rightarrow \dfrac{E_b}{N_0} = 18.19$

$$E_b = \dfrac{E_b}{N_0} \times N_0 = 18.19 \times 1 \times 10^{-17} \times 2 = 3.638 \times 10^{-16} \text{J}$$

接收信号功率为 $\quad P_r = \dfrac{E_b}{T_b} = E_b \times R_b = 3.638 \times 10^{-16} \times 2 \times 10^6 = 7.276 \times 10^{-10} \text{W}$

允许的最大信道衰耗为　$L_t = \dfrac{P_t}{P_r} = \dfrac{50}{7.276 \times 10^{-10}} = 6.827 \times 10^{10} = 108.37\text{dB}$

最大传输距离为　$d = 10^{(L_t - 80)/20} = 10^{(108.37 - 80)/20} = 26.21\text{km}$

八、（1）$h(x) = \dfrac{x^7 + 1}{g(x)} = x^4 + x^3 + x^2 + 1$

（2）$m(x) = x^2 + x + 1$

$r(x) = x^3 m(x) \; [\bmod \, g(x)] = x^5 + x^4 + x^3 \; [\bmod \, g(x)] = 1$

$c(x) = x^3 m(x) + r(x) = x^5 + x^4 + x^3 + 1$

码字为[0 1 1 1 0 0 1]。

（3）$y(x) = x^6 + x^5 + x$

伴随式多项式 $s(x) = y(x) \; [\bmod \, g(x)] = x^2 + x + 1$

$\because s(x) \neq 0$　$\therefore y(x)$ 不是码多项式，译码器输入不是码字。

# "信息论与编码" 模拟试题 1

一、判断改错题

1. 离散无记忆等概信源的剩余度为 0。

2. 齐次遍历的马尔可夫信源达到平稳后可以等效为离散平稳信源。

3. 平均互信息可正、可负、可为零。

4. 即时码可以在一个码字后面添上一些码元构成另一个码字。

5. 信道容量 $C$ 是保证无差错传输时信息传输率 $R$ 的理论最大值。

二、填空题

1. 有一离散无记忆信源 $X$ 的概率分布为 $\begin{bmatrix} X \\ P(x) \end{bmatrix} = \begin{bmatrix} x_1 & x_2 & x_3 \\ \dfrac{1}{2} & \dfrac{1}{4} & \dfrac{1}{4} \end{bmatrix}$，若对该信源进行 20 次扩展，则每个扩展符号的平均信息量是_____。

2. "信源与信道达到匹配"的含义是_____。

3. 信源符号的相关程度越大，信源的符号熵越_____，信源的剩余度越_____。

4. 在下面空格中选择填入数学符号 "=，≥，≤，>" 或 "<"。

（1）$H_2(X) = \dfrac{H(X_1 X_2)}{2}$ _____ $H_3(X) = \dfrac{H(X_1 X_2 X_3)}{2}$

（2）$H(XY)$ _____ $H(X|Y)$

（3）熵功率 $\overline{P}$ _____ 实际功率 $P$

5. 若高斯白噪声的平均功率为 6W，则噪声熵为_____。

6. 若连续信源的幅度受限于[3，7]，则最大熵为_____，达到最大熵的条件是_____。

7. 当信道转移概率矩阵为 $\begin{bmatrix} 0.5 & 0.5 \\ 0.5 & 0.5 \end{bmatrix}$ 时，信道最大的平均互信息为_____。

8. 当编码效率为 1 时，无失真信源编码后的 $r$ 元码的信息传输率为_____。

9. 有噪信道编码定理指出可靠通信的信息传输速率的理论极限是_____。

10. 离散信源存在剩余度的两个原因，一是符号之间存在相关性，二是_____。

三、有一个三进制信源，每个符号发生的概率分别为 $P(a_1) = 1/2$，$P(a_2) = P(a_3) = 1/4$。试计算：

（1）信源中每个符号平均包含的信息量。

（2）信源每分钟输出 6000 个符号，信源每秒钟输出的信息量。

（3）如果信道损失为 0.5 比特/符号，则信宿每秒钟接收到多少信息量？

四、某平均功率受限的加性高斯白噪声信道上的信号与噪声的平均功率比值为 255，带宽为 5MHz。（1）试计算该信道的信道容量。

（2）如果信道带宽为 2MHz，要达到相同的信道容量，信道上的信号与噪声的平均功率比值应为多少？

（3）如果给定比特信噪比 $\dfrac{E_b}{n_0} = 22\text{dB}$，理论上能否可靠传输信息速率 $R_b = 10\text{Mbit/s}$ 的数据？

五、设二进制对称信道的传递矩阵为

$$\begin{bmatrix} 0.8 & 0.2 \\ 0.2 & 0.8 \end{bmatrix}$$

（1）求该信道的信道容量及达到信道容量的最佳输入概率分布。

（2）若信道输入符号 $P(0) = 3/4$，$P(1) = 1/4$，求 $H(Y|X)$ 和 $I(X;Y)$。

六、有两个连续随机变量 $X$ 和 $Y$ 的联合概率密度函数为

$$p(xy) = \frac{1}{(a_2 - a_1)(b_2 - b_1)}, \qquad x \in [a_1, a_2], \quad y \in [b_1, b_2]$$

计算 $h(X)$，$h(Y)$，$h(XY)$，$h(Y|X)$ 和 $I(X;Y)$。

七、已知信源共 7 个符号消息，其概率空间为

$$\begin{bmatrix} S \\ P(s) \end{bmatrix} = \begin{bmatrix} s_1 & s_2 & s_3 & s_4 & s_5 & s_6 & s_7 \\ 0.1 & 0.2 & 0.2 & 0.2 & 0.1 & 0.1 & 0.1 \end{bmatrix}$$

（1）试用霍夫曼编码法编成二进制变长码。

（2）计算信源熵、平均码长和编码效率。

八、某一阶齐次遍历的马尔可夫信源开始时以 $P(x_1 = a_1) = P(x_1 = a_2) = \frac{1}{2}$ 的概率输出符号。已知转移概率为

$$P(E_1 | E_1) = \frac{2}{3}, \quad P(E_2 | E_1) = \frac{1}{3}, \quad P(E_1 | E_2) = 1, \quad P(E_2 | E_2) = 0$$

（1）计算状态的极限概率；

（2）计算信源的极限熵 $H_\infty$；

（3）计算该信源的剩余度；

（4）该马尔可夫信源起始时刻是否达到平稳？如何到达平稳？

九、设随机变量 $X$ 和 $Y$ 的联合概率分布如表 3 所示。

表 3　随机变量 $X$ 和 $Y$ 的联合概率分布

| $x$ | $P(xy)$ | |
| --- | --- | --- |
| | $y=0$ | $y=1$ |
| $x = 0$ | 1/3 | 1/3 |
| $x = 1$ | 0 | 1/3 |

已知随机变量 $Z = X \oplus Y$，试计算：

（1）$H(X)$，$H(Z)$，$H(XZ)$；

（2）$I(X;Z)$；

（3）$H(Z|XY)$。

十、设（7,3）线性分组码的监督矩阵为

$$\boldsymbol{H} = \begin{bmatrix} 1 & 0 & 1 & 1 & 0 & 0 & 0 \\ 1 & 1 & 1 & 0 & 1 & 0 & 0 \\ 1 & 1 & 0 & 0 & 0 & 1 & 0 \\ 0 & 1 & 1 & 0 & 0 & 0 & 1 \end{bmatrix}$$

（1）写出对应的生成矩阵，写出（7,3）码的所有码字，并说明该码集合的最小码距 $d_{min}$。

（2）试按照最小汉明距离译码准则，构造译码简表。

（3）当接收码字 $\boldsymbol{R}_1 = (1010011)$，$\boldsymbol{R}_2 = (1110011)$ 时，分别计算接收码字的伴随式，并讨论之。

（4）如果发送码字为 $(1010011)$，假设第 1，2，3，5 位同时出错，即 $\boldsymbol{R}_3 = (0100111)$。计算接收码字的伴随式，并讨论之。

# "信息论与编码"模拟试题 1 参考答案

一、判断改错题

1．√

2．√

3．×

改为：平均互信息非负。

4．×

改为：即时码不能在一个码字后面添上一些码元构成另一个码字。

5．√

二、填空题

1．30 比特/扩展信源符号

2．信道的信息传输速率达到信道容量(或信道剩余度为 0)

3．小，大

4．（1）≥　　（2）≥　　（3）≤

5．$\frac{1}{2}\log 12\pi e$ 比特/自由度

6．2 比特/自由度，信源输出服从均匀分布

7．0

8．$\log r$ 比特/码元

9．信道容量为 $C_t$

10．符号概率不相等

三、（1）$H(X)=H\left(\frac{1}{2},\frac{1}{4},\frac{1}{4}\right)=\frac{3}{2}$ 比特/符号

（2）$H_t(X)=R_s\cdot H(X)=100\times\frac{3}{2}=150\text{bit/s}$

（3）$R_b=R_s\cdot[H(X)-H(X|Y)]=100\times(1.5-0.5)=100\text{bit/s}$

四、（1）因为 $C_t=B\lg\left(1+\frac{S}{\sigma^2}\right)$，所以

$$C_t=5\times10^6\times\log(1+255)=4\times10^7\text{bit/s}$$

（2）因为 $\frac{S}{\sigma^2}=2^{C_t/B}-1$，所以 $\frac{S}{\sigma^2}=2^{20}-1=1048575$。

（3）$\frac{E_b}{N_0}=10^{\frac{22}{10}}=158.5$

由香农公式可得信道容量 $C_t=B\log_2\left(1+\frac{R_b}{B}\frac{E_b}{n_0}\right)$，因为信息速率 $R_b<C_t$，由香农第二编码定理可知，可以实现可靠传输。

五、（1）因为该信道为对称信道，则信道容量为

$$C = \log 2 - H(0.8, 0.2) = 1 - 0.7219 = 0.2781 \text{ 比特/符号}$$

达到信道容量的最佳输入概率分布为信道输入独立等概。

（2）由信道传递矩阵以及信道输入符号概率可得

$$H(Y \mid X) = H(0.8, 0.2) = 0.7219 \text{ 比特/符号}$$

$$I(X;Y) = H(Y) - H(Y \mid X) = H(0.65, 0.35) - H(0.8, 0.2) = 0.2122 \text{ 比特/符号}$$

六、连续随机变量 $X$ 和 $Y$ 的概率密度 $p(x)$ 和 $p(x)$ 分别为

$$p(x) = \int_{-\infty}^{\infty} p(xy)\mathrm{d}y = \frac{1}{a_2 - a_1} , \quad x \in [a_1, a_2]$$

$$p(y) = \int_{-\infty}^{\infty} p(xy)\mathrm{d}x = \frac{1}{b_2 - b_1} , \quad y \in [b_1, b_2]$$

可见 $p(xy) = p(x)p(y)$，所以连续随机变量 $X$ 和 $Y$ 都服从均匀分布，且相互独立。
因此

$$h(X) = \log(a_2 - a_1)$$

$$h(Y) = \log(b_2 - b_1)$$

$$h(XY) = h(X) + h(Y) = \log\big[(a_2 - a_1)(b_2 - b_1)\big]$$

$$h(Y \mid X) = h(Y) = \log(b_2 - b_1)$$

$$I(X;Y) = 0$$

七、

（1）霍夫曼编码结果如表 4 所示。（说明：正确答案不是唯一的。）

表 4 霍夫曼编码结果

| 信 源 符 号 | 码 字 | 码 长 |
|:---:|:---:|:---:|
| $s_1$ | （100） | 3 |
| $s_2$ | （000） | 3 |
| $s_3$ | （001） | 3 |
| $s_4$ | （01） | 2 |
| $s_5$ | （101） | 3 |
| $s_6$ | （110） | 3 |
| $s_7$ | （111） | 3 |

（2）信源熵为 $H(S) = H(0.1, 0.2, 0.2, 0.2, 0.1, 0.1, 0.1) = 2.7 \text{ 比特/信源符号}$

平均码长为 $\bar{L} = \sum_{i=1}^{5} P(s_i)L_i = 0.2 \times 2 + 0.8 \times 3 = 2.8 \text{ 码元/信源符号}$

编码效率为 $\eta = \dfrac{H(S)}{\bar{L}} = \dfrac{2.7}{2.8} = 96\%$

八、

（1）解方程组

$$\begin{cases} \dfrac{2}{3}P(E_1) + P(E_2) = P(E_1) \\ \dfrac{1}{3}P(E_1) = P(E_2) \\ P(E_1) + P(E_2) = 1 \end{cases}$$

可得状态极限概率

$$P(E_1) = 3/4, \quad P(E_2) = 1/4$$

（2）因为条件熵函数

$$H(X \mid E_1) = H\left(\frac{2}{3}, \frac{1}{3}\right), \quad H(X \mid E_2) = H(1, 0) = 0$$

所以信源的极限熵为

$$H_\infty(X) = \sum_i P(E_i) H(X \mid E_i) = \frac{3}{4} H\left(\frac{2}{3}, \frac{1}{3}\right) = \frac{3}{4} \times 0.92 = 0.69 \text{ 比特/符号}$$

（3）信源的剩余度为 $\quad \xi = 1 - \eta = 1 - \dfrac{H_\infty}{H_0} = 1 - 0.69 = 0.31$

（4）一阶马尔可夫信源稳态后的符号概率即状态极限概率，$P(a_1) = 3/4$，$P(a_2) = 1/4$，可见稳态后的符号概率与初始时刻的概率分布是不同的，所以该马尔可夫信源在起始时刻，信源输出的随机符号序列不是平稳的。但由于它是齐次遍历的马尔可夫信源，因此经过足够长的时间之后，输出的随机符号序列可以达到平稳。

九、由已知条件可得到 $XY$ 和 $Z$ 的关系及其概率分布如表 5 所示。

表5　随机变量 $XY$ 和 $Z$ 的关系及其概率分布

| $xy$ | $P(xy)$ | $Z = X \oplus Y$ |
|---|---|---|
| $xy$=00 | 1/3 | 0 |
| $xy$=01 | 1/3 | 1 |
| $xy$=10 | 0 | 1 |
| $xy$=11 | 1/3 | 0 |

所以 $Z$ 的概率 $P(z)$ 如表 6 所示。

表6　随机变量 $Z$ 的概率

| $z$ | $P(z)$ |
|---|---|
| $z$=0 | 2/3 |
| $z$=0 | 1/3 |

联合概率 $P(xz)$ 如表 7 所示。

表7　联合概率 $P(xz)$

| $xz$ | $P(xz)$ |
|---|---|
| $xz$=00 | 1/3 |
| $xz$=01 | 1/3 |
| $xz$=10 | 1/3 |
| $xz$=11 | 0 |

（1）$H(X) = H\left(\dfrac{2}{3}, \dfrac{1}{3}\right) = 0.918$ 比特/符号

$$H(Z) = H\left(\frac{2}{3}, \frac{1}{3}\right) = 0.918 \text{ 比特/符号}$$

$$H(XZ) = H\left(\frac{1}{3}, \frac{1}{3}, \frac{1}{3}, 0\right) = 1.585 \text{ 比特/二个符号}$$

（2） $I(X;Z) = H(X) + H(Z) - H(XZ) = 0.251$ 比特/符号

（3）当 $X$ 和 $Y$ 已知时，$Z$ 是确知的，不确定性为 0。所以 $H(Z \mid XY) = 0$。

十、（1）由监督矩阵可以得到生成矩阵

$$G = \begin{bmatrix} 1 & 0 & 0 & 1 & 1 & 1 & 0 \\ 0 & 1 & 0 & 0 & 1 & 1 & 1 \\ 0 & 0 & 1 & 1 & 1 & 0 & 1 \end{bmatrix}$$

由 $C = MG$ 可得

$$[c_6, c_5, c_4, c_3, c_2, c_1, c_0] = [c_6, c_5, c_4] \cdot \begin{bmatrix} 1 & 0 & 0 & 1 & 1 & 1 & 0 \\ 0 & 1 & 0 & 0 & 1 & 1 & 1 \\ 0 & 0 & 1 & 1 & 1 & 0 & 1 \end{bmatrix}$$

从而得到所有的码字，如表 8 所示。

表 8　(7, 3)分组码的信息码元和码字

| 信　息　码　元 | 码　　　字 | 信　息　码　元 | 码　　　字 |
|:---:|:---:|:---:|:---:|
| （000） | （000 0000） | （100） | （100 1110） |
| （001） | （001 1101） | （101） | （101 0011） |
| （010） | （010 0111） | （110） | （110 1001） |
| （011） | （011 1010） | （111） | （111 0100） |

因为线性码的最小距离等于非零字的最小码重，所以最小码距 $d_{\min}$ 为 4。

（2）由 $S^{\mathrm{T}} = e_{n-1}h_{n-1} + e_{n-2}h_{n-2} + \cdots + e_0 h_0$ 可知伴随式是 $H$ 阵中"与错误码元相对应"的各列之和。根据最小汉明距离译码，取 1 的个数最少的错误图样 $E$ 与伴随式 $S$ 对应，构造的译码简表如表 9 所示。因为不是完备码，伴随式与满足要求的错误图样不是一一对应的，比如伴随式为（0110）时，错误图样为（1001000）或（0100001）都可以。表中只罗列了与伴随式对应的某一种错误图样。

表 9　译码简表

| 伴随式 $S$ | 错误图样 $E$ | 伴随式 $S$ | 错误图样 $E$ |
|:---:|:---:|:---:|:---:|
| （0000） | （0000000） | （1000） | （0001000） |
| （0001） | （0000001） | （1001） | （1100000） |
| （0010） | （0000010） | （1010） | （1000100） |
| （0011） | （1010000） | （1011） | （0001011） |
| （0100） | （0000100） | （1100） | （1000010） |
| （0101） | （0000101） | （1101） | （0010000） |
| （0110） | （1001000） | （1110） | （1000000） |
| （0111） | （0100000） | （1111） | （1000001） |

（3）接收码字 $R_1 = (1010011)$，接收端译码器根据接收码字计算伴随式。

$$S = R_1 H^{\mathrm{T}} = 0$$

因此，译码器判接收字无错，即传输中没有发生错误。

若接收码字 $R_2 = (1110011)$，其伴随式为

$$S = R_2 H^{\mathrm{T}} = (0111)$$

由于 $S \neq 0$，译码器判为有错，即传输中有错误发生。由于 $S^{T}$ 等于 $H$ 的列矢量 $h_5$，因此错误图样为 0100000，所以译码纠错后输出的码字为 1010011。

（4）设接收码字 $R_3 = (0100111)$，其伴随式为

$$S = R_3 H^{T} = (0000)$$

因此，译码器判接收字无错，与事实不符。这是因为 4 个差错超过了该码的检错能力，未能检测出来。

# "信息论与编码"模拟试题 2

一、填空题

1. 当信源输出符号_____时，信源剩余度为 0。

2. 下面说法正确的有_____。

A. 互信息非负。

B. 离散信源的信息熵非负。

C. 唯一可译码肯定是即时码，即时码不一定是唯一可译码。

D. 连续信源的相对熵可能为正、为负、为零。

3. 对于离散平稳信源，在下面空格中填入合适的运算符号。

$$\frac{H(X_1 X_2 X_3)}{3} \underline{\quad\quad} H(X_3 \mid X_1 X_2)$$

4. 如果随机变量 $X$ 和 $Y$ 相互独立，其中 $H(X)=1$ 比特/符号，$H(Y)=2$ 比特/符号，随机变量 $Z=X+Y$，$H(Z)=2.5$ 比特/符号，则 $H(XYZ)$ 等于_____比特/三个符号。

5. 以下几个公式，正确的是_____。

A. $I(a_i b_j) = I(a_i) + I(b_j)$  B. $I(a_i; b_j) = I(a_i) - I(b_j \mid a_i)$

C. $I(a_i; b_j) = I(b_j) - I(b_j \mid a_i)$  D. $I(a_i; b_j) = I(a_i) - I(b_j)$

6. 信源编码的作用是_____。

7. 一个平均功率为 6W 的非高斯信源的熵为 $h(X) = \frac{1}{2}\log 8\pi e$（比特/自由度），则该信源的熵功率为_____，该信源的剩余度为_____。

8. 下面是即时码的码书有_____。

A. {00,01,10,11}  B. {01,10,110,0}

C. {0,01,1011,111}  D. {0,10,110,1110}

9. 如果随机变量 $X$ 和 $Y$ 的信息熵分别为 $H(X)=3$ 比特/符号和 $H(Y)=2$ 比特/符号，随机变量 $Z=X-Y$，则 $H(Z|XY)$ 等于_____比特/符号。

10. 无失真信源编码定理指出，无失真信源编码后的 $r$ 元码的平均码长的理论极限是_____，此时 $r$ 元码的概率分布服从_____。

11. 某通信系统的接收设备 $\text{SNR}_i = 10\text{dB}$，如果要求 $\text{SNR}_o = 40\text{dB}$，设原始信号带宽为 500Hz，则满足已知条件的最小信道传输带宽为_____。

二、简答题

1. 简述限失真信源编码定理及其理论指导作用。

2. 简述香农第二编码定理。

三、同时掷两个正常的骰子，也就是各面呈现的概率都是 1/6，求：

（1）"5 和 6 同时出现"事件的自信息；

（2）"其向上的面的小圆点数之和是 6"事件的自信息；

（3）两个点数之和（即 2，3，…，12 构成的子集）的熵。

四、已知两个独立的随机变量 $X$、$Y$ 的分布律为

$$\begin{bmatrix} X \\ P(x) \end{bmatrix} = \begin{bmatrix} a_1 & a_2 & a_3 & a_4 \\ 0.125 & 0.125 & 0.25 & 0.5 \end{bmatrix}, \quad \begin{bmatrix} Y \\ P(y) \end{bmatrix} = \begin{bmatrix} b_1 & b_2 & b_3 \\ 0.25 & 0.25 & 0.5 \end{bmatrix}$$

计算 $H(X), H(Y), H(XY), H(X|Y), H(Y|X), I(X;Y)$。

五、有一个二进制信源 $X$ 的概率空间为 $\begin{bmatrix} X \\ P(x) \end{bmatrix} = \begin{bmatrix} a_1 & a_2 \\ 0.25 & 0.75 \end{bmatrix}$，经过某离散无记忆信道传输，信道输出用 $Y$ 表示。已知信道转移概率矩阵为

$$\boldsymbol{P} = \begin{bmatrix} 0.3 & 0.2 & 0.2 & 0.3 \\ 0.2 & 0.3 & 0.3 & 0.2 \end{bmatrix}$$

（1）求收到消息 $Y$ 后获得的关于信源 $X$ 的平均互信息量。

（2）试计算某离散无记忆信道的信道容量，并说明达到信道容量的最佳输入分布。

（3）如果信道输入符号 $P(a_1) = 0.25, P(a_2) = 0.75$，计算信道剩余度。

六、一阶马尔可夫链 $X_1, X_2, \cdots, X_r, \cdots$，各 $X_r$ 取值于集 $A = \{1, 2, 3\}$，已知起始概率为 $P(x_1 = 1) = \dfrac{1}{2}, P(x_1 = 2) = \dfrac{1}{4}, P(x_1 = 3) = \dfrac{1}{4}$，其状态转移概率如表 10 所示。

表 10　状态转移概率 $P(x_{i+1}|x_i)$

| $x_i$ | $P(x_{i+1}|x_i)$ | | |
| --- | --- | --- | --- |
| | $x_{i+1} = 1$ | $x_{i+1} = 2$ | $x_{i+1} = 3$ |
| 1 | 1/2 | 1/4 | 1/4 |
| 2 | 1/3 | 1/3 | 1/3 |
| 3 | 1/4 | 1/2 | 1/4 |

（1）该信源是否为齐次遍历马尔可夫信源？

（2）该马尔可夫信源是否为离散平稳信源？

（3）在什么情况下，该信源可以看作离散平稳信源？

（4）求该信源的极限熵。

七、某离散无记忆信源共有 5 个符号消息，其概率空间为

$$\begin{bmatrix} S \\ P(s) \end{bmatrix} = \begin{bmatrix} s_1 & s_2 & s_3 & s_4 & s_5 \\ 0.1 & 0.3 & 0.25 & 0.13 & 0.22 \end{bmatrix}$$

试针对该信源概率分布设计最佳信源编码，并计算编码后的平均码长、信息传输率和编码效率。

八、已知 $x^n+1$ 的因式分解如表 11 所示。

表 11　因式分解

| $n$ | $x^n+1$ 的因式分解 |
| --- | --- |
| 9 | 3.7.111 |

（1）试问码长为 9 的循环码有几种？

（2）是否存在（9，5）循环码？如果存在，试选择适当的生成多项式 $g(x)$；

（3）是否存在（9，6）循环码？如果存在，试选择适当的生成多项式 $g(x)$；

（4）写出（9，2）系统循环码的生成矩阵 $\boldsymbol{G}$。

九、计算机终端发出 $A$、$B$、$C$、$D$ 四种符号，出现概率分别为 1/8，1/8，1/4，1/2。通过一条带宽为 7kHz 的信道传输数据，假设信道输出信噪比为 1023，试计算：

（1）香农信道容量；

（2）无误码传输时允许终端输出的最高符号速率。

十、某二元无记忆信源的概率空间为 $\begin{bmatrix} S \\ P(s) \end{bmatrix} = \begin{bmatrix} s_1 & s_2 \\ \dfrac{3}{4} & \dfrac{1}{4} \end{bmatrix}$，信源每秒发出 2.3 个信源符号。将此

信源的输出符号送入二元对称信道中进行传输，已知信道转移概率矩阵为

$$P = \begin{bmatrix} \dfrac{2}{3} & \dfrac{1}{3} \\ \dfrac{1}{3} & \dfrac{2}{3} \end{bmatrix}$$

信道每秒传送 25 个二元符号。是否存在一种编码方法，使得信源输出信息能通过该信道传输后，平均错误概率 $P_E$ 任意小？

# "信息论与编码"模拟试题 2 参考答案

一、填空题

1. 独立等概

2. B、D

3. ⩾

4. 3

5. C

6. 提高信息传输的有效性

7. 4W，2W

8. A、D

9. 0

10. 信源熵 $H_r(S)$，独立等概

11. 1920.6Hz

二、简答题

略

三、（1）"5 和 6 同时出现"的概率为 1/18，则事件的自信息 $I = \log 18 = 4.1699$ bit 。

（2）"其向上的面的小圆点数之和是 6"的概率为 5/36，事件的自信息 $I = \log \dfrac{36}{5} = 2.85$ bit 。

（3）两个点数之和（即 2，3，…，12 构成的子集）的概率空间为

$$\begin{bmatrix} 2 & 3 & 4 & 5 & 6 & 7 & 8 & 9 & 10 & 11 & 12 \\ \dfrac{1}{36} & \dfrac{2}{36} & \dfrac{3}{36} & \dfrac{4}{36} & \dfrac{5}{36} & \dfrac{6}{36} & \dfrac{5}{36} & \dfrac{4}{36} & \dfrac{3}{36} & \dfrac{2}{36} & \dfrac{1}{36} \end{bmatrix}$$

则熵为

$$H(X) = H\left(\frac{1}{36} \quad \frac{2}{36} \quad \frac{3}{36} \quad \frac{4}{36} \quad \frac{5}{36} \quad \frac{6}{36} \quad \frac{5}{36} \quad \frac{4}{36} \quad \frac{3}{36} \quad \frac{2}{36} \quad \frac{1}{36}\right) = 3.2744 \text{ 比特/符号}$$

四、$H(X) = H(0.125, 0.125, 0.25, 0.5) = 1.75$ 比特/符号

$H(Y) = H(0.25, 0.25, 0.5) = 1.5$ 比特/符号

$H(XY) = H(X) + H(Y) = 3.25$ 比特/符号对

$H(X|Y) = H(X) = 1.75$ 比特/符号

$H(Y|X) = H(Y) = 1.5$ 比特/符号

$I(X;Y) = 0$

五、（1）$H(Y|X) = H(0.2, 0.3, 0.3, 0.2) = 1.9710$ 比特/符号

$H(Y) = H(0.225, 0.275, 0.275, 0.225) = 1.9928$ 比特/符号

$I(X;Y) = H(Y) - H(Y|X) = 0.0218$ 比特/符号

（2）信道容量为

$$C = \log 4 - H(0.2, 0.3, 0.3, 0.2) = 0.0290 \text{ 比特/符号}$$

达到信道容量的最佳输入分布为独立等概分布，即

$$P(a_1) = P(a_2) = 0.5$$

（3）剩余度 $= 1 - \dfrac{I(X;Y)}{C} = 0.2487$

六、

（1）因为转移概率具有时间推移的不变性，所以是齐次的。因为转移概率矩阵 $\boldsymbol{P}$ 中的所有元素都大于零，所以该齐次马尔可夫信源是遍历的。

（2）设该马尔可夫信源的稳态概率分别为 $P(E_1 = 1), P(E_2 = 2), P(E_3 = 3)$，解下列方程组

$$
\begin{cases}
\dfrac{1}{2}P(E_1) + \dfrac{1}{3}P(E_2) + \dfrac{1}{4}P(E_3) = P(E_1) \\[2mm]
\dfrac{1}{4}P(E_1) + \dfrac{1}{3}P(E_2) + \dfrac{1}{2}P(E_3) = P(E_2) \\[2mm]
P(E_1) + P(E_2) + P(E_3) = 1
\end{cases}
$$

可得状态极限概率为

$$
P(E_1) = 16/43, \quad P(E_2) = 15/43, \quad P(E_3) = 12/43
$$

对于一阶马尔可夫信源，状态极限概率就是信源符号的极限概率。对照题目已知条件的起始概率可知，该马尔可夫信源尚未达到稳态，所以不是离散平稳信源。

（3）该信源为齐次遍历马尔可夫信源，当转移步数足够大时，可以达到平稳分布。到达稳态后可以看作离散平稳信源。

（4）信源的极限熵为

$$
H_\infty = \frac{16}{43}H\left(\frac{1}{2}, \frac{1}{4}, \frac{1}{4}\right) + \frac{15}{43}H\left(\frac{1}{3}, \frac{1}{3}, \frac{1}{3}\right) + \frac{12}{43}H\left(\frac{1}{4}, \frac{1}{2}, \frac{1}{4}\right) = 1.5297 \text{ 比特/符号}
$$

七、最佳信源编码采用霍夫曼编码，编码结果如表 12 所示。

表 12 霍夫曼编码结果

| 信 源 符 号 | 码 字 | 码 长 |
| --- | --- | --- |
| $s_2$ | （00） | 2 |
| $s_3$ | （01） | 2 |
| $s_5$ | （10） | 2 |
| $s_4$ | （110） | 3 |
| $s_1$ | （111） | 3 |

信源熵为      $H(S) = H(0.3, 0.25, 0.22, 0.13, 0.1) = 2.2165$ 比特/信源符号

平均码长为      $\bar{L} = \sum_{i=1}^{5} P(s_i)L_i = 2.23$ 码元/信源符号

信息传输率为      $R = \dfrac{H(S)}{\bar{L}} = 0.9939$ 比特/码元

编码效率为      $\eta = \dfrac{H(S)}{\bar{L}\lg r} = 0.9939$

八、

（1）表中的 3.7.111 是用八进制形式来表示多项式系数的，相当于二进制表示的 011.111.001001001，即

$$
x^9 + 1 = (x+1)(x^2 + x + 1)(x^6 + x^3 + 1)
$$

因为 $(n, k)$ 循环码的生成多项式 $g(x)$ 是 $(x^n + 1)$ 的一个 $(n-k)$ 次因式，所以码长为 9 的循环码的种类有

$$C_3^1 + C_3^2 = 6 \ (\text{种})$$

（2）因为 $x^9 + 1$ 无 4 次因式，所以不存在（9,5）循环码。

（3）因为 $x^9 + 1$ 存在 3 次因式，所以有（9,6）循环码，其生成多项式为

$$g(x) = (x+1)(x^2 + x + 1) = x^3 + 1$$

（4）（9,2）循环码的生成多项式为

$$g(x) = (x+1)(x^6 + x^3 + 1) = x^7 + x^6 + x^4 + x^3 + x + 1$$

所以对应的生成矩阵为

$$\boldsymbol{G}(x) = \begin{bmatrix} xg(x) \\ g(x) \end{bmatrix} = \begin{bmatrix} x^8 + x^7 + x^5 + x^4 + x^2 + x \\ x^7 + x^6 + x^4 + x^3 + x + 1 \end{bmatrix}$$

即 $\boldsymbol{G} = \begin{bmatrix} 110110110 \\ 011011011 \end{bmatrix}$。

将生成矩阵标准化后得到系统循环码的生成矩阵为

$$\boldsymbol{G}_{\text{标准}} = \begin{bmatrix} 101101101 \\ 011011011 \end{bmatrix}$$

九、（1）香农信道容量为

$$C_t = B \log_2(1 + SNR) = 7 \times 10^4 \, \text{bit/s}$$

（2）根据香农第二编码定理可知，当信息传输速率小于等于信道容量时，理论上可以找到某种编码方法使得差错率为任意小，即 $R_b \leqslant C_t$，$P_E \to 0$。

信息传输速率（每秒钟传输的信息量）$R_b = R_s H(X)$，其中 $R_s$ 表示符号速率（每秒钟传输的符号数），信源熵 $H(X) = 1.75$ 比特/符号。因此允许终端输出的最高符号速率为

$$R_s = C_t / H(X) = 40000 \ \text{符号/秒}$$

十、信源熵为 $H(S) = \dfrac{1}{4} \log 4 + \dfrac{3}{4} \log \dfrac{4}{3} = 0.811$ 比特/信源符号

如果信源每秒发送 2.3 个信源符号，则信源输出的信息速率为

$$R_b = 2.3 \times H(S) = 1.8653 \, \text{bit/s}$$

该二元对称信道的信道容量为

$$C = 1 - H\left(\frac{2}{3}, \frac{1}{3}\right) = 0.082 \ \text{比特/信道符号}$$

而信道每秒传送 25 个符号，所以该信道的最大信息传输速率为

$$C_t = 25 \times 0.082 = 2.05 \text{bit/s}$$

可见 $R_b < C_t$，由有噪信道编码定理可知，理论上存在一种编码方法，使得信源输出信息能通过该信道传输后，平均错误概率 $P_E$ 任意小。

# 参 考 文 献

[1] 张祖凡，等. 通信原理[M]. 北京：电子工业出版社，2018.

[2] 于秀兰，等. 信息论基础[M]. 北京：电子工业出版社，2017.

[3] 周炯槃，等. 通信原理[M]. 4版. 北京：北京邮电大学出版社，2019.

[4] 杨鸿文，等. 通信原理习题集[M]. 北京：北京邮电大学出版社，2005.

[5] 李晓峰，等. 通信原理[M]. 2版. 北京：清华大学出版社，2014.

[6] 于秀兰，等. 信息论与编码[M]. 北京：人民邮电出版社，2014.

[7] 郝建军，等. 通信原理考研指导[M]. 北京：北京邮电大学出版社，2001.

[8] 黄佳庆，等. 信息论基础[M]. 北京：电子工业出版社，2010.

[9] 蒋青，等. 通信原理学习与实验指导[M]. 北京：人民邮电出版社，2012.

[10] 傅祖芸. 信息理论与编码学习辅导及精选题解[M]. 北京：电子工业出版社，2004.

[11] 曹雪虹，等. 信息论与编码[M]. 3版. 北京：清华大学出版社，2016.

[12] 沈世镒，等. 信息论与编码理论[M]. 2版. 北京：科学出版社，2010.

[13] 周荫清. 信息理论基础[M]. 3版. 北京：北京航空航天大学出版社，2006.

[14] 蒋青，等. 通信原理[M]. 北京：科学出版社，2014.

[15] 王育民，等. 信息论与编码理论[M]. 2版. 北京：高等教育出版社，2013.

[16] 田宝玉，等. 信息论基础[M]. 北京：人民邮电出版社，2008.

[17] 傅祖芸. 信息论——基础理论与应用[M]. 4版. 北京：电子工业出版社，2015.

[18] 姜楠，等. 信息论与编码理论[M]. 北京：清华大学出版社，2010.